Heidelberger Taschenbücher Band 44

J. H. Wilkinson

# *Rundungsfehler*

Aus dem Englischen übertragen
von G. Goos, München

Springer-Verlag Berlin Heidelberg New York 1969

J. H. WILKINSON, M. A., SC. D.,

Deputy Chief Scientific Officer,
National Physical Laboratory,
Teddington/Middlesex

Übersetzung ins Deutsche:

DR. G. GOOS,

Mathematisches Institut der Technischen Hochschule,
München

ISBN-13: 978-3-540-04542-7    e-ISBN-13: 978-3-642-95110-7
DOI: 10.1007/978-3-642-95110-7

Titel der englischen Originalausgabe
"Rounding Errors in Algebraic Processes",
erschienen bei Her Majesty's Stationery Office, London, 1963

Alle Rechte vorbehalten. Kein Teil dieses Buches darf ohne schriftliche Genehmigung des Springer-Verlages
übersetzt oder in irgend einer Form vervielfältigt werden.
© by Springer-Verlag, Berlin · Heidelberg 1969.
Library of Congress Catalog Card Number 68-29709. Titel-Nr. 7574

## Vorwort zur englischen Ausgabe

Die Entwicklung elektronischer Rechenanlagen erlaubt die Durchführung von Rechnungen, welche sehr viele arithmetische Operationen enthalten. Diese Tatsache regte Untersuchungen an über den Einfluß, den die hierbei auftretende Häufung von Rundungsfehlern auf das Ergebnis solcher Berechnungen ausübt. Dieses Buch stellt eine elementare Einführung in diesen Problemkreis dar. Es stützt sich auf Arbeiten, welche in den letzten Jahren von der Mathematischen Abteilung des N.P.L. durchgeführt wurden. Einige der hier wiedergegebenen Ergebnisse sind bereits anderweitig veröffentlicht. Ein großer Teil des Stoffes war aber bisher nur in kurzen Berichten erreichbar, die als Unterlage für Vorlesungen in Großbritannien und den USA dienten.

Viele Benutzer digitaler Rechenanlagen betrachten es als eine Aufgabe für Spezialisten, Fehleruntersuchungen durchzuführen. Liest man in größeren Zeitabständen einzelne derartige Untersuchungen, die noch dazu von ganz verschiedenen Grundüberlegungen ausgehen, so kann ein solcher Eindruck leicht entstehen. In diesem Buch habe ich den Versuch gemacht, eine Reihe einfacher Untersuchungen unter einheitlichen Gesichtspunkten darzulegen. Die Auswahl des gebotenen Stoffes ist wesentlich hierdurch bestimmt; ich hoffe aber trotzdem, daß diese Auswahl hinreichend repräsentativ für das Gesamtgebiet ist. Leser, welche die untersuchten Rechenverfahren beherrschen, sollten, wie ich hoffe, leicht in der Lage sein, sich die Grundideen dieser Fehleruntersuchungen anzueignen.

Mehrere Kollegen von der Mathematischen Abteilung haben das erste Manuskript gelesen und mich durch kritische Anmerkungen unterstützt; besonderen Dank schulde ich den Herren E.T. Goodwin und D.W. Martin. Außerdem möchte ich Herrn G.E. Forsythe, dem Direktor des Rechenzentrums in Stanford, für seine zahlreichen Hinweise danken. Schließlich bin ich Frau I. Goode für ihre unschätzbare Hilfe während der Drucklegung des Buches zu großem Dank verpflichtet.

Januar 1963                                                    J.H. Wilkinson

## Vorwort zur deutschen Ausgabe

Die vorliegende deutsche Ausgabe hat Herr Dr. G. Goos vom Rechenzentrum der Technischen Hochschule München übersetzt. Herr Goos hat eine Reihe kleinerer Fehler beseitigt und erheblich zur Verbesserung der Darstellung beigetragen. Die Bibliographie wurde etwas erweitert und enthält jetzt auch Literatur aus den letzten drei Jahren.

Ich danke Herrn Goos und dem Springer-Verlag für die Möglichkeit, diesen Stoff einem größeren Leserkreis zugänglich zu machen.

Teddington, im Dezember 1966          J. H. WILKINSON

# Inhaltsverzeichnis

## I. GRUNDLEGENDE RECHENOPERATIONEN ... 1

Digitale Rechenanlagen . . . . . . . . . . . . . . . 1
Festpunkt- und Gleitpunktrechnung . . . . . . . . 1
Bezeichnungen . . . . . . . . . . . . . . . . . . . 3
Rundungsfehler bei Festpunktrechnung . . . . . . . 5
Akkumulierende Multiplikation bei Festpunktrechnung . 7
Rundungsfehler bei Gleitpunktrechnung . . . . . . . 9
Die Rundung bei Verwendung eines einfach langen Akkumulators . . . . . . . . . . . . . . . . . . . . 13
Vergleich von Festpunkt- und Gleitpunktrechnung . . . 17
Zusammengesetzte Gleitpunktoperationen . . . . . . 20
Verschärfung der Abschätzungen . . . . . . . . . . 24
Summen und innere Produkte bei akkumulierender Gleitpunktrechnung . . . . . . . . . . . . . . . . . 28
Statistische Fehlerabschätzungen . . . . . . . . . . 31
Blockskalierte Vektoren und Matrizen . . . . . . . 32
Grundsätzliche Beschränkungen beim Rechnen mit $t$-Stellen . . . . . . . . . . . . . . . . . . . . 34
Schlecht konditionierte Probleme . . . . . . . . . 35
Konditionszahlen . . . . . . . . . . . . . . . . . 36
Rundungsfehler während der Rechnung . . . . . . . 38
Anmerkungen . . . . . . . . . . . . . . . . . . . 41

## II. DAS RECHNEN MIT POLYNOMEN . . . . . . . 43

Die Auswertung von Potenzreihen . . . . . . . . . 43
Festpunktdarstellung . . . . . . . . . . . . . . . 43
Gleitpunktdarstellung . . . . . . . . . . . . . . . 45
Nullstellenberechnung bei Funktionen, die durch Potenzreihen gegeben sind . . . . . . . . . . . . . . 47
Polynome mit beliebigen Koeffizienten . . . . . . . 48
Die Kondition von Polynomen hinsichtlich der Bestimmung von Nullstellen . . . . . . . . . . . . . . . . 49
Einige typische Verteilungen von Nullstellen . . . . . 52
Lineare Verteilung von Nullstellen . . . . . . . . . 52

Geometrische Verteilung . . . . . . . . . . . . . . . 55
Tschebyscheff-Polynome . . . . . . . . . . . . . . . 58
Der Einfluß der Kondition der Nullstellen von Polynomen 59
Bestimmung der Nullstellen . . . . . . . . . . . . . 61
Iterative Verfahren . . . . . . . . . . . . . . . . . . 65
Der Einfluß von Rundungsfehlern beim Newtonschen Verfahren . . . . . . . . . . . . . . . . . . . . . 66
Einfache Beispiele . . . . . . . . . . . . . . . . . . 68
Das Abdividieren von Nullstellen . . . . . . . . . . . 70
Die Fehler beim Abdividieren von Nullstellen . . . . . 70
Beispiele für das Abdividieren von Nullstellen . . . . . 74
Das Abdividieren von Nullstellen bei schlecht konditionierten Polynomen . . . . . . . . . . . . . . . . . . 78
Allgemeine Bemerkungen zur Iteration und zum Abdividieren . . . . . . . . . . . . . . . . . . . . . 80
Verbesserung mit dem ursprünglichen Polynom . . . . 82
Andere iterative Verfahren . . . . . . . . . . . . . . 83
Das Graeffe-Verfahren . . . . . . . . . . . . . . . 85
Vorwärtsuntersuchung des Graeffe-Verfahrens . . . . . 87
Der relative Fehler der berechneten Koeffizienten . . . . 89
Numerisches Beispiel . . . . . . . . . . . . . . . . 92
Verschlechterung der Kondition . . . . . . . . . . 93
Allgemeine Bemerkungen zur Nullstellenberechnung bei Polynomen . . . . . . . . . . . . . . . . . . . 96
Anmerkungen . . . . . . . . . . . . . . . . . . . 98

## III. DAS RECHNEN MIT MATRIZEN . . . . . . . . 100

Einführung . . . . . . . . . . . . . . . . . . . . 100
Vektor- und Matrizennormen . . . . . . . . . . . . 101
Fehleruntersuchungen bei einfachen Matrixoperationen . 104
Matrixmultiplikation . . . . . . . . . . . . . . . . 105
Matrixoperationen mit blockskalierender Arithmetik . . 107
Gewöhnliche standardisierte blockskalierte Matrizen . . 108
Orthogonalisierung von Vektoren . . . . . . . . . . 109
Numerisches Beispiel . . . . . . . . . . . . . . . . 110
Der allgemeine Fall . . . . . . . . . . . . . . . . . 113
Die Lösung linearer Gleichungssysteme und die Invertierung von Matrizen . . . . . . . . . . . . . . . 115
Das Runden der Elemente der Koeffizientenmatrix . . . 118
Fehleruntersuchung beim Gaußschen Eliminationsverfahren . . . . . . . . . . . . . . . . . . . . . . 119
Die rechnerischen Gleichungen . . . . . . . . . . . . 120

## Inhaltsverzeichnis

Abschätzungen bei Gleitpunktarithmetik . . . . . . . 122
Gaußsche Elimination mit Festpunktarithmetik. . . . . 125
Die Berechnung von Determinanten . . . . . . . . . 125
Die Auflösung eines gestaffelten Gleichungssystems bei Benutzung gewöhnlicher Gleitpunktarithmetik . . . 126
Die Genauigkeit der berechneten Lösung . . . . . . . 129
Die Lösung gestaffelter Gleichungssysteme unter Benutzung von Gleitpunktarithmetik mit akkumulierender Multiplikation . . . . . . . . . . . . . . . . . . . 130
Die Invertierung einer Dreiecksmatrix . . . . . . . . . 131
Die Genauigkeit der Lösung eines gestaffelten Gleichungssystems . . . . . . . . . . . . . . . . . . . . 133
Die Auflösung eines beliebigen Gleichungssystems . . . 135
Die Invertierung beliebiger Matrizen . . . . . . . . . 138
Rechts- und Linksinverse . . . . . . . . . . . . . 139
Numerisches Beispiel . . . . . . . . . . . . . . . 140
Bemerkungen zu diesem Beispiel . . . . . . . . . . 143
Die Zerlegung in Dreiecksmatrizen mit dem verkürzten Gaußschen Algorithmus . . . . . . . . . . . . . 146
Die Zerlegung in Dreiecksmatrizen mit Spaltenpivotsuche 147
Positiv definite Matrizen . . . . . . . . . . . . . 149
Numerisches Beispiel . . . . . . . . . . . . . . . 150
Anmerkungen zur Lösung . . . . . . . . . . . . . 152
Die Residuen bei Gleichungsauflösung mit blockskalierender Arithmetik . . . . . . . . . . . . . . . . . 153
Iterative Verbesserung der Lösung . . . . . . . . . . 154
Die praktische Durchführung des Verfahrens . . . . . 156
Untersuchung der praktischen Rechenvorschrift . . . . 158
Bemerkungen zur Genauigkeit der Lösung . . . . . . 160
Die Verwendung einer Schätzung für $\|A^{-1}\|$ . . . . . . 161
Abschätzung der berechneten Inversen . . . . . . . . 162
Die Verwendung einer genäherten Inversen zur Gleichungsauflösung . . . . . . . . . . . . . . . . . . . 164
Ein Iterationsverfahren, welches die genäherte Inverse benutzt . . . . . . . . . . . . . . . . . . . . 167
Numerisches Beispiel . . . . . . . . . . . . . . . 168
Die Empfindlichkeit der Eigenwerte einer Matrix . . . . 172
Die Empfindlichkeit eines einzelnen Eigenwertes . . . . 175
Ein Beispiel mit schlecht konditionierten Eigenwerten . . 177
Nachträgliche Abschätzung für den berechneten Eigenwert und Eigenvektor einer reellen symmetrischen Matrix. 178
Berechnung der Eigenvektoren einer symmetrischen Tridiagonalmatrix . . . . . . . . . . . . . . . . . 180

Berücksichtigung der Rundungsfehler . . . . . . . . . . 182
Berechnung der Eigenwerte einer unteren Hessenberg-
Matrix. . . . . . . . . . . . . . . . . . . . . . . 188
Die Berechnung von $f(\lambda)$ mit akkumulierender Multiplikation . . . . . . . . . . . . . . . . . . . . . . . 190
Die Störung der Eigenwerte . . . . . . . . . . . . 192
Numerisches Beispiel . . . . . . . . . . . . . . . 193
Anmerkungen . . . . . . . . . . . . . . . . . . . 197

LITERATUR . . . . . . . . . . . . . . . . . . . . . . 201

SACHVERZEICHNIS . . . . . . . . . . . . . . . . . 204

# I. Grundlegende Rechenoperationen

## Digitale Rechenanlagen

**1.** Die Überlegungen dieses Buches gelten ausschließlich Berechnungen, welche unter Benutzung digitaler Rechenanlagen durchgeführt werden. Zwar kann man sie auch anwenden, wenn man Berechnungen an einer Tischrechenmaschine durchführt. Wesentliche Bedeutung erlangen sie jedoch meist erst, wenn die Rechnung so langwierig ist, daß der Gebrauch einer elektronischen Rechenanlage angebracht ist.

Die meisten für technisch-wissenschaftliche Zwecke eingesetzten Rechenanlagen arbeiten mit Zahlen, welche im binären Zahlsystem dargestellt sind. Da es aber unpraktisch wäre, Beispiele in binärer Schreibweise anzuführen, wurden die Beispiele sämtlich auf einer Tischrechenmaschine im Dezimalsystem durchgerechnet. Die Fehleruntersuchungen formulieren wir jedoch anhand der binären Schreibweise; die entsprechenden Formeln für das Rechnen im Dezimalsystem lassen sich daraus unmittelbar ableiten. In den nächsten Abschnitten gehen wir auf die Unterschiede der beiden Zahldarstellungen ein, soweit sie für uns von Bedeutung sind; später übergehen wir solche Fragen stillschweigend.

## Festpunkt- und Gleitpunktrechnung

**2.** Es gibt im wesentlichen zwei Möglichkeiten, um Zahlen in Rechenmaschinen darzustellen. Die eine Art ist als *Festpunkt*darstellung bekannt. Hierbei muß der Rechengang so aufgebaut werden, daß alle auftretenden Zahlen $x$ Ungleichungen der Form

$$-1 \leq x \leq 1 \tag{2.1}$$

befriedigen. Häufig ist die Zahl $+1$, gelegentlich auch die Zahl $-1$ aus dem Bereich ausgenommen. Um unsere Überlegungen nicht mit unwichtigen Einzelheiten zu belasten, wollen wir jedoch annehmen, daß (2.1) genau den zulässigen Bereich wiedergibt. Im allgemeinen wird jede Zahl durch eine feste Anzahl $t$ von binären (dezimalen)

Stellen dargestellt. Wir sagen, der Rechner arbeitet mit *Worten* der Länge $t^*$. Reicht die hierdurch gegebene Genauigkeit nicht aus, so können wir Zahlen benutzen, deren Stellenzahl ein Vielfaches von $t$ ist. Wir sprechen dann von einer Rechnung mit *höherer Genauigkeit*, zum Unterschied vom Rechnen mit *einfacher Genauigkeit*. Gewöhnlich werden Operationen in höherer Genauigkeit mittels spezieller Unterprogramme ausgeführt. Dies bedingt, daß die Operationen ein Vielfaches der Zeit benötigen, welche die Durchführung der gleichen Operationen in einfacher Genauigkeit erfordern würde.

3. Die andere Art der Zahldarstellung wird als *Gleitpunkt*darstellung bezeichnet. Hierbei wird jede Zahl $x$ wiedergegeben durch ein Zahlenpaar $(a,b)$, derart, daß $x = a \times 2^b$. $b$ heißt gewöhnlich der *Exponent* und ist eine positive oder negative ganze Zahl, während die *Mantisse a* den Bedingungen

$$-\tfrac{1}{2} \geq a \geq -1 \quad \text{oder} \quad \tfrac{1}{2} \leq a \leq 1 \tag{3.1}$$

genügt. Auch hier könnten Endpunkte der Intervalle (3.1) ausgeschlossen sein, was wir ebensowenig wie bei der Festpunktdarstellung berücksichtigen wollen.

Meist sind für $a$ und $b$ zusammen genauso viele Stellen verfügbar wie für eine Festpunktzahl. Bei einem Rechner, dessen Worte 40 Binärstellen lang sind, wäre etwa die Aufteilung 8 Stellen für $b$ und 32 Stellen für $a$ typisch. Das zeigt, daß man mit Festpunktrechnung eine höhere Genauigkeit erreichen könnte als mit Gleitpunktrechnung. Um aber sicherzustellen, daß die berechneten Größen im zulässigen Bereich liegen, werden bei Benutzung von Festpunktarithmetik gewöhnlich große Teile der Rechnung mit Zahlen durchgeführt, die wesentlich kleiner als 1 sind. Man verzichtet dann auf die Vorteile der Festpunktrechnung ganz oder doch teilweise, nur um die sonst notwendige genauere Untersuchung der Größenordnung der anfallenden Ergebnisse zu vermeiden.

4. Bei Rechenanlagen, für welche Gleitpunktoperationen nicht unmittelbar im Maschinencode vorgesehen sind, ordnet man gelegentlich einer Gleitpunktzahl zwei Worte zu, eines für $a$ und eines für $b$. Hierdurch beschleunigt man die Unterprogramme. In Anlehnung an diese Methode benutzen wir den gleichen Buchstaben $t$ zur Bezeichnung der Stellenzahl einer Festpunktzahl und zur Bezeichnung der Stellenzahl der Mantisse einer Gleitpunktzahl. In beiden Fällen sprechen wir von einer Rechnung mit $t$ Binärstellen. Die Stellenzahl von $b$ nehmen wir als so groß an, daß keine berechnete Gleitpunktzahl außerhalb des zulässigen Zahlbereichs liegt.

---

* Vorzeichenstellen sind hierbei nicht mitgezählt (Anm. d. Ü).

Ebenso wie im Fall der Festpunktarithmetik ist es möglich mit höherer Genauigkeit zu arbeiten, wobei die Stellenzahl der Mantisse ein Vielfaches von $t$ ist.

5. Die Gleitpunktdarstellung der Zahl Null ist von Rechner zu Rechner verschieden. In vielen Fällen hat sie eine spezielle Form, wobei die Mantisse den Wert 0 hat. In anderen Fällen wird eine Zahl mit sehr großem negativem Exponenten als Darstellung der Null benutzt. Der Unterschied ist ziemlich belanglos; wir werden annehmen, daß eine Darstellung verwendet wird, in der die Mantisse den Wert 0 hat.

## Bezeichnungen

6. In diesem Buch werden zwei Hauptformen der Fehlerrechnung benutzt, die als *Vorwärts*- und *Rückwärts*untersuchung bezeichnet werden. Die genaue Form dieser beiden Techniken wird erst klar werden, wenn wir entsprechende Untersuchungen in allen Einzelheiten durchführen; nachfolgend beschreiben wir die allgemeinen Prinzipien.

Betrachten wir zuerst die Vorwärtsuntersuchung. Der zu untersuchende Rechenvorgang sei durch eine Folge mathematischer Gleichungen gegeben. Durch jede Gleichung wird eine neue Größe $x$ definiert, ausgehend von vorher berechneten Größen $a_1,\ldots,a_n$, von denen einige auch Eingangsdaten sein können. Wir können diese Gleichung in der Form

$$x = g(a_1, a_2, \ldots, a_n) = g(a_i) \tag{6.1}$$

schreiben. Die Bestimmung von $x$ aus den $a_i$ darf nur die Grundrechenarten erfordern. (Wir befassen uns hier nicht mit den Fehlern, die durch die Ersetzung stetiger Operationen, wie z.B. der Integration, durch Differenzenausdrücke oder andere Näherungen entstehen.) Wegen der Rundungsfehler während der Rechnung wird nun der berechnete Wert von $x$ von dem Wert abweichen, den wir durch exakte Auswertung von $g(a_i)$ erhalten würden. Bei der Vorwärtsuntersuchung bezeichnen wir den tatsächlich errechneten Wert mit $\bar{x}$ und versuchen eine Schranke für $|\bar{x} - g(a_i)|$ zu erhalten. Der Vergleich von $\bar{x}$ und $x$ ist daher ein wesentliches Merkmal dieser Methode.

Bei der Rückwärtsuntersuchung befassen wir uns nicht mit den Differenzen, die bei jedem Schritt zwischen dem berechneten und dem wahren Wert entstehen. Stattdessen bemühen wir uns, an bestimmten Stellen der Rechnung zu zeigen, daß der mittels Gleichung

(6.1) berechnete Wert identisch ist mit dem exakten Wert des Ausdrucks $g(a_1+\varepsilon_1, a_2+\varepsilon_2,\ldots,a_n+\varepsilon_n)$, wenn man die Werte $\varepsilon_i$ geeignet wählt, und wir versuchen außerdem Schranken für diese $\varepsilon_i$ zu finden. Offensichtlich sind die $\varepsilon_i$ nicht eindeutig bestimmt. *Bei dieser Methode ist es unwesentlich, ob sich jedes einzelne Zwischenergebnis in der angegebenen Weise darstellen läßt.*

Da wir bei der Rückwärtsuntersuchung die Werte $x$ und $\bar{x}$ nicht vergleichen wollen und keinerlei Gebrauch von dem wahren Wert $x$ machen, hat es wenig Sinn den berechneten Wert durch ein besonderes Symbol zu kennzeichnen. Wir verzichten daher auf den Querstrich und bezeichnen den berechneten Wert mit $x$. Entsprechend der exakten mathematischen Gleichung (6.1) haben wir dann eine rechnerische Gleichung der Form

$$x \equiv g(a_1+\varepsilon_1, a_2+\varepsilon_2,\ldots,a_n+\varepsilon_n) \qquad (6.2)$$

zusammen mit Ungleichungen für die $\varepsilon_i$. Wir benutzen das Äquivalenzzeichen, um anzudeuten, daß es sich hier um eine rechnerische Gleichung handelt. Man könnte meinen, daß diese Bezeichnungsweise Verwirrung stiftet, da $x$ in zweierlei Bedeutung benutzt wird, zum Beispiel in (6.1) und (6.2). Da wir uns aber während der Rückwärtsuntersuchung nie auf den durch (6.1) definierten Wert von $x$ beziehen, ist eine Verwechslung ausgeschlossen.

In Anwendungen erweist sich die Rückwärtsuntersuchung häufig als leichter durchführbar, namentlich bei Gleitpunktrechnung. Natürlich läßt sich einwenden, die Rückwärtsuntersuchung sei unvollständig, da wir letztlich immer die Differenz zwischen der *berechneten* und der *exakten* Lösung kennenlernen möchten. Dieser Einwand ist berechtigt, man muß immer noch einen Schritt anfügen, in dem diese Differenz abgeschätzt wird. Am Beispiel der Behandlung von Eigenwertaufgaben sieht man, wie man vorzugehen hat: Angenommen, wir hätten bewiesen, daß irgendein numerisches Verfahren anstelle der Eigenwerte von $A$ die Eigenwerte einer Matrix $A+F$ liefert, wobei Schranken für die Elemente von $F$ bekannt seien. *Um dann die Fehleruntersuchung zu vervollständigen, müssen wir Abschätzungen für den Einfluß der Störungsmatrix $F$ auf die Eigenwerte von $A$ angeben.*

7. Da wir die Rückwärtsuntersuchung häufiger anwenden werden, beschreiben wir die Fehler, welche bei den arithmetischen Grundoperationen auftreten können, in einer Form, die dieser Art der Fehleruntersuchung angepaßt ist. Insbesondere schreiben wir errechnete Werte nicht mit Querstrich. Gelegentlich ist es nützlich anzumerken, ob sich eine Untersuchung auf Gleitpunkt oder Fest-

punkt* bezieht. Wir tun das, indem wir durch die Schreibweise

$$d \equiv g\,l(a \times b + c) \quad \text{oder} \quad d \equiv f\,e(a \times b + c) \tag{7.1}$$

andeuten, daß $d$ das Ergebnis einer Gleitpunkt bzw. Festpunktberechnung von $a \times b + c$ ist. Überdies wird in Ausdrücken wie (7.1) stets angenommen, daß die Operationen in der Reihenfolge von links nach rechts ausgeführt werden.

### Rundungsfehler bei Festpunktrechnung

**8.** Wir wenden uns nun den Rundungsfehlern bei den arithmetischen Grundoperationen zu. Bei Festpunktarithmetik verursachen Addition und Subtraktion keinen Rundungsfehler. Man muß aber darauf achten, daß die Summe oder die Differenz außerhalb des zulässigen Zahlbereichs liegen könnte. Ist daher die Größe $c$ durch die mathematische Gleichung

$$c = a \pm b \tag{8.1}$$

gegeben, so lautet die entsprechende rechnerische Gleichung

$$c \equiv a \pm b. \tag{8.2}$$

Das exakte Produkt zweier $t$-stelliger Zahlen aus dem Intervall $[-1, +1]$ ist im allgemeinen eine Zahl, welche $2t$ Stellen zur Darstellung benötigt. Dieses exakte Produkt wird ersetzt durch eine $t$-stellige Näherung, indem man zunächst $\frac{1}{2}2^{-t}$ (bzw. $\frac{1}{2}10^{-t}$) addiert und dann die Stellen $(t+1)$ bis $2t$ wegläßt. Folglich entspricht der mathematischen Gleichung

$$c = a \times b \tag{8.3}$$

die rechnerische Gleichung

$$c \equiv ab + \varepsilon \qquad \begin{array}{l} |\varepsilon| \leq \tfrac{1}{2}\,2^{-t}(\text{binär}) \\ |\varepsilon| \leq \tfrac{1}{2}10^{-t}(\text{dezimal}). \end{array} \Biggr\} \tag{8.4}$$

Das exakte und das gerundete Produkt liegt immer im zulässigen Bereich. Mit 4stelliger dezimaler Arithmetik ergibt sich zum Beispiel aus $a = 0.6131$ und $b = 0.8432$ das exakte Produkt $ab = 0.51696592$, also $c = 0.5170$. Daher hat man

$$c \equiv ab + \varepsilon, \tag{8.5}$$

$$\varepsilon = 0.00003408. \tag{8.6}$$

---

* Statt „Festpunktrechnung" oder „Gleitpunktrechnung" schreiben wir oft kürzer „Festpunkt" bzw. „Gleitpunkt".

Man beachte, daß in der rechnerischen Gleichung (8.5), *ab* das *exakte Produkt von a und b*, und *c* den *errechneten Wert* bedeutet. Manche binär rechnenden Maschinen runden etwas anders: Die letzten *t* Stellen des exakten Produktes werden weggelassen, und die *t*-te Stelle wird mit 1 besetzt. Das ergibt einen Fehler zwischen $-2^{-t}$ und $+2^{-t}$. Das Fehlermaximum ist also doppelt so groß wie bei der vorher genannten Methode. Dieser Unterschied spielt keine große Rolle. Wir nehmen an, daß das erstgenannte Rundungsverfahren benutzt wird. Dieses hat außerdem den Vorteil, daß das exakte Ergebnis geliefert wird, wenn die Stellen $(t+1)$ bis $2t$ mit Nullen besetzt sind.

9. Der Quotient $a/b$ zweier *t*-stelliger binärer oder dezimaler Festpunktzahlen liegt nur im Fall $|b| \geq |a|$ im zulässigen Bereich. Die Benutzung der Division bei Festpunktzahlen erfordert daher stets spezielle Überlegungen. Außerdem ist der Quotient gewöhnlich ein nicht abbrechender Binär- bzw. Dezimalbruch. Der exakte Quotient muß daher gerundet werden, um eine *t*-stellige Festpunktzahl zu bekommen, etwa, indem man $\frac{1}{2} 2^{-t}$ (bzw. $\frac{1}{2} 10^{-t}$) addiert, und dann die ersten *t* Stellen des Ergebnisses nimmt. Um dieses gerundete Ergebnis zu erhalten, muß man lediglich die ersten $(t+1)$ Stellen des exakten Resultats berechnen. In der Praxis wird diese Rundung häufig dadurch erreicht, daß man vor Beginn der Division den Zähler auf $2t$ Stellen verlängert, indem man hinten die Hälfte des Nenners anfügt. In diesem Fall muß man nur die ersten *t* Stellen des Ergebnisses berechnen. Ebenso wie bei der Multiplikation sind auch bei der Division noch andere Rundungsverfahren in Gebrauch. Das beschriebene Verfahren hat aber den Vorteil, daß es das exakte Ergebnis liefert, sofern dieses als *t*-stellige Zahl darstellbar ist.

Als Beispiel betrachten wir $a = 0.0635$, $b = 0.6673$ und rechnen mit vier Dezimalstellen. Das Ergebnis $c$ ist mathematisch gegeben durch

$$c = \frac{a}{b}. \qquad (9.1)$$

Der exakte Quotient ist eine nicht abbrechende Zahl, beginnend mit 0.095159... Der errechnete Wert von $c$ lautet daher 0.0952, und die rechnerische Gleichung ist

$$c \equiv \frac{a}{b} + \varepsilon, \qquad (9.2)$$

mit

$$\varepsilon = 0.0000\,40\ldots \qquad (9.3)$$

Der Rundungsfehler $\varepsilon$ genügt offenbar immer der Ungleichung

$$\left.\begin{array}{l}|\varepsilon|\leq\tfrac{1}{2}\,2^{-t}\quad(\text{binär})\\|\varepsilon|\leq\tfrac{1}{2}10^{-t}\quad(\text{dezimal}).\end{array}\right\} \quad (9.4)$$

Man beachte, daß, analog zu (8.5), $a/b$ in (9.2) den *exakten Quotienten*, $c$ aber den *errechneten Wert* bezeichnet. Da alle in (9.2) vorkommenden arithmetischen Operationen exakte mathematische Operationen sind, kann man (9.2) nach den üblichen Regeln umformen. Multiplizieren wir die Gleichung mit $b$, so ergibt sich

$$bc \equiv a + b\varepsilon$$
$$|bc - a| \equiv |b\varepsilon| \quad (9.5)$$
$$|bc - a| \leq \tfrac{1}{2}|b|2^{-t}.$$

Wir erhalten also eine Abschätzung für die Differenz von $bc$ und $a$. Da $b$ eine Festpunktzahl ist, kann die Schranke nie größer als $\tfrac{1}{2}2^{-t}$ werden; sie nimmt aber ab, wenn $b$ kleiner als 1 ist. Diese triviale Feststellung ist bei Fehlerrechnungen oft von Bedeutung.

## Akkumulierende Multiplikation bei Festpunktrechnung

**10.** Während der Multiplikation zweier $t$-stelliger Zahlen stellen die meisten Rechenautomaten zunächst das exakte, $2t$-stellige Ergebnis her. Auf vielen Maschinen kann man diese Tatsache ausnutzen, um zu genaueren Rechenergebnissen zu gelangen. Ein häufig vorkommender Rechenschritt ist zum Beispiel die Berechnung eines inneren Produkts $s$ aus der Gleichung

$$s = \sum_{i=1}^{n} a_i b_i. \quad (10.1)$$

Wird in diesem Ausdruck jedes Produkt einzeln gerundet, so lautet die zugehörige rechnerische Gleichung

$$\left.\begin{array}{l}s \equiv \sum_{i=1}^{n} a_i b_i + \varepsilon \\ |\varepsilon| \leq \tfrac{1}{2} n 2^{-t}.\end{array}\right\} \quad (10.2)$$

Mit Tischrechenmaschinen erhält man jedoch dieses innere Produkt gewöhnlich durch akkumulierende Multiplikation exakt mit allen $2t$ Stellen, gleichgültig, ob man das wünscht oder nicht. Weiter sieht man, daß man dieses doppelt genaue Ergebnis im wesentlichen *mit dem gleichen Zeitaufwand erhält, den man bei Rechnung mit einfacher Genauigkeit veranschlagen müßte.* Die gleiche Möglichkeit ist auf einer Reihe von elektronischen Rechenanlagen gegeben. Machen wir davon Gebrauch, so entspricht (10.1) die rechnerische Gleichung

$$\left.\begin{array}{l} s \equiv \sum_{i=1}^{n} a_i b_i + \varepsilon \\ |\varepsilon| \leq \tfrac{1}{2} 2^{-t}. \end{array}\right\} \tag{10.3}$$

Die Schranke für den Rundungsfehler wird also um den Faktor $n$ kleiner.

Rechner, welche diese Möglichkeit besitzen, haben einen Akkumulator, der eine $2t$-stellige Zahl aufnehmen kann. In diesem Fall wird bei Durchführung einer Division gewöhnlich ebenfalls von diesem doppelt langen Akkumulator Gebrauch gemacht. Man dividiert dann nämlich einen doppelt genauen Zähler durch einen einfach genauen Nenner. Das korrekt gerundete Ergebnis hat einfache Genauigkeit. Ist der Zähler in Wirklichkeit nur $t$-stellig, so wird er durch Anhängen von $t$ Nullen auf $2t$ Stellen gebracht. Auch hierzu ist zu bemerken, daß alle Tischrechenmaschinen in dieser Weise arbeiten.

**11.** Betrachten wir nun die Berechnung von $d$ aus der mathematischen Gleichung

$$d = \sum_{i=1}^{n} a_i b_i / c. \tag{11.1}$$

Sind die beiden oben erwähnten Möglichkeiten gegeben, so kann man $\sum a_i b_i$ exakt berechnen, und das doppelt genaue Ergebnis durch $c$ dividieren. Daher entspricht (11.1) die rechnerische Gleichung

$$\left.\begin{array}{l} d \equiv \left( \sum_{i=1}^{n} a_i b_i / c \right) + \varepsilon \\ |\varepsilon| \leq \tfrac{1}{2} 2^{-t}, \end{array}\right\} \tag{11.2}$$

also

$$|cd - \sum a_i b_i| \equiv |c\varepsilon| \leq \tfrac{1}{2} |c| 2^{-t}. \tag{11.3}$$

Die in (11.3) gegebene Schranke ist proportional zu $|c|$ und folglich wesentlich kleiner als $\tfrac{1}{2} 2^{-t}$, wenn $|c|$ wesentlich kleiner als 1 ist.

**12.** Die Bedeutung dieser Genauigkeitssteigerung sieht man an folgendem einfachen Beispiel: Es sei $d$ aus der Gleichung

$$d = (0.6325 \times 0.4126 - 0.3127 \times 0.8313)/0.0013$$

zu berechnen. Sind die beiden Möglichkeiten gegeben, so erhält man den Zähler exakt als $0.2609\,6950 - 0.2599\,4751 = 0.0010\,2199$, und daraus bekommt man

$$d = 0.0010\,2199/0.0013 = 0.7861\,4\ldots$$

Das errechnete $d$ ist also 0.7861 mit einem Fehler von $0.0000\,4\ldots$
Außerdem gilt

$$d \times 0.0013 - (0.6325 \times 0.4126 - 0.3127 \times 0.8313) \equiv -0.0000\,0006.$$

Ist aber keine dieser Möglichkeiten gegeben, so errechnet sich der Zähler zu

$$0.2610 - 0.2599 = 0.0011,$$

und wegen $0.0011/0.0013 = 0.8461\,5\ldots$, ist 0.8462 der berechnete Wert von $d$. Dieses Ergebnis ist mit dem Fehler $0.0600\,5\ldots$ behaftet, *welcher mehr als 1 000mal so groß ist*. Mit dem berechneten $d$ erhält man

$$d \times 0.0013 - (0.6325 \times 0.4126 - 0.3127 \times 0.8313) \equiv 0.0000\,7807.$$

Auch hier ist der Fehler um den Faktor 1 000 größer.

## Rundungsfehler bei Gleitpunktrechnung

**13.** Die Einzelheiten in der Ausführung der elementaren Gleitpunktoperationen sind von Maschine zu Maschine verschieden. Auf einer Maschine mit doppelt langem Akkumulator laufen die Operationen folgendermaßen ab:

Wir bezeichnen die Operanden der einzelnen Operationen mit $x_1$ und $x_2$, wobei

$$\begin{array}{ll} x_1 = a_1 2^{b_1} \quad x_2 = a_2 2^{b_2} & \text{(binär)} \\ x_1 = a_1 10^{b_1} \quad x_2 = a_2 10^{b_2} & \text{(dezimal)} \end{array} \right\} \quad (13.1)$$

und betrachten zuerst die Addition. Nehmen wir an, es sei $x_1$ dem Betrage nach größer als $x_2$. Dann berechnen wir zuerst $(b_1 - b_2)$ und unterscheiden die folgenden beiden Fälle:
(I) $(b_1 - b_2) > t$. In diesem Fall ist $x_2$ zu klein, um irgendeinen Einfluß auf die ersten $t$ signifikanten Stellen der Summe auszuüben. Es gilt folglich

$$gl(x_1 + x_2) \equiv x_1. \qquad (13.2)$$

(II) $(b_1 - b_2) \leq t$. In diesem Fall wird $a_2$ durch $2^{b_1 - b_2}$ (bzw. $10^{b_1 - b_2}$) dividiert, indem man es um $(b_1 - b_2)$ Stellen nach rechts verschiebt.

Anschließend berechnet man exakt die Summe $a_1 + a_2 2^{b_2-b_1}$. Zur Darstellung der Summe benötigt man offenbar höchstens $2t$ Stellen. Durch Verschiebungen nach links oder rechts wird diese Summe nun mit einer Potenz von 2 (bzw. 10) so multipliziert, daß nun die Mantisse des Ergebnisses in dem für Mantissen von Gleitpunktzahlen zulässigen Bereich liegt. Der Exponent wird entsprechend dieser Verschiebung geändert. Zum Schluß rundet man die $2t$-stellige Mantisse auf $t$ Stellen.

Aus der Ungleichung

(I) $$|a_1| + |a_2| 2^{b_2-b_1} \leq 1 + 1 \qquad (13.3)$$

folgt, daß man höchstens um eine Stelle nach rechts verschieben muß. Auf der anderen Seite könnte eine beträchtliche Auslöschung auftreten und eine Linksverschiebung bis zu $t$ Stellen erforderlich machen. Hat $x_2$ den größeren Betrag, so sind die Rollen von $x_1$ und $x_2$ zu vertauschen.

14. Wir erläutern den Vorgang anhand mehrerer einfacher Beispiele von Additionen in 4stelliger Gleitpunktarithmetik.

$$0.3127 \times 10^{-6} + 0.4153 \times 10^4.$$

Der Exponent von $x_1$ ist um 10 kleiner als der von $x_2$. Daher lautet die Summe $0.4153 \times 10^4$.

(II) $$0.6314 \times 10^4 + 0.3865 \times 10^1.$$

$a_2$ wird um 3 Stellen nach rechts verschoben und anschließend wird 8stellig addiert:

$$\begin{array}{r} 0.6314\,0000 \times 10^4 \\ +0.0003\,8650 \times 10^4 \\ \hline 0.6317\,8650 \times 10^4 \end{array}.$$

Die exakte Summe wird nun gerundet zum Endergebnis $0.6318 \times 10^4$.

(III) $$0.7418 \times 10^4 + 0.6158 \times 10^4.$$

Die Addition führt man durch in der Form

$$\begin{array}{r} 0.7418\,0000 \times 10^4 \\ +0.6158\,0000 \times 10^4 \\ \hline 1.3576\,0000 \times 10^4 \end{array} = 0.1357\,6000 \times 10^5.$$

Die exakte Summe wird gerundet zum Endergebnis $0.1358 \times 10^5$.

(IV) $\quad 0.7617 \times 10^{-4} + (-0.7613 \times 10^{-4})$.

$$0.7617\ 0000 \times 10^{-4}$$
$$-0.7613\ 0000 \times 10^{-4}$$
$$\overline{0.0004\ 0000 \times 10^{-4}} = 0.4000 \times 10^{-7}.$$

Hier tritt starke Auslöschung auf, *und die berechnete Summe ist exakt.*

(V) $\quad 0.1005 \times 10^{-4} + (-0.9963 \times 10^{-5})$.

$$0.1005\ 0000 \times 10^{-4}$$
$$-0.0996\ 3000 \times 10^{-4}$$
$$\overline{0.0008\ 7000 \times 10^{-4}} = 0.8700 \times 10^{-7}.$$

Auch hier tritt Auslöschung auf, *und die berechnete Summe ist exakt.*

Wie man sieht, erhält man den berechneten Wert immer in der Weise, daß man zunächst die exakte Summe bildet, diese normalisiert, so daß die Mantisse im zulässigen Bereich liegt, und anschließend auf $t$ Stellen rundet. Ist $a_3 \times 2^{b_3}$ (bzw. $a_3 \times 10^{b_3}$) die normalisierte exakte Summe, so ist der Fehler offenbar dem Betrage nach kleiner als $\frac{1}{2} \times 2^{-t} \times 2^{b_3}$ (bzw. $\frac{1}{2} \times 10^{-t} \times 10^{b_3}$). Gelegentlich werden wir diese Form der Fehlerabschätzung benutzen, häufiger interessiert uns jedoch der relative Fehler. Da der Betrag der exakten Summe zwischen $\frac{1}{2} 2^{b_3}$ und $2^{b_3}$ (bzw. $\frac{1}{10} 10^{b_3}$ und $10^{b_3}$) liegt, ergibt sich

$$gl(x_1 + x_2) \equiv (x_1 + x_2)(1 + \varepsilon), \tag{14.1}$$

$$|\varepsilon| \leq 2^{-t} \quad \text{(binär)}, \tag{14.2}$$

$$|\varepsilon| \leq \tfrac{1}{2} 10^{1-t} \quad \text{(dezimal)}. \tag{14.3}$$

Man sieht, daß die Fehlerschranke im Dezimalsystem vergleichsweise schlechter ist als im Binärsystem.

Den Fall $x_1 = 0$ oder $x_2 = 0$ haben wir bisher übergangen. Ist $x_2 = 0$, so gilt $gl(x_1 + x_2) \equiv x_1$; ist $x_1 = 0$, so gilt $gl(x_1 + x_2) \equiv x_2$. Es gibt also keinen Rundungsfehler, und (14.1) gilt mit $\varepsilon = 0$.

Der relative Fehler ist also immer klein. *In allen Fällen, in denen Auslöschung auftritt, ist $\varepsilon = 0$.* Diese Tatsache stellen wir besonders heraus, da man bei Auslöschung gewöhnlich an Genauigkeitsverlust denkt. (Man vergleiche Abschnitt 17, wo von Rechenanlagen die Rede ist, bei denen Auslöschung bei der Addition oder Subtraktion nicht immer $\varepsilon = 0$ zur Folge hat.)

Unsere Überlegungen lassen sich folgendermaßen zusammenfassen: *Die berechnete Summe von $x_1$ und $x_2$ ist die exakte Summe zweier Zahlen $x_1(1 + \varepsilon)$ und $x_2(1 + \varepsilon)$, wobei* $|\varepsilon| \leq 2^{-t}$ (bzw. $|\varepsilon| \leq \tfrac{1}{2} 10^{1-t}$).

Für die Subtraktion erhält man entsprechende Aussagen.

## Multiplikation

**15.** Das Produkt von $x_1$ und $x_2$ erhält man in folgender Weise: Die Summe von $b_1$ und $b_2$ ergibt $b_3$. Außerdem berechnet man das $2t$-stellige, exakte Produkt von $a_1$ und $a_2$. Dieses genügt der Ungleichung

$$\tfrac{1}{4} \leq |a_1 a_2| \leq 1 \tag{15.1}$$

oder

$$\tfrac{1}{100} \leq |a_1 a_2| \leq 1. \tag{15.2}$$

Zur Normalisierung muß man um eine geeignete Anzahl von Stellen nach links verschieben unter gleichzeitiger Berichtigung des Exponenten. Das $2t$-stellige Produkt wird nun gerundet und man erhält die $t$-stellige Mantisse des berechneten Produkts. Ist $x_1$ oder $x_2$ (oder beide) 0, so hat das berechnete Produkt ebenfalls den Wert 0.

**Beispiele:**

(I) $\qquad 0.8132 \times 10^{-4} \times 0.6135 \times 10^6 = 0.4988\,9820 \times 10^2$.

Das berechnete Produkt lautet $0.4989 \times 10^2$.

(II) $\qquad 0.1213 \times 10^{-3} \times 0.1714 \times 10^{-4} = 0.0207\,9082 \times 10^{-7}$
$\qquad\qquad\qquad\qquad\qquad\qquad\quad = 0.2079\,0820 \times 10^{-8}$.

Das berechnete Produkt lautet $0.2079 \times 10^{-8}$.

Ebenso wie bei der Addition und Subtraktion erhält man das errechnete Ergebnis durch Rundung des exakten Ergebnisses auf $t$ Stellen:

$$gl(x_1 \times x_2) \equiv x_1 x_2 (1 + \varepsilon), \tag{15.3}$$

$$|\varepsilon| \leq 2^{-t} \qquad \text{(binär)} \tag{15.4}$$

oder

$$|\varepsilon| \leq \tfrac{1}{2} 10^{1-t} \qquad \text{(dezimal)}. \tag{15.5}$$

Dies können wir auch so ausdrücken:

*Das berechnete Produkt ist das exakte Produkt von $x_1(1+\varepsilon)$ und $x_2$, oder von $x_1$ und $x_2(1+\varepsilon)$, oder von $x_1(1+\varepsilon)^{1/2}$ und $x_2(1+\varepsilon)^{1/2}$, wobei $|\varepsilon| \leq 2^{-t}$ (bzw. $|\varepsilon| \leq \tfrac{1}{2} 10^{1-t}$).* Den Faktor $(1+\varepsilon)$ können wir zu $x_1$ oder zu $x_2$ schlagen; wir können ihn auch auf $x_1$ und $x_2$ aufteilen, wenn uns das günstig erscheint.

## Division

**16.** Bei der Gleitpunktdivision liegen die Verhältnisse wesentlich günstiger als bei der Festpunktdivision. Der einzige nicht erlaubte Fall ist die Division durch 0. Den Quotienten von $x_1$ und $x_2$ bestimmt man folgendermaßen:

$b_2$ wird von $b_1$ subtrahiert; das Ergebnis ist der Exponent $b_3$. Die Mantisse $a_1$ besetzt die ersten $t$ Stellen des doppelt langen Akkumulators, während die letzten $t$ Stellen mit Nullen besetzt werden. Ist $|a_1|>|a_2|$, so wird die Zahl im Akkumulator um eine Stelle rechts verschoben und $b_3$ um 1 erhöht. Nun dividiert man den Akkumulatorinhalt durch $a_2$, und erhält nach Rundung einen $t$-stelligen Quotienten. Dessen Betrag liegt zwischen $\frac{1}{2}$ und 1 (bzw. $\frac{1}{10}$ und 1), der Quotient ist also schon normalisiert.

**Beispiele:**

(I) $\qquad 0.9137 \times 10^{-6} \,/\, 0.1312 \times 10^{-2}$.

Dies bringt man auf die Form $(0.9137\ 0000 \,/\, 0.1312) \times 10^{-4}$ und erhält $(0.0913\ 7000 \,/\, 0.1312) \times 10^{-3} = 0.6964\ 17... \times 10^{-3}$. Der berechnete Quotient lautet also $0.6964 \times 10^{-3}$.

(II) $\qquad 0.1235 \times 10^{4} \,/\, 0.9872 \times 10^{-6}$.

Dies erhält die Form

$$(0.1235\ 0000 \,/\, 0.9872) \times 10^{10} = 0.1251\ 01... \times 10^{10}.$$

Der berechnete Quotient lautet also $0.1251 \times 10^{10}$.

Im Fall $x_1 = 0$ und $x_2 \neq 0$ gilt $gl(x_1/x_2) \equiv 0$. Daher haben wir außer für $x_2 = 0$ stets

$$gl(x_1/x_2) \equiv (x_1/x_2)(1+\varepsilon), \qquad (16.1)$$

$$|\varepsilon| \leq 2^{-t} \quad \text{(binär)} \qquad (16.2)$$

oder

$$|\varepsilon| \leq \tfrac{1}{2} 10^{1-t} \quad \text{(dezimal)}. \qquad (16.3)$$

Dieses Ergebnis können wir so ausdrücken:
*Der berechnete Quotient von $x_1$ und $x_2$ ist der exakte Quotient von $x_1(1+\varepsilon)$ und $x_2$, oder von $x_1$ und $x_2(1+\varepsilon)$, wobei $|\varepsilon| \leq 2^{-t}$ (oder $|\varepsilon| \leq \tfrac{1}{2} 10^{1-t}$).*

## Die Rundung bei Verwendung eines einfach langen Akkumulators

17. Wie wir sahen, ist der relative Fehler einer Summe oder einer Differenz verhältnismäßig klein, wenn wir Gleitpunktarithmetik auf einem Rechner mit doppelt langem Akkumulator anwenden. Auf einer Anlage ohne einen solchen Akkumulator verlaufen die Gleitpunktoperationen nicht so günstig.

Die einzelnen Schritte, etwa bei der Durchführung der Addition, erläutern wir am besten, indem wir die Beispiele aus Abschnitt 14 nochmals ansehen.

Bei den Beispielen (I), (III) und (IV) ergeben sich keine wesentlichen Unterschiede, da die rechte Hälfte des doppelt langen Akkumulators praktisch nicht benutzt wird.

Im Beispiel (II) wird jetzt 0.3865 um 3 Stellen rechts verschoben *und dann auf vier Stellen gerundet.* Die Addition geht also so vor sich:

$$0.6314 \times 10^4 + 0.0004 \times 10^4 = 0.6318 \times 10^4.$$

An der berechneten Summe hat sich nichts geändert.

Im Beispiel (V) wird jetzt 0.9963 um eine Stelle rechts verschoben *und dann gerundet.* Die Addition geht also so vor sich:

$$0.1005 \times 10^{-4} - 0.0996 \times 10^{-4} = 0.0009 \times 10^{-4}$$
$$= 0.9000 \times 10^{-7}.$$

Hier weicht die berechnete Summe von der früher berechneten ab. *Außerdem weist sie jetzt einen verhältnismäßig großen relativen Fehler auf, während die früher berechnete Summe exakt war.* Die Formel

$$gl(x_1 + x_2) \equiv (x_1 + x_2)(1 + \varepsilon) \tag{17.1}$$

mit einem $\varepsilon$ der Größenordnung $2^{-t}$ können wir nicht länger benutzen. Jedoch können wir immer noch beweisen, daß in allen Fällen

$$gl(x_1 + x_2) \equiv x_1(1 + \varepsilon_1) + x_2(1 + \varepsilon_2) \tag{17.2}$$

richtig ist, wobei $\varepsilon_1$ und $\varepsilon_2$ von der Größenordnung $2^{-t}$, im allgemeinen aber verschieden sind.

Im Fall eines Akkumulators einfacher Länge gibt es noch eine Situation (VI), die kein Gegenstück beim Rechnen mit einem doppelt langen Akkumulator besitzt:

(VI) $\qquad 0.9622 \times 10^2 + 0.3926 \times 10^1.$

Mit einem doppelt langen Akkumulator ergäbe sich aus

$$0.9622\ 0000 \times 10^2 + 0.0392\ 6000 \times 10^2 = 1.0014\ 6000 \times 10^2$$

das Ergebnis $0.1001 \times 10^3$.

Mit einem Akkumulator einfacher Länge erhalten wir jedoch

$$0.9622 \times 10^2 + 0.0393 \times 10^2 = 1.0015 \times 10^2.$$

Die berechnete Summe ist also $0.1002 \times 10^3$. Man beachte hierzu, daß auf einer automatisch arbeitenden Rechenanlage eine 5 in der ersten wegzulassenden Stelle stets nach oben gerundet wird. Dies

Die Rundung bei Verwendung eines einfach langen Akkumulators 15

bewirkt, daß der bei der ersten Rundung gemachte Fehler die zweite Rundung beeinflußt.

**18.** Wir müssen nun noch die Behauptung betreffend Gleichung (17.2) beweisen. In den Fällen (I), (II), (III) und (IV) ist die Behauptung richtig mit $\varepsilon_1 = \varepsilon_2 = \varepsilon$. Im Fall (V) tritt nur ein Rundungsfehler auf, nämlich, wenn man das rechtsverschobene $a_2$ rundet. Da die Addition mit Auslöschung verbunden ist, ist keine weitere Rundung nötig. Der Betrag des Rundungsfehlers ist folglich durch $\frac{1}{2} 2^{-t} \times 2^{b_1}$ (bzw. $\frac{1}{2} 10^{-t} \times 10^{b_1}$) beschränkt und wir bekommen

$$gl(x_1 + x_2) \equiv x_1(1+\varepsilon) + x_2, \tag{18.1}$$

$$|\varepsilon| \leq 2^{-t} \quad \text{(binär)} \tag{18.2}$$

oder

$$|\varepsilon| \leq \tfrac{1}{2} 10^{1-t} \quad \text{(dezimal)}. \tag{18.3}$$

Vertauschen wir die Rollen von $x_1$ und $x_2$, so erhalten wir analog

$$gl(x_1 + x_2) \equiv x_1 + x_2(1+\varepsilon). \tag{18.4}$$

Im Fall (VI) gibt es zwei verschiedene Rundungsfehler $\eta_1$ und $\eta_2$. Ist $b$ der Exponent des berechneten Ergebnisses, so gilt

$$\left. \begin{array}{l} |\eta_1| \leq \tfrac{1}{2} 2^{-1-t} \times 2^b \\ |\eta_1| \leq \tfrac{1}{2} 10^{-1-t} \times 10^b, \end{array} \right\} \tag{18.5}$$

$$\left. \begin{array}{l} |\eta_2| \leq \tfrac{1}{2} 2^{-t} \times 2^b \\ |\eta_2| \leq \tfrac{1}{2} 10^{-t} \times 10^b. \end{array} \right\} \tag{18.6}$$

Nun tritt aber der zweite Rundungsfehler nur dann auf, wenn der exakte Wert von $x_1 + x_2$ ebenfalls den Exponenten $b$ besitzt, d. h. wenn

$$|x_1 + x_2| \geq \tfrac{1}{2} 2^b \quad \text{bzw.} \quad |x_1 + x_2| \geq \tfrac{1}{10} 10^b.$$

Wir erhalten also

$$|\eta_1 + \eta_2| \leq |\eta_1| + |\eta_2| \leq \tfrac{3}{2} 2^{-t} |x_1 + x_2| \quad \text{(binär)}, \tag{18.7}$$

$$|\eta_1 + \eta_2| \leq |\eta_1| + |\eta_2| \leq 0.55 \times 10^{1-t} |x_1 + x_2| \quad \text{(dezimal)}. \tag{18.8}$$

Insgesamt gilt also in diesem Fall

$$gl(x_1 + x_2) \equiv (x_1 + x_2)(1+\varepsilon), \tag{18.9}$$

$$|\varepsilon| \leq \tfrac{3}{2} 2^{-t} \quad \text{(binär)} \tag{18.10}$$

oder

$$|\varepsilon| \leq 0.55 \times 10^{1-t} \quad \text{(dezimal)}. \tag{18.11}$$

Es gilt also stets (17.2) mit

$$\left.\begin{aligned}|\varepsilon_1|, |\varepsilon_2| &\leq \tfrac{3}{2} 2^{-t} \\ |\varepsilon_1|, |\varepsilon_2| &\leq 0.55 \times 10^{1-t}.\end{aligned}\right\} \qquad (18.12)$$

**19.** Die Beschränkung auf einen Akkumulator einfacher Länge beeinflußt die Multiplikation und Division weit weniger als die Addition und Subtraktion. Der relative Fehler der berechneten Werte ist immer verhältnismäßig klein. Als wesentlicher Unterschied ergibt sich daher nur, daß wir bei der Addition und Subtraktion verschiedene Werte für $\varepsilon_1$ und $\varepsilon_2$ haben könnten. Das beeinflußt unsere weiteren Überlegungen nur unwesentlich. In der Regel erhält man für einen Rechner mit einfach langem Akkumulator Fehlerschranken, welche das $1\tfrac{1}{2}$- (bzw. $1\tfrac{1}{10}$-)fache der Schranken bei einem Rechner mit doppelt langem Akkumulator nicht überschreiten.

Es gibt eine ganze Reihe verschiedener Rundungsvorschriften, von denen einige nicht so genau sind, wie die hier untersuchten. Bezüglich der Multiplikation und Division wird man kaum eine Vorschrift antreffen, bei der der Fehler eine Einheit der letzten signifikanten Stelle des richtig normalisierten und gerundeten Ergebnis überschreiten wird. Es gilt daher immer

$$\left.\begin{aligned}gl(x_1 \times x_2) &\equiv x_1 x_2 (1+\varepsilon) \\ gl(x_1/x_2) &\equiv \frac{x_1}{x_2}(1+\varepsilon)\end{aligned}\right\} \; |\varepsilon| \leq 2^{1-t}. \qquad (19.1)$$

Bezüglich der Addition und Subtraktion gibt es weit mehr verschiedene Rundungsvorschriften. Man kann sich aber kaum eine vernünftige Vorschrift vorstellen, bei der der Fehler größer ist als 1 in der letzten signifikanten Stelle von $x_1$, plus 1 in der letzten signifikanten Stelle von $x_2$, plus 1 in der letzten signifikanten Stelle von $x_1 \pm x_2$. Der Gesamtfehler ist also nie größer als

$$\begin{aligned}(|x_1|+|x_2|&+|x_1 \pm x_2|)2^{1-t} \\ gl(x_1 \pm x_2) &\equiv x_1(1+\varepsilon_1) \pm x_2(1+\varepsilon_2) \\ |\varepsilon_1|, |\varepsilon_2| &\leq 4 \times 2^{-t}.\end{aligned} \qquad (19.2)$$

Dem Verfasser ist keine Rechenanlage bekannt, auf der die Rundungsfehler die in (19.2) gegebenen Schranken erreichen. Trotzdem sind diese Schranken nur viermal so groß wie diejenigen, welche für die genaueste Rundungsvorschrift gelten.

## Vergleich von Festpunkt- und Gleitpunktrechnung

**20.** In der Hauptsache ergeben sich folgende Unterschiede zwischen Festpunkt- und Gleitpunktrechnung:

Bei vorgegebener Stellenzahl des Maschinenwortes kann man mit Festpunktarithmetik genauer rechnen als bei gleitendem Punkt, da in diesem Fall einige Stellen für den Exponenten abgezweigt werden müssen.

Im Vergleich zur Gleitpunktrechnung müssen einer Rechnung mit Festpunktarithmetik wesentlich eingehendere Untersuchungen vorausgehen, um sicherzustellen, daß die vorkommenden Zahlen den zulässigen Bereich nicht verlassen. Zu diesem Zweck muß der natürliche Ablauf einer Festpunktrechnung häufig durch Einführung geeigneter Skalenfaktoren modifiziert werden. Um nicht zu viele Skalenfaktoren einführen zu müssen, setzt man gewöhnlich den Maßstab für die Zahlendarstellung so fest, daß die Zahlen dem Betrage nach wesentlich kleiner als 1 werden. Hierbei verliert man aber unter Umständen mehr Stellen, als bei Gleitpunktrechnung für den Exponenten geopfert werden müssen. Führt man andererseits an sehr vielen Stellen der Festpunktrechnung Skalenfaktoren ein, so betreibt man eigentlich nur eine spezielle Art von Gleitpunktrechnung. Beim Arbeiten mit Matrizen allerdings spielen Skalenfaktoren meist nur eine untergeordnete Rolle; hier ist die Festpunktarithmetik der Gleitpunktarithmetik oft weit überlegen.

**21.** Auf vielen Rechenanlagen hat man zwar die Möglichkeit, bei Festpunktrechnung innere Produkte durch akkumulierende Multiplikation exakt zu berechnen und die Division mit einem Zähler doppelter Länge auszuführen. Die entsprechenden Möglichkeiten für die Gleitpunktarithmetik sind jedoch meist nicht vorgesehen.

Auf dem ACE, dem Rechner am National Physical Laboratory, werden die Gleitpunktoperationen durch Unterprogramme ausgeführt. Darunter befinden sich Unterprogramme für die nachfolgend genannten Aufgaben, *die mit ungefähr der gleichen Geschwindigkeit arbeiten wie die gewöhnlichen Unterprogramme für einfache Länge.*

(I) *Addition und Subtraktion.* Die Unterprogramme liefern Ergebnisse mit doppelt langer Mantisse und benutzen Summanden mit einfacher oder doppelter Mantissenlänge.

(II) *Division.* Aus einem Zähler doppelter Länge und einem Nenner einfacher Länge errechnet das Unterprogramm einen Quotienten einfacher Länge.

(III) *Multiplikation.* Das Unterprogramm errechnet ein Produkt doppelter Länge aus Faktoren einfacher Länge.

Diese Unterprogramme verbinden die Genauigkeit der akkumulierenden Festpunktberechnung innerer Produkte mit der Bequemlichkeit der Gleitpunktrechnung. Es sei betont, daß die Möglichkeiten für Gleitpunktoperationen dieser Art (zusätzlich zu den Standardoperationen) auf einem handelsüblichen Rechner eigentlich vorhanden sein sollten.

Allerdings gestatten diese Möglichkeiten nicht die *exakte* Berechnung innerer Produkte. Wir sehen das am Beispiel

$$0.3125 \times 10^4 \times 0.4167 \times 10^5 + 0.4132 \times 10^2 \times 0.3176 \times 10^4$$
$$= 0.1302\ 1875 \times 10^9 + 0.1312\ 3232 \times 10^6.$$

Auch wenn wir eine 8stellige Mantisse benutzen, können wir bei der Addition die letzten 3 Stellen des zweiten Produkts nicht berücksichtigen. Immerhin hat der berechnete Wert aber nur einen Fehler der Größenordnung 10 anstelle eines Fehlers der Größenordnung $10^5$. *Daß man innere Produkte nicht exakt berechnen kann, rührt daher, daß die Faktoren bei Gleitpunkt mit größerer Genauigkeit vorgebbar sind.* In Festpunktrechnung würde dieses Beispiel vermutlich $(0.3125 \times 0.4167 + 0.0041 \times 0.0318) \times 10^9$ lauten, so daß der Genauigkeitsverlust bereits in der Angabe der Faktoren des zweiten Produkts liegen würde.

**22.** Durch diese Methode, Produkte in Gleitpunkt aufzuaddieren, vermeidet man gleichzeitig eine Schwierigkeit, die bei Festpunktrechnung auftreten kann: Berechnet man nämlich hier das innere Produkt, so muß man immer die Möglichkeit einer Bereichsüberschreitung im Auge behalten. Es kann sogar vorkommen, daß eine Partialsumme außerhalb des zulässigen Zahlbereichs liegt, während das Endergebnis wieder im zulässigen Bereich liegt.

Ist uns im voraus bekannt, daß das Endergebnis eine zulässige Größe hat, so brauchen wir den Kapazitätsüberlauf nicht zu beachten; das Endergebnis ist trotzdem richtig*. Meist befinden wir uns aber nicht in dieser günstigen Lage. Derartige Fragen werden bei Gleitpunktrechnung automatisch miterledigt, und, obwohl man Rundungsfehler nicht vermeiden kann, liegen diese wenigstens nur in der letzten Stelle der zweiten Hälfte der Mantisse und sind daher von der Größenordnung $2^{-2t}$ und nicht $2^{-t}$.

Das Problem des Kapazitätsüberlaufs bei Festpunktrechnung läßt sich wie folgt lösen: Die Anzahl der Summanden in einem inneren Produkt ist gewöhnlich aufgrund von Speicherüberlegungen beschränkt. Angenommen wir könnten bis zu $2^k$ Summanden verarbei-

---

\* Es gibt Rechner, für die diese Behauptung falsch ist.

ten. Dann dürfte $k$ bedeutend kleiner als $t$ sein. Formulieren wir das Unterprogramm nun so, daß es $\sum_{i=1}^{n} a_i b_i \times 2^{-k}$ berechnet (d.h. wird jeder der doppelt genauen Summanden vor der Addition um $k$ Stellen rechts verschoben), so kann keine Zwischensumme mehr den zulässigen Bereich verlassen, da

$$|2^{-k}\sum_{1}^{r} a_i b_i| \leq 2^{-k}\sum_{1}^{r}|a_i b_i| \leq 2^{-k}\sum_{1}^{n}|a_i b_i| < 1 \quad \text{für} \quad r \leq n.$$

Bei diesem Vorgehen verliert man die Stellen $(2t-k+1)$ bis $2t$, aber dies liefert nur einen kleinen Beitrag zum Gesamtfehler. Auf dem ACE wird dieses Verfahren häufig benutzt, da die Anlage gut geeignet ist für den Umgang mit Zahlen, die aus zwei Maschinenworten bestehen. Zumindest eine handelsübliche Rechenanlage ist mit einer Einrichtung versehen, die es gestattet $\sum_{1}^{n} a_i b_i \times 2^{-k}$ durch akkumulierende Multiplikation automatisch zu errechnen. Dem entsprechenden Befehl wird $k$ als Parameter beigegeben.

Wir haben uns auf den Standpunkt gestellt, daß bei der Festpunktberechnung innerer Produkte die akkumulierende Multiplikation so allgemein gebräuchlich ist, daß wir sie stets voraussetzen können, wenn dies für unsere Untersuchungen günstig erscheint. Andererseits sind Gleitpunktoperationen des in Abschnitt 21 beschriebenen Typs wesentlich seltener verfügbar (es sei denn, mittels Unterprogrammen, welche bedeutend langsamer sind als die Standardoperationen). Entsprechend nehmen wir bei unseren Überlegungen meist nur auf die gewöhnlichen Gleitpunktoperationen Bezug. Die Rundung erfolgt dann nach den in den Abschnitten 13–16 angegebenen Regeln, wobei die Fehlerschranken für andere Rundungsvorschriften höchstens um den Faktor 4 größer sein könnten (vgl. Abschnitt 19).

Gelegentlich untersuchen wir die Gleitpunktoperationen des in Abschnitt 21 beschriebenen Typs. Gleitpunktoperationen dieser Art unterscheiden wir dann durch Benutzung der Schreibweise $gl_2$, also

$$gl_2(a_1 + a_2 + \cdots + a_n)$$
$$gl_2(a_1 b_1 + a_2 b_2 + \cdots + a_n b_n).$$

In beiden Fällen wird die Summe als doppelt genaue Zahl berechnet, dann aber auf einfache Genauigkeit gerundet bevor sie in weiteren Rechnungen verwendet wird. *Multiplikationen oder Divisionen mit doppelt langen Zahlen werden nicht verwendet.*

## Zusammengesetzte Gleitpunktoperationen

**23.** Die Berechnung mehrfacher Produkte, Summen und innerer Produkte kommt so häufig vor, daß wir hier zur späteren Verwendung Fehlerschranken zusammenstellen wollen. Von jetzt an beschränken wir uns auf den Fall der Zahldarstellung im Binärsystem. Zuerst betrachten wir das mehrfache Produkt $p_n$, gegeben durch die Gleichung

$$p_n \equiv gl(x_1 x_2 \ldots x_n).$$

Wir erinnern daran, daß diese Schreibweise unter anderem beinhaltet, daß $x_1, x_2, \ldots, x_n$ gewöhnliche Gleitpunktzahlen sind, und daß die Multiplikationen in der Reihenfolge auszuführen sind, in der sie geschrieben sind. Die Größen $p_r$ sind daher rekursiv definiert durch

$$p_1 = x_1, \tag{23.1}$$

$$p_r \equiv gl(p_{r-1} x_r) \equiv p_{r-1} x_r (1 + \varepsilon_r), \tag{23.2}$$

$$|\varepsilon_r| \leq 2^{-t}. \tag{23.3}$$

Daher gilt

$$p_n \equiv x_1 x_2 \ldots x_n (1 + \varepsilon_2)(1 + \varepsilon_3) \ldots (1 + \varepsilon_n), \tag{23.4}$$

wobei die $\varepsilon_r$ der Abschätzung (23.3) genügen. Gleichung (23.4) liefert

$$gl(x_1 x_2 \ldots x_n) \equiv x_1 x_2 \ldots x_n (1 + F), \tag{23.5}$$

$$(1 - 2^{-t})^{n-1} \leq 1 + F \leq (1 + 2^{-t})^{n-1}. \tag{23.6}$$

Ist $n-1$ wesentlich kleiner als $2^t$, was fast immer der Fall sein wird, so ist der relative Fehler des berechneten Produkts klein. Obwohl der errechnete Wert des Produkts von der Reihenfolge abhängen kann, in welcher die Multiplikationen ausgeführt werden, ist die Fehlerabschätzung (23.6) doch unabhängig von dieser Reihenfolge.

**24.** Wir erhalten im wesentlichen das gleiche Ergebnis, wenn wir mehrere Multiplikationen und Divisionen hintereinander ausführen. Hier gilt

$$gl(x_1 x_2 \ldots x_m / y_1 y_2 \ldots y_n) \equiv (x_1 x_2 \ldots x_m / y_1 y_2 \ldots y_n)(1 + F), \tag{24.1}$$

$$(1 - 2^{-t})^{m+n-1} \leq 1 + F \leq (1 + 2^{-t})^{m+n-1}. \tag{24.2}$$

Auch hier kann der berechnete Wert von der Reihenfolge der Ausführung der Multiplikationen und Divisionen abhängen, die Abschätzung ist jedoch davon unabhängig. Für die praktisch vorkommenden Werte von $m$ und $n$ ist der relative Fehler klein.

**25.** Bei einer Folge von mehreren Additionen kann nicht mehr angenommen werden, daß das berechnete Ergebnis einen nur kleinen relativen Fehler besitzt, obwohl das für die Summe *zweier* Zahlen noch richtig ist, sofern man die genauere der angegebenen Rundungsregeln benutzt. In der Tat kann es keine vernünftige Abschätzung für

$$|1 - gl(x_1 + x_2 + \cdots + x_n)/(x_1 + x_2 + \ldots x_n)| \qquad (25.1)$$

geben, da die berechnete Summe den Wert 0 haben könnte, die exakte Summe aber nicht, oder umgekehrt. (Man beachte, daß wir mit $gl(x_1 + x_2 \ldots + x_n)$ eine Summe bezeichnen, bei der die Additionen in der Reihenfolge auszuführen sind, in der sie angeschrieben sind.)

Es gilt allerdings immer noch

$$s_n \equiv gl(x_1 + x_2 + \cdots + x_n) \equiv x'_1 + x'_2 + \cdots + x'_n,$$

wobei die $x'_i$ sich von den $x_i$ durch einen Faktor nahe bei 1 unterscheiden. Definieren wir die Größen $s_r$ durch

$$s_1 = x_1, \qquad (25.2)$$

$$s_r \equiv gl(s_{r-1} + x_r) \equiv (s_{r-1} + x_r)(1 + \varepsilon_r), \qquad (25.3)$$

$$|\varepsilon_r| \leq 2^{-t}, \qquad (25.4)$$

und schreiben nun diese Beziehungen explizit auf, so folgt

$$s_n \equiv x_1(1 + \eta_1) + x_2(1 + \eta_2) + \cdots + x_n(1 + \eta_n), \qquad (25.5)$$

$$1 + \eta_1 = (1 + \varepsilon_2)(1 + \varepsilon_3)\ldots(1 + \varepsilon_n), \qquad (25.6)$$

$$1 + \eta_r = (1 + \varepsilon_r)(1 + \varepsilon_{r+1})\ldots(1 + \varepsilon_n) \quad (r = 2, 3, \ldots n), \qquad (25.7)$$

$$(1 - 2^{-t})^{n-1} \leq 1 + \eta_1 \leq (1 + 2^{-t})^{n-1}, \qquad (25.8)$$

$$(1 - 2^{-t})^{n+1-r} \leq 1 + \eta_r \leq (1 + 2^{-t})^{n+1-r} \quad (r = 2, 3, \ldots n). \qquad (25.9)$$

Man sieht, daß $x_1$ und $x_2$ mit dem gleichen Faktor auftreten. Das ist nicht überraschend, da diese beiden Zahlen die gleiche Rolle spielen. Es ist ungünstig, daß der zu $x_1$ gehörige Faktor nicht durch die gleiche Formel definiert ist wie die anderen Faktoren. Immerhin gilt aber

$$(1 - 2^{-t})^{n+1-r} \leq 1 + \eta_r \leq (1 + 2^{-t})^{n+1-r} \quad (r = 1, 2, \ldots n), \qquad (25.10)$$

wovon wir gelegentlich Gebrauch machen werden.

*Wie man sieht, sind die Fehlerschranken von der Reihenfolge der Summation abhängig.* Die obere Schranke für den Fehler ist am kleinsten, wenn man die Summanden in der Reihenfolge aufsteigender Beträge addiert, da dann der größte Faktor, nämlich $(1 + \eta_1)$, mit dem kleinsten $x_i$ multipliziert wird. Wenn diese Reihenfolge auch den kleinsten Wert für die obere Fehlerschranke liefert, so muß sie doch nicht immer auch in der Praxis den kleinsten Fehler liefern. Betrachten wir etwa das Beispiel

$$0.1025 \times 10^4 + (-0.9123 \times 10^3) + (-0.9663 \times 10^2) + (-0.9315 \times 10).$$

Addieren wir in der angeschriebenen Reihenfolge, so ergibt sich

$$s_2 = 0.1127 \times 10^3 \quad s_3 = 0.1607 \times 10^2 \quad s_4 = 0.6755 \times 10,$$

und wir haben nirgends einen Rundungsfehler gemacht. Addieren wir aber in umgekehrter Reihenfolge, so ergibt sich

$$s_2 = -0.1059 \times 10^3 \quad s_3 = -0.1018 \times 10^4 \quad s_4 = 0.7000 \times 10,$$

und bei den ersten beiden Additionen ist ein Rundungsfehler aufgetreten.

Es ist allerdings zu bemerken, daß dieses Beispiel einen Ausnahmefall wiedergibt. Dem Normalfall entspricht das folgende Beispiel:

$$0.4462 \times 10^{-3} + 0.6412 \times 10^{-3} + 0.2413 \times 10^{-3} + 0.1234 \times 10^0.$$

Addieren wir in der angeschriebenen Reihenfolge, so erhalten wir $0.1247 \times 10^0$ als berechnete Summe. Bei den 3 Additionen wurden der Reihe nach die Rundungsfehler $-0.4 \times 10^{-6}$, $-0.3 \times 10^{-6}$ und $-0.28 \times 10^{-4}$ gemacht. Addieren wir in der umgekehrten Reihenfolge, so ergibt sich $0.1246 \times 10^0$. Die Rundungsfehler lauten $-0.413 \times 10^{-4}$, $-0.412 \times 10^{-4}$ und $-0.462 \times 10^{-4}$. Addieren wir also die Zahlen mit den kleinsten Beträgen zuerst zusammen, so erreichen wir zumindest, daß die Rundungsfehler bei den ersten Additionen klein bleiben. Würden wir eine Summe wie in dem eben angegebenen Beispiel um eine größere Anzahl von Summanden der Größenordnung $10^{-3}$ erweitern, so käme dem Vorteil, den wir dadurch erlangen, daß wir die Summanden kleinen Betrags zuerst zusammenaddieren, erhebliche Bedeutung zu.

**26.** Betrachten wir nun den Fehler, der bei der Berechnung eines inneren Produkts mit Gleitpunktoperationen auftritt. Wir schreiben

$$s_n \equiv gl(a_1 b_1 + a_2 b_2 + \cdots + a_n b_n). \tag{26.1}$$

Die Schreibweise beinhaltet, daß die $a_i$ und $b_i$ gewöhnliche Gleitpunktzahlen sind. Zunächst berechnet man die Produkte und addiert sie dann in der angeschriebenen Reihenfolge. Definieren wir die Größen $s_r$ und $t_r$ rekursiv durch die Gleichungen

$$t_r \equiv gl(a_r b_r), \tag{26.2}$$

$$s_1 \equiv t_1 \quad s_r \equiv gl(s_{r-1} + t_r), \tag{26.3}$$

## Zusammengesetzte Gleitpunktoperationen

so folgt

$$t_r \equiv a_r b_r (1 + \xi_r) \quad \text{mit} \quad |\xi_r| \leq 2^{-t}, \tag{26.4}$$

$$s_r \equiv (s_{r-1} + t_r)(1 + \eta_r) \quad \text{mit} \quad |\eta_r| \leq 2^{-t}. \tag{26.5}$$

Es gilt also

$$s_n \equiv a_1 b_1 (1 + \varepsilon_1) + a_2 b_2 (1 + \varepsilon_2) + \cdots + a_n b_n (1 + \varepsilon_n), \tag{26.6}$$

$$1 + \varepsilon_1 \equiv (1 + \xi_1)(1 + \eta_2)\ldots(1 + \eta_n), \tag{26.7}$$

$$1 + \varepsilon_r = (1 + \xi_r)(1 + \eta_r)\ldots(1 + \eta_n) \quad (r = 2, 3, \ldots, n). \tag{26.8}$$

Daraus ergeben sich die Abschätzungen

$$(1 - 2^{-t})^n \leq 1 + \varepsilon_1 \leq (1 + 2^{-t})^n, \tag{26.9}$$

$$(1 - 2^{-t})^{n-r+2} \leq 1 + \varepsilon_r \leq (1 + 2^{-t})^{n-r+2} \quad (r = 2, 3, \ldots, n). \tag{26.10}$$

Um die Ausnahmestellung der Abschätzung für $\varepsilon_1$ zu beseitigen, können wir wieder schreiben

$$(1 - 2^{-t})^{n-r+2} \leq 1 + \varepsilon_r \leq (1 + 2^{-t})^{n-r+2} \quad (r = 1, 2, \ldots, n), \tag{26.11}$$

was *a fortiori* richtig ist.

Den Ausdruck $(1 \pm 2^{-t})^r$, der in den Abschätzungen auftritt, können wir noch etwas vereinfachen. Gewöhnlich ist nämlich $r$ wesentlich kleiner als $2^t$, und wenn sogar

$$r \cdot 2^{-t} < 0{,}1 \tag{26.12}$$

gilt, so erhalten wir

$$(1 + 2^{-t})^r < 1 + 1.06 r \times 2^{-t}, \tag{26.13}$$

$$(1 - 2^{-t})^r > 1 - 1.06 r \times 2^{-t}. \tag{26.14}$$

Für unsere Fehlerabschätzungen müssen wir aus anderen Gründen gewöhnlich $r$ noch stärker beschränken, als dies durch (26.12) geschieht. Bei einer modernen Rechenanlage ist $t$ gewöhnlich so groß, daß (26.12) keine wesentliche Einschränkung darstellt. An mehreren Stellen des Buches wird man Ergebnisse finden, die mittels (26.13) und (26.14) gewonnen wurden, ohne daß ausdrücklich auf die Bedingung (26.12) hingewiesen ist. *Zur Vereinfachung der Darstellung definieren wir $t_1$ durch die Gleichung*

$$2^{-t_1} = 1.06 \times 2^{-t}, \tag{26.15}$$

*so daß*

$$t_1 = t - \log_2(1.06) = t - 0.08406. \tag{26.16}$$

*Wir können dann Ungleichungen der Form*

$$(1 - 2^{-t})^r \leq 1 + \varepsilon \leq (1 + 2^{-t})^r \tag{26.17}$$

*in der einfacheren Form*

$$|\varepsilon| \leq r \times 2^{-t_1} \tag{26.18}$$

*schreiben.*

**Verschärfung der Abschätzungen**

**27.** Die bisher gewonnenen Fehlerschranken sind bereits ziemlich gut.

Betrachten wir zum Beispiel die Summe $gl(x_1 + x_2 + \cdots + x_{2^r})$ mit $x_1 = 1$, $x_2 = 1 - 2^{-t}$, $x_3$ und $x_4 = 1 - 2^{1-t}$, $x_5$ bis $x_8 = 1 - 2^{2-t}$, ..., $x_{2^{r-1}+1}$ bis $x_{2^r} = 1 - 2^{r-1-t}$.

Dann ist der Fehler bei der ersten Addition $2^{-t}$,
der Fehler bei den nächsten 2 Additionen jeweils $2^{1-t}$,
der Fehler bei den nächsten 4 Additionen jeweils $2^{2-t}$,
.........................................................,
der Fehler bei den letzten $2^{r-1}$ Additionen jeweils $2^{r-1-t}$.

Der Gesamtfehler beträgt daher

$$2^{-t}(1 + 2^2 + 2^4 + \cdots + 2^{2r-2}) = 2^{-t} \times \tfrac{1}{3}(4^r - 1).$$

Aus (25.5), (25.10), (26.13) und (26.14) ergibt sich als ungefähre Fehlerschranke

$$1.06[2^r \times 2^{-t} + (2^r - 1)2^{-t} + \cdots + 2 \times 2^{-t} + 2^{-t}] = 1.06\left[2^{-t}\frac{2^r(2^r+1)}{2}\right].$$

Folglich beläuft sich der tatsächliche Fehler auf etwa $\tfrac{1}{3} 2^{2r-t}$, und die Fehlerschranke beläuft sich auf etwa $0.53 \times 2^{2r-t}$. Der Fehler wurde also nicht zu sehr überschätzt. Allerdings, um die Fehlerschranke in dieser Weise zu approximieren, müssen nicht nur alle Einzelfehler ihren maximalen Wert annehmen, sondern darüber hinaus müssen alle Summanden ungefähr gleiche Größe haben.

**28.** Besitzt man zusätzliche Kenntnisse über die einzelnen Summanden, so kann man manchmal schärfere Abschätzungen für den Rundungsfehler angeben. Angenommen etwa, es gelte

$$\sum_{r=1}^{n} |x_r| < 1. \tag{28.1}$$

Nun gilt aber

$$\left.\begin{array}{c} gl\left(\sum_{1}^{n} x_r\right) \equiv \sum_{1}^{n} x_r(1 + \varepsilon_r) \\ |\varepsilon_1| \leq (n-1)2^{-t_1} \\ |\varepsilon_r| \leq (n+1-r)2^{-t_1}, \end{array}\right\} \tag{28.2}$$

## Verschärfung der Abschätzungen

wobei wir zur Abkürzung $gl\left(\sum_1^n x_r\right)$ anstelle von $gl(x_1+x_2+\cdots+x_n)$ geschrieben haben. Daraus folgt

$$\left|gl\left(\sum_1^n x_r\right)-\sum_1^n x_r\right| \leq \sum_1^n |x_r||\varepsilon_r|, \tag{28.3}$$

und mit der Abschätzung

$$\sum_1^n |x_r||\varepsilon_r| \leq 2^{-t_1}(\Sigma_n + \Sigma_{n-1} + \cdots + \Sigma_2), \tag{28.4}$$

wobei

$$\Sigma_r = |x_1| + |x_2| + \cdots + |x_r| < 1, \tag{28.5}$$

ergibt sich nun

$$\left|gl\left(\sum_1^n x_r\right)-\sum_1^n x_r\right| < (n-1)2^{-t_1}. \tag{28.6}$$

Falls aber

$$\sum_{i=1}^n |x_i| < 1 - \tfrac{1}{2}(n-1)2^{-t_1} \tag{28.7}$$

gilt, können wir sogar zeigen, daß die Abschätzungen

$$|gl(x_1+x_2+\cdots+x_n)| < 1 \tag{28.8}$$

und

$$|gl(x_1+x_2+\cdots+x_n)-(x_1+x_2+\cdots+x_n)| < \tfrac{1}{2}(n-1)2^{-t_1} \tag{28.9}$$

richtig sind. Mit anderen Worten, wenn die Summe der Beträge der $x_i$ hinreichend kleiner als 1 ist, so erhält man eine Abschätzung für den Fehler der berechneten Summe, die die allgemeine Fehlerschranke (28.6) halbiert.

Den Beweis führt man mittels vollständiger Induktion. Angenommen, die Abschätzungen seien richtig für alle Summen mit höchstens $n$ Summanden. Für den Fall von $n+1$ Summanden weiß man dann nach Voraussetzung, daß

$$|x_1|+|x_2|+\cdots+|x_{n+1}| < 1 - \tfrac{1}{2}n \times 2^{-t_1}. \tag{28.10}$$

Zur Abkürzung schreiben wir

$$\left.\begin{array}{l} s_r = gl(x_1+x_2+\cdots+x_r) \\ p_r = x_1+x_2+\cdots+x_r. \end{array}\right\} \tag{28.11}$$

Wegen (28.10) gilt erst recht

$$|x_1|+|x_2|+\cdots+|x_n| < 1 - \tfrac{1}{2}(n-1)2^{-t_1}, \tag{28.12}$$

und aus der Induktionsannahme folgt daher

$$|s_n - p_n| < \tfrac{1}{2}(n-1)2^{-t_1}. \tag{28.13}$$

Nach Definition ist

$$s_{n+1} \equiv gl(s_n + x_{n+1}), \tag{28.14}$$

und es gilt

$$\begin{aligned}|s_n + x_{n+1}| &\leq |s_n| + |x_{n+1}| \\ &\leq |p_n| + \tfrac{1}{2}(n-1)2^{-t_1} + |x_{n+1}| \\ &\leq |x_1| + |x_2| + \cdots + |x_{n+1}| + \tfrac{1}{2}(n-1)2^{-t_1} \\ &< 1 - \tfrac{1}{2} \times 2^{-t_1}.\end{aligned} \tag{28.15}$$

Mit (28.14) und (28.15) folgt nun aus den Ergebnissen von Abschnitt

$$|s_{n+1} - (s_n + x_{n+1})| \equiv |gl(s_n + x_{n+1}) - (s_n + x_{n+1})| \leq \tfrac{1}{2}2^{-t}. \tag{28.16}$$

Damit ergibt sich

$$\begin{aligned}|s_{n+1} - p_{n+1}| &= |s_{n+1} - p_n - x_{n+1}| \\ &= |s_{n+1} - (s_n + x_{n+1}) + s_n - p_n| \\ &\leq |s_{n+1} - (s_n + x_{n+1})| + |s_n - p_n| \\ &< \tfrac{1}{2}2^{-t} + \tfrac{1}{2}(n-1)2^{-t_1} < \tfrac{1}{2}n \times 2^{-t_1}.\end{aligned} \tag{28.17}$$

Hiermit erhält man nun

$$\begin{aligned}|gl(x_1 + x_2 + \cdots + x_n)| &= |s_{n+1}| < |p_{n+1}| + \tfrac{1}{2}n \times 2^{-t_1} \\ &\leq |x_1| + |x_2| + \cdots + |x_{n+1}| + \tfrac{1}{2}n \times 2^{-t_1} \\ &< 1 - \tfrac{1}{2}n \times 2^{-t_1} + \tfrac{1}{2}n \times 2^{-t_1} \\ &= 1.\end{aligned} \tag{28.18}$$

Die Beziehungen (28.17) und (28.18) sind die beiden gesuchten Abschätzungen. Sie sind demnach allgemeingültig, da sie für den Fall $n=2$ trivial sind. Die Schranke ist die schärfste, die man angeben kann. Nimmt man nämlich

$$x_1 = \tfrac{1}{2} \quad x_2 = x_3 = \cdots = x_n = 2^{-t-1},$$

so wird bei jeder Addition der zweite Summand durch den Rundungsfehler auf $2^{-t}$ erhöht, und der Gesamtfehler beträgt daher $\tfrac{1}{2}(n-1)2^{-t}$.

Aus diesen Überlegungen ergibt sich außerdem, daß die Ungleichung

$$\sum_{i=1}^{n} |x_i y_i| < 1 - \tfrac{1}{2}(n+1)2^{-t_1} \tag{28.19}$$

die Abschätzung

$$|gl(x_1y_1 + \cdots + x_ny_n) - (x_1y_1 + \cdots + x_ny_n)| < \tfrac{1}{2}(n+1)2^{-t_1} \quad (28.20)$$

zur Folge hat. Hierzu hat man lediglich zu berücksichtigen, daß die Multiplikationen einen Beitrag von höchstens $2^{-t}$ zum Gesamtfehler leisten.

**29.** Es gibt eine andere einfache Rechenvorschrift, für die es günstig wäre, etwas schärfere Abschätzungen zu haben, als die, welche sich aus den allgemeinen Ungleichungen ergeben. Zu diesem Zweck beweisen wir, daß für Gleitpunktzahlen $a$, $m$ und $b$ aus den Ungleichungen

$$|a + mb| < 1 - \tfrac{1}{2}2^{-t}, \quad (29.1)$$

$$|mb| < 1 \quad (29.2)$$

die Abschätzung

$$|gl(a+mb) - (a+mb)| \leq 2^{-t} \quad (29.3)$$

folgt. Da nämlich der Exponent von $mb$ nicht positiv ist, gilt

$$\left.\begin{array}{r}c \equiv gl(mb) \equiv mb + \varepsilon_1 \\ |\varepsilon_1| \leq \tfrac{1}{2}2^{-t}.\end{array}\right\} \quad (29.4)$$

Weiter ergibt sich

$$|a+c| \equiv |a+mb+\varepsilon_1| \leq |a+mb| + |\varepsilon_1| < 1. \quad (29.5)$$

Daher kann der Exponent von $a+c$ ebenfalls nicht positiv sein, und es gilt

$$\left.\begin{array}{r}gl(a+mb) \equiv gl(a+c) \equiv a+c+\varepsilon_2 \\ |\varepsilon_2| \leq \tfrac{1}{2}2^{-t}.\end{array}\right\} \quad (29.6)$$

Dies gibt die gewünschte Abschätzung

$$gl(a+mb) \equiv a+mb+\varepsilon_1+\varepsilon_2, \quad (29.7)$$

$$|gl(a+mb) - (a+mb)| \leq |\varepsilon_1| + |\varepsilon_2|$$
$$\leq 2^{-t}. \quad (29.8)$$

Schließlich folgt noch $|gl(a+mb)| \leq 1$, da $gl(a+mb)$ durch Rundung aus $a+c$ entsteht, und der Betrag dieses Ausdrucks sicherlich kleiner als 1 ist.

Auf den ersten Blick überrascht es, daß wir die Ungleichung $|gl(a+mb)| \leq 1$ beweisen können, während andererseits $|a+mb| < 1 - \tfrac{1}{2} \times 2^{-t}$ ist, und die Fehlerschranke $2^{-t}$ beträgt. Die Ursache dieses scheinbaren Widerspruchs liegt darin, daß wir nur mit einer endlichen Stellenzahl arbeiten. Das folgende Beispiel, durchgerechnet mit dezimaler Arithmetik, zeigt, daß die Abschätzung (29.8) scharf ist:

$$0.3150 \times 10^{-2} + 0.6247 \times 10^0 \times 0.5000 \times 10^0$$

$$gl(mb) = 0.31235 \text{ gerundet} = 0.3124$$

$$gl(0.315 \times 10^{-2} + 0.3124 \times 10^0) = 0.3156 \times 10^0.$$

Der exakte Wert ist 0.3155.

Daß $gl(a+mb)$ den Wert 1 annehmen kann, zeigt das Beispiel

$$0.4048 \times 10^{-1} + 0.9607 \times 10^0 \times 0.9987 \times 10^0$$

$$gl(mb) = 0.9594\,5109 \text{ gerundet} = 0.9595$$

$$gl(0.4048 \times 10^{-1} + 0.9595 \times 10^0) = 0.1000 \times 10^1.$$

Der exakte Wert ist $0.9999\,3109 \times 10^0$.

**30.** In den Abschnitten 27 bis 29 haben wir die genaueren Fehlerabschätzungen benutzt, welche den Fehler mittels des Exponenten des exakten Resultats ausdrücken. Überragende Ergebnisse konnten wir damit aber nicht erzielen. Meist konnten wir die Fehlerschranken nur um den Faktor $\frac{1}{2}$ verbessern, und sogar dieses bescheidene Resultat erforderte einen beträchtlichen Aufwand. Nach unserer Ansicht bringt dieser Aufwand zu wenig ein, während er andererseits verwischt, wie einfach die Argumentation wirklich ist. Abgesehen von Ausnahmen werden wir uns daher mit den einfacheren Abschätzungen zufriedengeben.

## Summen und innere Produkte bei akkumulierender Gleitpunktrechnung

**31.** Wir gehen nun kurz auf die Verhältnisse ein, die sich bei Benutzung der in Abschnitt 21 beschriebenen Operationen ergeben. Betrachten wir zuerst

$$gl_2(a_1 + a_2 + \cdots + a_n).$$

Die Mantisse der einzelnen $a_i$ kann einfache oder doppelte Länge haben. Die Summation erfolgt in der Weise, daß alle Teilsummen doppelte Genauigkeit besitzen, während das Endergebnis auf einfache Länge gerundet wird. Es ist anzunehmen, daß nur ein Akkumulator doppelter Länge (nicht vierfacher Länge) zur Verfügung steht, so daß bei der Berechnung der doppelt langen Zwischensummen die Rundungsvorschriften des Abschnitts 17 und nicht die genaueren

Summen und innere Produkte bei akkumulierender Gleitpunktrechnung 29

Vorschriften aus den Abschnitten 13 bis 16 zur Anwendung kommen. Für die doppelt lange Endsumme ergibt sich dann nach (25.5)

$$a_1(1+\varepsilon_1)+a_2(1+\varepsilon_2)+\cdots+a_n(1+\varepsilon_n),$$

und (18.12), (25.8) und (25.9) liefern

$$\left.\begin{array}{c}(1-\tfrac{3}{2}2^{-2t})^{n-1}\leq 1+\varepsilon_1\leq(1+\tfrac{3}{2}2^{-2t})^{n-1}\\ (1-\tfrac{3}{2}2^{-2t})^{n+1-r}\leq 1+\varepsilon_r\leq(1+\tfrac{3}{2}2^{-2t})^{n+1-r}\quad(r=2,3\ldots n).\end{array}\right\} \quad (31.1)$$

Die Summe wird nun auf einfache Länge gerundet, und das gibt schließlich

$$\left.\begin{array}{c}gl_2(a_1+a_2+\cdots+a_n)\\ \equiv[a_1(1+\varepsilon_1)+a_2(1+\varepsilon_2)+\cdots+a_n(1+\varepsilon_n)](1+\varepsilon)\\ 1-2^{-t}\leq 1+\varepsilon\leq 1+2^{-t}.\end{array}\right\} \quad (31.2)$$

Jedes $a_r$ ist also mit dem Faktor $(1+\varepsilon_r)(1+\varepsilon)$ behaftet. Da aber $2^{-2t}$ gewöhnlich sehr klein ist im Vergleich mit $2^{-t}$, liegt dieser Faktor für alle $r$ sehr nahe bei $(1+\varepsilon)$.

Wir wenden uns nun dem inneren Produkt

$$gl_2(a_1b_1+a_2b_2+\cdots+a_nb_n)$$

zu, wobei die $a_i$ und $b_i$ gewöhnliche Gleitpunktzahlen einfacher Länge seien. Wie oben erhalten wir

$$\begin{array}{c}gl_2(a_1b_1+a_2b_2+\cdots+a_nb_n)\\ \equiv[a_1b_1(1+\varepsilon_1)+a_2b_2(1+\varepsilon_2)+\cdots+a_nb_n(1+\varepsilon_n)](1+\varepsilon),\end{array} \quad (31.3)$$

wobei

$$\begin{array}{c}(1-\tfrac{3}{2}2^{-2t})^n\leq 1+\varepsilon_1\leq(1+\tfrac{3}{2}2^{-2t})^n\\ (1-\tfrac{3}{2}2^{-2t})^{n+2-r}\leq 1+\varepsilon_r\leq(1+\tfrac{3}{2}2^{-2t})^{n+2-r}\quad(r=2,\ldots,n)\\ 1-2^{-t}\leq 1+\varepsilon\leq 1+2^{-t}.\end{array} \quad (31.4)$$

Besonders hervorzuheben ist die Genauigkeit bei der Berechnung von

$$gl_2\!\left(\frac{a_1b_1+a_2b_2+\cdots+a_nb_n}{c}\right).$$

Die Mantisse des Zählers wird hierbei mit doppelter Genauigkeit berechnet, und anschließend durch die Mantisse von $c$ dividiert.

Daher gilt

$$gl_2\left(\frac{a_1b_1+a_2b_2+\cdots+a_nb_n}{c}\right)$$
$$\equiv \frac{a_1b_1(1+\varepsilon_1)+a_2b_2(1+\varepsilon_2)+\cdots+a_nb_n(1+\varepsilon_n)}{c/(1+\varepsilon)},$$

und $\varepsilon$ und die $\varepsilon_i$ genügen wieder den Ungleichungen (31.4). Die $a_ib_i$ sind jetzt mit Faktoren behaftet, die sich erst in der Größenordnung $2^{-2t}$ von 1 unterscheiden.

**32.** Es sei darauf hingewiesen, daß wir trotz allem nicht garantieren können, daß auch der relative Fehler der in dieser Weise berechneten Summen und inneren Produkte klein ist. Betrachten wir etwa das Beispiel

$$0.1002 \times 10^1 \times 0.1003 \times 10^1 + 0.9999 \times 10^0 \times (-0.9995 \times 10^0)$$
$$+ 0.2000 \times 10^{-1} \times (-0.2803 \times 10^0),$$

wobei der Akkumulator eine Länge von 8 Dezimalstellen habe. Die einzelnen Produkte lauten dann

$$0.1005\,0060 \times 10^1, \quad -0.9994\,0005 \times 10^0 \quad \text{und} \quad -0.5606\,0000 \times 10^{-2}.$$

Um nun die beiden ersten Produkte zu addieren, müssen wir das zweite auf die Form $-0.0999\,4001 \times 10^1$ bringen, und wir erhalten $0.5605\,9000 \times 10^{-2}$ als Summe. Addieren wir das dritte Produkt, so ergibt sich $-0.1000 \times 10^{-6}$, während der exakte Wert $-0.5000 \times 10^{-7}$ beträgt.

Immerhin folgt aus (31.3)

$$gl_2(a_1b_1+a_2b_2+\cdots+a_nb_n)-(a_1b_1+a_2b_2+\cdots+a_nb_n)(1+\varepsilon)$$
$$\equiv [a_1b_1\varepsilon_1+a_2b_2\varepsilon_2+\cdots+a_nb_n\varepsilon_n](1+\varepsilon), \qquad (32.1)$$

und alle $\varepsilon_i$ in der Klammer haben die Größenordnung $2^{-2t}$.

Auch hier ist es günstig, Ungleichungen der Art

$$(1-\tfrac{3}{2}2^{-2t})^r \le 1+\varepsilon \le (1+\tfrac{3}{2}2^{-2t})^r \qquad (32.2)$$

durch einfachere Ungleichungen zu ersetzen. Beschränken wir $r$ durch die Ungleichung

$$\tfrac{3}{2}r \times 2^{-2t} < 0.1, \qquad (32.3)$$

so gilt

$$(1+\tfrac{3}{2}2^{-2t})^r < 1+\tfrac{3}{2}r \times 1.06 \times 2^{-2t}, \qquad (32.4)$$
$$(1-\tfrac{3}{2}2^{-2t})^r > 1-\tfrac{3}{2}r \times 1.06 \times 2^{-2t}. \qquad (32.5)$$

Definieren wir nun $t_2$ durch

$$1.06 \times 2^{-2t} = 2^{-2t_2}, \qquad (32.6)$$

oder

$$2t_2 = 2t - \log_2 1.06, \qquad (32.7)$$

so kann (32.2) durch die Ungleichung

$$|\varepsilon| < \tfrac{3}{2} r \times 2^{-2t_2} \qquad (32.8)$$

ersetzt werden, wobei sich $t_2$ nur geringfügig von $t$ unterscheidet. In dieser Schreibweise entsteht aus (32.1) die Gleichung

$$gl_2(a_1 b_1 + a_2 b_2 + \cdots + a_n b_n) - (a_1 b_1 + a_2 b_2 + \cdots + a_n b_n)(1+\varepsilon)$$
$$\equiv (a_1 b_1 \varepsilon_1 + a_2 b_2 \varepsilon_2 + \cdots + a_n b_n \varepsilon_n)(1+\varepsilon), \qquad (32.9)$$

wobei

$$\left. \begin{array}{l} |\varepsilon| \leq 2^{-t} \\ |\varepsilon_1| < \tfrac{3}{2} n \times 2^{-2t_2} \\ |\varepsilon_r| < \tfrac{3}{2}(n+2-r) 2^{-2t_2}. \end{array} \right\} \qquad (32.10)$$

Wie man sich überlegt, ist der in (32.4) und (32.5) eingeführte Faktor 1.06 so groß, daß die Wirkung des Faktors $(1+\varepsilon)$ auf der rechten Seite von (32.9) durch die Abschätzung der $\varepsilon_i$ mittels $t_2$ mit abgegolten ist. Daher erhalten wir schließlich

$$gl_2(a_1 b_1 + a_2 b_2 + \cdots + a_n b_n) - (a_1 b_1 + a_2 b_2 + \cdots + a_n b_n)(1+\varepsilon)$$
$$\equiv (a_1 b_1 \varepsilon_1 + a_2 b_2 \varepsilon_2 + \cdots + a_n b_n \varepsilon_n), \qquad (32.11)$$

wobei die Abschätzungen (32.10) nach wie vor gelten. Für $gl_2(a_1 + a_2 + \ldots a_n)$ kann man die Gleichungen und Abschätzungen in ähnlicher Weise vereinfachen. Die Beziehungen (32.10) und (32.11) benutzen wir an mehreren Stellen des Buchs, ohne ausdrücklich auf die Einschränkung (32.3) zu verweisen.

## Statistische Fehlerabschätzungen

**33.** Alle bisher abgeleiteten Fehlerabschätzungen liefern Schranken für den maximalen Rundungsfehler. Obwohl die meisten dieser Abschätzungen nicht scharf sind, kommen sie bis auf einen Faktor 2 oder 3 an die bestmögliche Abschätzung heran. Nun liegen aber die Rundungsfehler bei jeder einzelnen arithmetischen Operation zwischen dem $-\tfrac{1}{2}$- und $+\tfrac{1}{2}$fachen der letzten vorhandenen Stelle, und man kann im allgemeinen annehmen, daß die Rundungsfehler im Verlauf einer längeren Rechnung sich in irgendeiner Weise über dieses Intervall verteilen.

Betrachten wir etwa unsere Abschätzungen für den Fehler bei einer Gleitpunktmultiplikation. Wir hatten hierfür angegeben

$$gl(x_1 x_2) \equiv x_1 x_2 (1+\varepsilon)$$
$$|\varepsilon| \leq 2^{-t}.$$

Damit der Maximalfehler $2^{-t}$ tatsächlich angenommen wird, müssen nicht nur die weggelassenen Stellen der Mantisse ihren Maximalwert $2^{-1-t}$ annehmen; darüber hinaus muß die gerundete Mantisse auch noch den kleinsten möglichen Wert, nämlich $\frac{1}{2}$ besitzen. Es ist daher vernünftig anzunehmen, daß

$$\left. \begin{array}{l} gl(x_1 x_2 \ldots x_n) \equiv x_1 x_2 \ldots x_n (1+\varepsilon) \\ |\varepsilon| < n^{1/2} \times 2^{-t} \end{array} \right\} \qquad (33.1)$$

bei großem $n$ eine Fehlerabschätzung für das mehrfache Produkt liefert, welche mehr den tatsächlichen Gegebenheiten entspricht.

Damit der Gesamtfehler bei einer größeren Summe die in Abschnitt 25 angegebene obere Schranke erreicht, muß nicht nur jeder einzelne Rundungsfehler seinen Maximalwert annehmen; darüber hinaus müssen die einzelnen Summanden $x_1, x_2, \ldots, x_n$ ganz spezielle Werte besitzen. Trotzdem werden wir in diesem Buch keinen Versuch unternehmen, um statistische Fehlerabschätzungen anzugeben, auch dann nicht, wenn wir nur ganz einfache Annahmen über die Verteilung der Fehler machen müßten, um die Abschätzung zu begründen. Gelegentlich werden wir allerdings ganz grobe Überschlagsrechnungen, wie sie auch (33.1) zugrundeliegen, vornehmen, um die Größenordnung des Fehlers zu ermitteln, der in der Praxis tatsächlich zu erwarten ist.

### Blockskalierte Vektoren und Matrizen

**34.** Bei Festpunktrechnung gebraucht man im Zusammenhang mit Vektoren und Matrizen gerne eine Art der Zahldarstellung, die bis zu einem gewissen Maß die Vorzüge der Festpunkt- und der Gleitpunktrechnung miteinander verbindet.

Bei dieser Methode wird ein einzelner Skalenfaktor, nämlich eine Potenz von 2 (bzw. von 10), allen Komponenten eines Vektors oder einer Matrix zugleich zugeordnet. Diesen Faktor wählt man gewöhnlich so, daß der Betrag der größten Komponente zwischen $\frac{1}{2}$ und 1 (bzw. zwischen $\frac{1}{10}$ und 1) liegt. Ein entsprechender Vektor heißt dann ein *standardisierter blockskalierter Vektor*. So ist in (34.1) $a$ ein *standardisierter blockskalierter Vektor* und $A$ eine *standardisierte blockskalierte Matrix*:

$$a = \begin{bmatrix} +0.0013 \\ -0.2763 \\ +0.0002 \\ +0.0013 \end{bmatrix} \times 10^{-4}$$

$$A = \begin{bmatrix} +0.0067 & +0.2175 & +0.6135 & +0.2173 \\ -0.1235 & +0.3135 & -0.3127 & -0.0123 \\ -0.0167 & -0.0004 & +0.0035 & +0.0031 \\ -0.0004 & +0.2635 & -0.3653 & -0.0000 \end{bmatrix} \times 10^5. \quad (34.1)$$

Gelegentlich differieren die Spalten einer Matrix der Größe nach so sehr, daß man jede Spalte für sich als blockskalierten Vektor darstellt. Ebenso könnte man die Zeilen als blockskalierte Vektoren darstellen. Schließlich könnte man auch gleichzeitig jeder Zeile und jeder Spalte einen Skalenfaktor zuordnen.

Hat ein blockskalierter Vektor nur Komponenten, deren Betrag unter $\frac{1}{2}$ liegt, wie das bei Zwischenergebnissen häufig vorkommt, so sprechen wir von einem *nicht-standardisierten* blockskalierten Vektor. (34.2) gibt ein Beispiel eines solchen Vektors.

$$a = \begin{bmatrix} -0.0023 \\ +0.0124 \\ +0.0003 \\ -0.0021 \end{bmatrix} \times 10^{-3}. \quad (34.2)$$

Es gibt Fälle, in denen der einem Vektor zugeordnete Skalenfaktor überhaupt keine Rolle spielt. Das ist etwa bei Eigenvektoren der Fall. Wir nennen einen standardisierten blockskalierten Vektor einen *normalisierten blockskalierten Vektor*, wenn der zugeordnete Skalenfaktor $2^0$ (bzw. $10^0$) lautet. Der Faktor wird dann meist nicht geschrieben.

Der Vorteil dieser Methode besteht darin, daß für den gesamten blockskalierten Vektor genau ein Wort zum Speichern des Exponenten benötigt wird. Infolgedessen kann man jeder einzelnen Komponente ein volles Wort im Speicher zuordnen, und man verliert keine Stellen zur Speicherung des Exponenten wie bei gewöhnlicher Gleitpunktrechnung. Bei der betragsgrößten Komponente hat die Anzahl der signifikanten Stellen ihren größtmöglichen Wert, und die Tatsache, daß betragskleinere Komponenten eine geringe Anzahl signifikanter Stellen besitzen, spielt in der Praxis eine untergeordnetere Rolle.

Die Komponenten eines blockskalierten Vektors können als Zahlen einfacher oder doppelter Länge gegeben sein. Für den Exponenten wird jedoch nie mehr als ein Wort benötigt. Besonders interessant sind blockskalierte Vektoren auf Rechenanlagen, welche es gestatten innere Produkte durch akkumulierende Multiplikation zu berechnen, insbesondere dann, wenn wir $\sum a_i b_i \times 2^{-k}$ als Zahl doppelter Länge in einfacher Weise berechnen können (vgl. Abschnitt 22). Wir können dann $k$ so wählen, daß eine Bereichsüberschreitung ausgeschlossen ist. Liegen beispielsweise die Matrix $A$ und der Vektor $b$ blockskaliert mit einfacher Genauigkeit vor, so verfahren wir zur Berechnung von $Ab$ in der Weise, daß wir zunächst das $2^{-k}$-fache der einzelnen Elemente von $Ab$ berechnen, und anschließend den Vektor zu einem standardisierten blockskalierten Vektor einfacher Länge skalieren.

Auf dem ACE bevorzugen wir diese Art des Rechnens, und wir werden gelegentlich die diesem Verfahren entsprechenden Fehleruntersuchungen angeben. Es muß allerdings zugegeben werden, daß auf manchen Rechenanlagen eine Rechnung mit doppelter Genauigkeit nur unwesentlich lansamer ist als eine Rechnung mit blockskalierten Vektor einfacher Genauigkeit und doppelt langer Akkumulierung innerer Produkte.

Gelegentlich benutzen wir folgende Abkürzungen:

e.g.b. ... = einfach genaue(r) blockskalierte(r) ... (Vektor, Matrix, usw.)
d.g.b. ... = doppelt genaue(r) blockskalierte(r) ... (Vektor, Matrix, usw.)

**Grundsätzliche Beschränkungen beim Rechnen mit $t$ Stellen**

**35.** Beschränken wir uns grundsätzlich auf den Gebrauch von Zahlen mit $t$ Binärstellen, so liefert allein diese Tatsache eine absolute Schranke für die mit irgendeiner Rechenvorschrift erzielbare Genauigkeit. Wir können jeden Rechenvorgang ansehen als die Bestimmung eines Zahlsatzes, der Lösung, wobei die einzelnen Zahlen Funktionen eines Satzes von Parametern, nämlich der Eingabedaten, sind. Wollen wir etwa eine Matrix $A$ invertieren, so sind die Elemente $a_{ij}$ die Parameter, und die Elemente von $A^{-1}$ bilden die Lösung.

Selbst für den Fall, daß die Eingabedaten exakt vorliegen, brauchen sie doch nicht durch $t$-stellige Binärzahlen darstellbar sein. Beschränken wir uns nun auf die Verwendung $t$-stelliger Zahlen, so müssen wir uns mit *$t$-stelligen Näherungen* anstelle der exakten Eingangsdaten zufriedengeben. Infolgedessen haben wir unsere Genauigkeit eingeschränkt, noch bevor wir mit dem Rechnen begonnen haben. Ein ähnlicher Fall kommt beim Rechnen mit Matrizen vor. Dort benötigen wir häufig die Inverse einer vorher berechneten Matrix $A$. Ist etwa $A$ durch die Gleichung $A = BC$ gegeben, so ist auch dann, wenn die Elemente von $B$ und $C$ $t$-stellige Zahlen sind, $A$ nur durch $2t$-stellige Zahlen darstellbar.

Stammen die Eingangsdaten aus physikalischen Messungen, so sind sie mit Fehlern behaftet, die bei diesen Messungen unvermeidlich sind. Das durch den Rechner bearbeitete Problem ist infolgedessen nur näherungsweise mit dem wahren Problem identisch. Da die Stellenzahl $t$ der meisten Rechenanlagen eine Genauigkeit gestattet, welche die Genauigkeit der physikalischen Messungen bei weitem übersteigt, ist der Einfluß der Meßfehler wesentlich größer als der Fehler, den die Darstellung der Daten durch $t$-stellige Zahlen verursacht.

## Schlecht konditionierte Probleme

**36.** Diese Überlegungen lehren, daß wir unsere Rechnung gewöhnlich mit einem Zahlsatz beginnen, den man als eine *$t$-stellige Näherung* der tatsächlichen Aufgabenstellung bezeichnen könnte, es sei denn, alle Eingangsdaten sind exakt definiert und exakt durch $t$-stellige Zahlen darstellbar. Entsprechend gehört zu einer vollständigen Fehleruntersuchung die Aufgabe, die Wirkung der Fehler der Eingangsdaten auf die Lösung zu betrachten. Verursachen kleine relative Fehler der Eingangsdaten verhältnismäßig große relative Fehler in der Lösung, so sagen wir, das vorgelegte Problem sei *schlecht konditioniert*. Ein schlecht konditioniertes Problem behandeln zu müssen, ist eine recht unerfreuliche Aufgabe, da man, um eine bestimmte Anzahl von Stellen der Lösung exakt angeben zu können, wesentlich mehr exakte Stellen bei den Eingangsdaten vorgeben muß. Das ist einerseits unerwünscht; wenn die Eingangsdaten aus physikalischen Messungen stammen, ist es andererseits sogar unmöglich.

Es sei darauf hingewiesen, daß die Kondition einer Aufgabe von der Anfälligkeit der *gesuchten Lösung* gegenüber Änderungen in den Eingabedaten bestimmt wird. Daher ist es unsinnig zu behaupten, eine Matrix $A$ sei schlecht konditioniert. Sie kann schlecht konditioniert sein bezüglich der Aufgabe, die Inverse zu bestimmen, oder bezüglich der Aufgabe, die Eigenwerte und Eigenvektoren auszurechnen. Eine schlechte Kondition für eine dieser Aufgaben wird im allgemeinen nicht eine schlechte Kondition für die andere Aufgabe nach sich ziehen.

Die wesentlichen Gedankengänge lassen sich recht gut erläutern am Beispiel der Lösung des Gleichungssystems

$$Ax = b.$$

Angenommen, wir interessieren uns für die Lösung des Systems, weil die Lösung $x$ eine Näherung für einen Eigenvektor von $A$ ist. In diesem Fall ist es gleichgültig, ob die Lösung mit irgendwelchen Skalenfaktoren versehen ist, da wir uns nur für das Verhältnis der Komponenten von $x$ zueinander interessieren. Es kann nun durchaus vorkommen, daß kleine Änderungen in $A$ und $b$ auch nur kleine Änderungen im Verhältnis verschiedener Komponenten von $x$ verursachen, während die sich ergebenden Änderungen in den absoluten Werten der einzelnen Komponenten beträchtlich sind. In diesem Fall ist die vorgelegte Aufgabe *gut konditioniert*, während die Aufgabe, die tatsächliche Größe von $x$ zu bestimmen, schlecht konditioniert ist.

### Konditionszahlen

**37.** Bezeichnen wir die Eingangsparameter einer Aufgabe mit $a_1, a_2, \ldots, a_m$ und die Komponenten der Lösung mit $x_1, x_2, \ldots, x_n$, so beschreiben die $m \times n$ Größen $k_{rs}$, gegeben durch die Gleichungen

$$k_{rs} = \frac{\partial x_r}{\partial a_s}, \quad (r = 1, \ldots, n, \ s = 1, \ldots, m), \tag{37.1}$$

vollständig die Empfindlichkeit der Lösung für Änderungen in den Parametern. Bei den meisten Aufgaben ist jedoch die Anzahl der Größen $k_{rs}$ zu groß, als daß sie von praktischem Wert sein könnten. Um die Kondition eines Problems zu beurteilen, müssen wir daher eine etwas gröbere Betrachtungsweise wählen. Beispielsweise könnte der Fall eintreten, daß wir eine Abschätzung der Form

$$(\sum \delta x_j^2)^{1/2} \leq K (\sum \delta a_i^2)^{1/2} \tag{37.2}$$

beweisen können, und zwar entweder für beliebige Werte der $\delta a_i$, oder doch zumindest für alle hinreichend kleinen Werte. Oder wir können beweisen, daß

$$|\delta x_j| \leq K_j (\sum \delta a_i^2)^{1/2}, \tag{37.3}$$

wobei die Werte $K_j$ für verschiedene $j$ verschieden sein könnten. Wir nennen dann $K$ bzw. die $K_j$ *Konditionszahlen für die Berechnung aller* $x_j$ *bzw. einzelner* $x_j$. Wir haben es vermieden, exakt zu definieren, was eine Konditionszahl ist, so daß wir dieses Wort je nach Bedarf gebrauchen können. Die bisher angegebenen Konditionszahlen betreffen absolute Änderungen in den Werten der Lösung. Gelegentlich interessieren uns aber Konditionszahlen mehr, welche Aufschluß über relative Änderungen in den Lösungswerten geben. Zu diesem Zweck benutzen wir Konditionszahlen $K_j$, definiert durch Beziehungen der Form

$$\left|\frac{\delta x_j}{x_j}\right| \leq K_j \left(\sum \left(\frac{\delta a_i}{a_i}\right)^2\right)^{1/2}. \qquad (37.4)$$

Wir können nicht erwarten, daß wir immer brauchbare Konditionszahlen dieser Art finden können. Verschwindet nämlich ein $x_j$, so ist nicht einmal die linke Seite von (37.4) definiert. In vielen Fällen sind daher Beziehungen der Form

$$\frac{|\delta x_j|}{(\sum x_j^2)^{1/2}} \leq K_j \left(\frac{\sum \delta a_i^2}{\sum a_i^2}\right)^{1/2} \qquad (37.5)$$

nützlicher.

**38.** Außer wenn wir die exakten Parameter einer Rechnung kennen, und diese exakt durch $t$-stellige Zahlen darstellbar sind, beginnen wir den Rechengang gewöhnlich mit fehlerbehafteten Parametern $a_i'$, die bestenfalls den Beziehungen

$$|a_i' - a_i| \leq \tfrac{1}{2} 2^{-t} \quad \text{bei Festpunktrechnung,} \qquad (38.1)$$

$$\left|\frac{a_i' - a_i}{a_i}\right| \leq 2^{-t} \quad \text{bei Gleitpunktrechnung} \qquad (38.2)$$

genügen. Können wir dann Abschätzungen der Form (37.3) angeben, so genügt der Fehler $\delta x_j$ der Ungleichung

$$|\delta x_j| \leq \tfrac{1}{2} K_j m^{1/2} \times 2^{-t}.$$

Sind andere Abschätzungen vorgegeben, so können wir ähnliche Fehlerschranken finden. Fehler dieser Größenordnung muß man beim Rechnen mit $t$ Stellen als unvermeidbar ansehen. Sie treten auch bei Benutzung sehr stabiler Rechenverfahren auf. Ist $K_j$ näherungsweise gleich $2^{k_j}$, so müssen wir mit Fehlern der Größenordnung $2^{k_j-t}$ rechnen. Bei großem $k_j$ kann das unannehmbar sein. In diesem Fall ist ziemlich sicher eine Durchführung der Rechnung mit höherer Genauigkeit angebracht. Man beachte, daß das Auftreten der Faktoren $K_j$ eine grundsätzliche Eigenschaft des jeweiligen Problems, und nicht eine Eigenschaft des Lösungsverfahrens ist, und daß die Größe dieser Faktoren für gewöhnlich nicht von $t$ abhängt.

### Rundungsfehler während der Rechnung

**39.** Wir beschäftigen uns in der Hauptsache mit Rechenvorgängen, welche aus einer großen Anzahl elementarer Rechenoperationen bestehen, wobei im allgemeinen jeder Einzelschritt Rundungsfehler verursacht. Unsere Hauptaufgabe ist es daher, Abschätzungen für den Fehler der Lösung zu geben, welche die Fortpflanzung dieser Rundungsfehler berücksichtigen.

Zur Fehleruntersuchung können wir nun häufig so vorgehen, daß wir für ein berechnetes $x_j$ nachweisen, daß es die exakte Lösung einer abgeänderten Aufgabe darstellt, bei der die Eingabeparameter $a_i$ durch Parameter $a_i'$ ersetzt sind, wobei Abschätzungen für die Abweichungen $|a_i' - a_i|$ bekannt sind. Gelegentlich können wir sogar nachweisen, daß alle $n$ Größen $x_j$ Lösungen des *gleichen* abgeänderten Problems sind. Meist sind aber die Abschätzungen für die Änderungen der $a_i$ verschieden für die einzelnen $x_j$.

Geht man in dieser Weise vor, so hat man auf jeden Fall den Vorteil, daß das ganze Problem auf die Betrachtung von Änderungen in den Eingabeparametern zurückgeführt wird. Die Wirkung solcher Änderungen muß man aber aufgrund der Überlegungen in den Abschnitten 35 bis 37 sowieso untersuchen.

Um zu sehen, welche Schranken man üblicherweise für $|a_i' - a_i|$ erwarten kann, betrachten wir ein typisches Beispiel. Angenommen, wir wollten in Gleitpunktrechnung die Nullstellen des Polynoms

$$p(x) = a_n x^n + a_{n-1} x^{n-1} + \cdots + a_0 \qquad (39.1)$$

bestimmen. Viele Lösungsverfahren verlangen, daß der führende Koeffizient $a_n$ den Wert 1 hat. Wir beginnen daher die Rechnung mit der Division der Koeffizienten durch $a_n$. Nun lassen sich aber die Quotienten im allgemeinen nicht exakt durch $t$-stellige Zahlen wiedergeben, so daß wir ein transformiertes Polynom $q(x)$ erhalten, welches definiert ist durch

$$q(x) \equiv x^n + \left(\frac{a_{n-1}}{a_n}\right)(1+\varepsilon_{n-1})x^{n-1} + \cdots + \left(\frac{a_0}{a_n}\right)(1+\varepsilon_0)$$
$$|\varepsilon_r| \leq 2^{-t}.$$

Selbst dann, wenn wir die Nullstellen von $q(x)$ exakt berechnen, handelt es sich um die Nullstellen von

$$a_n x^n + a_{n-1}(1+\varepsilon_{n-1})x^{n-1} + \cdots + a_0(1+\varepsilon_0).$$

*Wir erhalten also nur die Nullstellen einer t-stelligen Approximation des ursprünglichen Polynoms.* Im Verlauf der Berechnung der Nullstellen eines Polynoms höheren Grades wird man aber eine ganze *Reihe* solcher Transformationen vornehmen, und es ist kaum anzunehmen, daß diese Transformationen zusammengenommen einen geringeren Einfluß auf die Genauigkeit der Lösung ausüben als die eben besprochene triviale Transformation. Ist jedoch jede der berechneten Nullstellen die exakte Lösung irgendeiner $t$-stelligen Approximation von $p(x)$, so läßt sich immerhin sagen, die Rundungsfehler hätten sich nicht „akkumuliert".

Daraus darf man nun jedoch nicht auf die Genauigkeit der Lösung schließen. Diese hängt vielmehr ab von der *Kondition der betrachteten Nullstelle in bezug auf Änderungen in den Polynomkoeffizienten*. Ist die zugehörige Konditionszahl sehr groß, so kann die berechnete Nullstelle ziemlich ungenau sein. Trotzdem wäre es falsch zu behaupten, die Rundungsfehler hätten sich gegenseitig verstärkt. In Wirklichkeit läßt sich sogar sagen, daß das berechnete Ergebnis die maximale Genauigkeit besitzt, welche man von einer Rechnung mit $t$ Stellen erwarten kann.

**40.** Gewöhnlich kann man allerdings nur nachweisen, daß die berechnete Nullstelle eine exakte Nullstelle eines Polynoms

$$a'_n x^n + a'_{n-1} x^{n-1} + \cdots + a'_0 \qquad (40.1)$$

ist, wobei man Schranken für $|a'_r - a_r|$ kennt, welche von $r$ und $n$ abhängen. Angenommen, wir könnten die Abschätzung

$$|(a'_r - a_r)/a_r| \le nr \times 2^{-t} \qquad (40.2)$$

beweisen. Etwa für $n = 32$ gilt dann erst recht

$$|(a'_r - a_r)/a_r| \le 2^{10-t}. \qquad (40.3)$$

In diesem Fall können wir also sagen, jede berechnete Nullstelle ist die exakte Nullstelle eines Polynoms, das eine $(t-10)$-stellige Approximation des gegebenen Polynoms darstellt. Wurden alle $t$ Stellen zur exakten Darstellung der Koeffizienten $a_r$ des ursprünglichen Polynoms benötigt, so bedeutet das, daß die Rundungsfehler während der Durchrechnung auf einem Rechner mit $t$ Stellen zur gleichen Fehlerabschätzung führen, die wir auf einem Rechner mit $(t-10)$ Stellen allein aufgrund des Fehlers bei der Eingabe der Koeffizienten erhielten. In Anbetracht der Tatsache, daß die Abschätzung (40.2) eher eine echte obere Schranke für den Fehler liefert, könnte man mittels statistischer Überlegungen den Faktor $n \times r$ vielleicht auf $(n \times r)^{1/2}$ herabsetzen. In diesem Fall hätten wir einen Rechner mit $(t-5)$ Stellen zum Vergleich heranzuziehen.

Das eben genannte Beispiel weist offensichtlich eine erhebliche *Häufung* von Rundungsfehlern auf. Diese Fehleranhäufung bewirkte, daß wir den Faktor $2^{10}$ bei der Angabe einer echten oberen Schranke für den Fehler einer berechneten Nullstelle erhielten. In Kapitel 2 werden wir allerdings sehen, daß auch schon bei Polynomen vom Grad 32 die Konditions-Zahlen $K_j$ sehr große Werte annehmen können, und daß diese $K_j$ noch weit ungünstigere Auswirkungen als einen Faktor $2^{10}$ haben können.

**41.** Die Überlegungen der Abschnitte 36 und 37 lassen sich auf ziemlich alle Rechenprobleme anwenden. Es ist daher unwahrscheinlich, daß irgendein Verfahren zur Lösung irgendeines Problems, das nur $t$-stellige Arithmetik benutzt, ein besseres Ergebnis liefern kann als die Lösung für eine $t$-stellige Approximation des Originalproblems. Ist die Anzahl der benötigten Elementaroperationen sehr groß, so wäre es sogar verwunderlich, wenn die errechnete Lösung diese Genauigkeit erreichen würde.

Arbeiten wir mit einem Rechner, auf dem innere Produkte mit doppelter Genauigkeit akkumuliert werden können, so kann es Schritte im Ablauf der Rechnung geben, bei denen wir Ergebnisse mit einer Genauigkeit von $2t$ Stellen bekommen. *Besitzen diese Rechenschritte besondere Bedeutung für die Genauigkeit der Endergebnisse, so können die letzteren durchaus eine wesentlich höhere Genauigkeit aufweisen, als sie einer t-stelligen Approximation des Originalproblems zukommen würde.* Dieser spezielle Fall tritt beispielsweise ein, wenn man ein mit doppelter Genauigkeit akkumuliertes inneres Produkt durch einen Nenner einfacher Länge dividiert.

Gelegentlich hat man Aufgaben, bei denen die Eingangsparameter und die Zwischenergebnisse exakte Zahlen sind, welche mit verhältnismäßig wenigen Stellen exakt dargestellt werden können. Bei solchen Aufgaben sind die errechneten Ergebnisse selbstverständlich ebenfalls exakt. Auch dann, wenn bei einigen Rechenschritten Rundungsfehler vorkommen, kann die Tatsache, daß Teile der Rechnung ohne Fehler ablaufen, immer noch zu Ergebnissen von außergewöhnlicher Genauigkeit führen. Selbstverständlich kann man aus derartigen Beispielen nichts über unser allgemeines Problem lernen. Es ist jedoch verwunderlich, wie oft man derartige numerische Beispiele aufgeführt findet, und wie oft die hohe Genauigkeit der Ergebnisse solcher Beispiele als Empfehlung für ein Verfahren dient, welches sehr ungenau arbeitet, wenn man es auf ein Beispiel anwendet, bei dem laufend Rundungsfehler auftreten.

## Anmerkungen

Die Abschätzungen für den Rundungsfehler bei den elementaren Festpunktoperationen stammen aus der Arbeit [18] über Invertierung von Matrizen von v. NEUMANN und GOLDSTINE. Die Bezeichnungsweise und die methodischen Prinzipien dieser Arbeit wurden von mehreren Verfassern übernommen. Von diesen verdient GIVENS besondere Erwähnung aufgrund seiner Fehleruntersuchungen zu GIVENS' Verfahren zur Bestimmung der Eigenwerte einer reellen symmetrischen Matrix [8].

Die Abschätzungen für den Fehler bei Gleitpunktoperationen benutzte der Verfasser erstmals 1957 in ungefähr der Form, welche auch hier wiedergegeben ist. Sie wurden weiterentwickelt und erschienen dann 1960 zusammen mit einigen Anwendungen in einer Arbeit über Fehleruntersuchungen [28]. Diese Arbeit bezog sich speziell auf die hier in den Abschnitten 13 bis 16 wiedergegebenen Rundungsvorschriften. Mit diesen Vorschriften ist der relative Fehler des Ergebnisses klein für alle Elementaroperationen. Dies gab Anlaß zu der Vermutung, daß die Untersuchung für andere Rundungsvorschriften völlig anders abzulaufen hat. Die hier wiedergegebenen Überlegungen zeigen jedoch insbesondere, daß die Fehleruntersuchung im wesentlichen gleichartig verläuft, gleichgültig, welche der üblichen Rundungsvorschriften für Gleitpunktrechnen man zugrunde legt.

Die Idee der *Rückwärts*untersuchung ist, in verschleierter Form, bereits in den Arbeiten von v. NEUMANN und GOLDSTINE [18] und von TURING [23] enthalten. In seiner Arbeit [8] benutzte sie GIVENS explizit in dem Abschnitt über die Berechnung von Eigenwerten einer tridiagonalen Matrix mittels der Sturmschen Kette. Die Fehleruntersuchungen in dieser Arbeit fanden leider nicht die ihnen gebührende Beachtung, vielleicht, weil die Arbeit nicht in einer leicht zugänglichen Zeitschrift erschien. Der Verfasser hat die Rückwärtsuntersuchung in großem Umfang zur Untersuchung algebraischer Verfahren benutzt. Sie liefert insbesondere eine gute Grundlage für den Vergleich berechneter Werte.

Die Bezeichnung *Konditionszahl* hat wohl als erster TURING in seiner Arbeit [23] über Rundungsfehler beim Rechnen mit Matrizen gebraucht, wenn auch der Begriff „schlechte Kondition" schon früher von numerischen Mathematikern benutzt wurde. Es ist sehr wichtig, daß man den Begriff der Kondition einer Aufgabe genau verstanden hat, und daß man Fehler, welche von einer unvermeidbaren Instabilität der Aufgabenstellung herrühren, nicht mit Fehlern verwechselt, die sich aus der tatsächlichen Akkumulation von Rundungsfehlern oder aus der prinzipiellen Instabilität des Lösungsverfahrens ergeben.

Blockskalierende Arithmetik benutzte man auf Tischrechenmaschinen lange vor der Erfindung unserer jetzigen schnellen Rechenanlagen, wenn man auch nicht immer die von uns angegebenen Verfahrensregeln befolgte. Auf dem Pilot ACE am National Physical Laboratory, später dann auch auf dem DEUCE und dem ACE, wurde das Verfahren in großem Umfang benutzt. Möglicherweise verliert das Verfahren mit der Entwicklung fest verdrahteter Gleitpunkteinrichtungen an Bedeutung, besonders, wenn die Möglichkeit der doppelt genauen Akkumulation innerer Produkte in Gleitpunktrechnung gegeben ist. Auf Rechenanlagen, bei denen die Gleitpunktarithmetik nicht fest verdrahtet ist, arbeitet blockskalierende Arithmetik sehr effektiv. Die zugehörigen Fehlerabschätzungen sind meist sehr aufschlußreich.

Die Rechner Pilot ACE und ACE wurden am National Physical Laboratory gebaut. Es handelt sich um Anlagen mit einer Wortlänge von 32 bzw. 48 Bit. Der Pilot ACE wurde dann von English Electric Company mit einem Trommelspeicher versehen und unter dem Namen DEUCE hergestellt und verkauft. Der Pilot ACE wie auch der ACE hatten nur verdrahtete Festpunktoperationen. Die Gleitpunktoperationen wurden mittels Unterprogrammen ausgeführt.

## II. Das Rechnen mit Polynomen

### Die Auswertung von Potenzreihen

**1.** Die Werte eines Polynoms berechnet man am zweckmäßigsten mit Gleitpunktoperationen, da die auftretenden Zahlen sehr unterschiedliche Größenordnung haben können. Berechnet man aber transzendente Funktionen mittels abgebrochener Potenzreihen, so benutzt man manchmal Festpunktrechnung. Wir wollen hier nicht das allgemeine Problem der Approximation transzendenter Funktionen diskutieren, sondern wollen anhand eines einfachen Beispiels die wesentlichen Überlegungen erläutern, welche dabei im Zusammenhang mit der Benutzung von Polynomen entstehen. In der Praxis wird man die von uns gewählte Reihe sicherlich nicht benutzen.

### Festpunktdarstellung

**2.** Wir betrachten die Berechnung von $e^x$ für Werte von $x$ im Bereich $-4 \leq x \leq 4$, wobei wir eine feste Anzahl von Gliedern der Potenzreihenentwicklung benutzen wollen. Zu Vergleichszwecken geben wir die Überlegungen einmal bei Benutzung von Festpunktarithmetik, und einmal unter Benutzung von Gleitpunktarithmetik wieder. Zunächst betreiben wir Festpunktrechnung und nehmen an, wir hätten einen Binärrechner mit $t=48$ zur Verfügung.

Der Maximalwert von $e^x$ im angegebenen Intervall ist $e^4$, das ist ungefähr 55, so daß wir mit der Funktion $2^{-6} e^x$ arbeiten werden. Durch das Abbrechen der Potenzreihen machen wir einen Fehler, der nicht größer sein kann als $a$, wobei

$$a \leq 2^{-6} \left[ \frac{4^{n+1}}{(n+1)!} + \frac{4^{n+2}}{(n+2)!} + \ldots \right] < 2^{-6} \frac{4^{n+1}}{(n+1)!} \bigg/ \left(1 - \frac{4}{n+2}\right). \quad (2.1)$$

Für $n=28$ gilt $a<2^{-49}$, so daß die weggelassenen Glieder keinen Einfluß auf die ersten 48 Binärstellen haben. Bezeichnen wir die exakte Summe der ersten 29 Reihenglieder mit $s(x)$, so gilt

$$|2^{-6} e^x - s(x)| < 2^{-49} \quad \text{für} \quad |x| \leq 4. \quad (2.2)$$

Da wir nur mit Funktionsargumenten zwischen $-1$ und $+1$ arbeiten können, führen wir $y$ ein durch die Gleichung

$$x = 4y \tag{2.3}$$

und benutzen $s(x)$ in der Form

$$a_0 + a_1 y + \cdots + a_{28} y^{28}, \tag{2.4}$$

wobei

$$a_r = 2^{-6} \times 4^r/r!. \tag{2.5}$$

Die Koeffizienten sind alle kleiner als 1, den größten Wert, nämlich $\frac{1}{6}$, haben $a_3$ und $a_4$. Außerdem gilt

$$|a_r + a_{r+1} y + \cdots + a_{28} y^{28-r}| \leq \sum_0^{28} |a_r| < 2^{-6} e^4 + 2^{-49} \tag{2.6}$$
$$< 0.9.$$

Die Summe auf der linken Seite von (2.6) ist also immer kleiner als 1.

Ersetzen wir nun die Koeffizienten $a_r$ durch ihre 48stelligen Approximationen, so erhalten wir

$$\bar{a}_r \equiv a_r + e_r \quad \text{mit} \quad |e_r| \leq 2^{-49}. \tag{2.7}$$

Ist dann $\bar{s}(x)$ der exakte Wert des Polynoms mit Koeffizienten $\bar{a}_r$, so gilt

$$|s(x) - \bar{s}(x)| = |\sum_0^{28} e_r y^r| \leq 2^{-49}(1 - |y|^{29})/(1 - |y|), \tag{2.8}$$

wobei wir 29 bei $2^{-49}$ als Faktor nehmen, wenn $|y| = 1$.

Da die $a_r$ exakt gegeben sind, lassen sich die Fehler $e_r$ mit beliebiger Genauigkeit bestimmen. Anschließend könnte man das Maximum der Funktion $\sum_0^{28} e_r y^r$ im gegebenen $y$-Bereich ausrechnen. In Wirklichkeit wird man sich aber kaum dieser Mühe unterziehen, sondern man wird sich mit einer etwas gröberen Abschätzung zufriedengeben, es sei denn, man legt wirklich Wert auf eine möglichst kleine Fehlerschranke. Uns genügt hier die aus (2.2) und (2.8) folgende Beziehung

$$|2^{-6} e^x - \bar{s}(x)| \leq 30 \times 2^{-49},$$

die für alle $x$ im vorgegebenen Bereich richtig ist.

3. Wir wenden uns nun den Fehlern zu, die bei der Auswertung des Polynoms mittels Hornerschema entstehen. Definieren wir rekursiv die Größen $u_r(x)$ durch

$$u_{28}(x) = \bar{a}_{28}, \tag{3.1}$$

$$u_r(x) \equiv fe[y u_{r+1}(x) + \bar{a}_r] \equiv y u_{r+1} + \bar{a} + f_r, \tag{3.2}$$

$$|f_r| \leq 2^{-49}, \tag{3.3}$$

so sehen wir, daß $u_0(x)$, der berechnete Wert des gegebenen Polynoms, der exakte Wert eines Polynoms mit Koeffizienten $\bar{a}_r + f_r$ ist. Der durch die Rechnung eingeschleppte Fehler ist von genau der gleichen Art wie der durch die anfängliche Rundung auf 48 Stellen entstandene Fehler. In der Tat gilt

$$|u_0(x) - \bar{s}(x)| = |\sum_0^{27} f_r y^r| \leq 2^{-49}(1 - |y|^{28})/(1 - |y|). \tag{3.4}$$

Die endgültige Fehlerabschätzung lautet also

$$|u_0(x) - 2^{-6} e^x| < 2^{-49} \left[ 1 + \frac{1 - |y|^{28}}{1 - |y|} + \frac{1 - |y|^{29}}{1 - |y|} \right]. \tag{3.5}$$

Daher gilt für alle $x$ des vorgegebenen Bereichs die Abschätzung

$$|2^6 u_0(x) - e^x| < 58 \times 2^{-43} \tag{3.6}$$

für den absoluten Fehler von $e^x$. Für den relativen Fehler folgt

$$\left| \frac{2^6 u_0(x)}{e^x} - 1 \right| < e^{-x} \times 2^{-43} \left[ 1 + \frac{1 - |y|^{28}}{1 - |y|} + \frac{1 - |y|^{29}}{1 - |y|} \right]. \tag{3.7}$$

Diese Schranke nimmt ihren größten Wert, nämlich $58 e^4 \times 2^{-43}$, für $x = -4$ an. Für $e^{-x}$ erhalten wir die gleiche Abschätzung des Maximalfehlers wie für $e^x$. Daher ist die Abschätzung für den relativen Fehler von $e^{-x}$ um den Faktor $e^{2x}$ schlechter als die Abschätzung (3.7).

Schließlich weisen wir noch darauf hin, daß bei der Berechnung von $u_0(x)$ für negative $x$ ganz erhebliche Auslöschung auftritt.

### Gleitpunktdarstellung

**4.** Wir betrachten nun die gleiche Aufgabe in Gleitpunktdarstellung und nehmen zunächst an, wir hätten die Reihe nach dem gleichen Glied abgebrochen wie zuvor. Weiter nehmen wir an, daß wir mit einer Mantisse mit 48 Binärstellen rechnen. Auf diese Annahme gehen wir weiter unten noch näher ein. Die Einführung des Faktors $2^{-6}$ ist jetzt überflüssig. Wir können also direkt mit $x$ und der abge-

brochenen Reihe $p(x)$ arbeiten. Die letztere laute
$$p(x) = b_0 + b_1 x + \cdots + b_{28} x^{28}, \tag{4.1}$$
$$b_r = \frac{1}{r!}. \tag{4.2}$$

Nach unseren früheren Überlegungen gilt
$$|e^x - p(x)| < 2^{-43}. \tag{4.3}$$

Das Polynom $p(x)$ wird jetzt ersetzt durch
$$\bar{p}(x) = \bar{b}_0 + \bar{b}_1 x + \cdots + \bar{b}_{28} x^{28}, \tag{4.4}$$
wobei
$$\bar{b}_r \equiv b_r(1+e_r) \quad \text{mit} \quad |e_r| \leq 2^{-48}. \tag{4.5}$$

Da die $b_r$ ziemlich stark fallen, werden auch die Fehlerschranken für den absoluten Fehler der $\bar{b}_r$ sehr schnell klein; im Fall der Festpunktrechnung war die Fehlerschranke hingegen dieselbe für alle Koeffizienten. Die exakt berechnete Summe $\bar{p}(x)$ genügt der Ungleichung
$$|\bar{p}(x) - p(x)| \leq \sum_{r=0}^{28} b_r |e_r x^r| \leq 2^{-48} e^{|x|}. \tag{4.6}$$

Zur Berechnung des Polynoms $\bar{p}(x)$ definieren wir wieder rekursiv
$$u_{28}(x) = \bar{b}_{28}, \tag{4.7}$$
$$\begin{aligned} u_r(x) &\equiv gl[x u_{r+1}(x) + \bar{b}_r] \\ &\equiv x u_{r+1}(x)(1+f_r)(1+g_r) + \bar{b}_r(1+g_r), \end{aligned} \tag{4.8}$$
wobei
$$|f_r| \leq 2^{-48} \quad \text{und} \quad |g_r| \leq 2^{-48}. \tag{4.9}$$

Unter Benutzung von (4.5) folgt hieraus
$$u_0(x) \equiv b_0(1+E_0) + b_1(1+E_1)x + \cdots + b_{28}(1+E_{28})x^{28} \tag{4.10}$$
mit den Abschätzungen
$$(1-2^{-48})^{2r+2} \leq 1 + E_r \leq (1+2^{-48})^{2r+2}, \tag{4.11}$$
$$\begin{aligned} (1-2^{-48})^{58} \leq (1-2^{-48})^{57} \leq 1 + E_{28} \leq \\ \leq (1+2^{-48})^{57} \leq (1+2^{-48})^{58}. \end{aligned} \tag{4.12}$$

Damit gilt sicherlich
$$|E_r| < 1.01(2r+2)2^{-48}, \tag{4.13}$$

also
$$|u_0(x) - p(x)| < 1.01 \times 2^{-48} [2b_0 + 4b_1|x| + \cdots + 58 b_{28} |x|^{28}]$$
$$< 2.02 \times 2^{-48} [e^{|x|} + |x| e^{|x|}]. \qquad (4.14)$$

Diese Abschätzung liefert schließlich

$$|e^x - u_0(x)| < 2^{-43} + 2.02 \times 2^{-48} [e^{|x|} + |x| e^{|x|}]. \qquad (4.15)$$

Offenbar wäre es günstiger, wenn man in (4.15) den Summanden $2^{-43}$ durch einen passenden Ausdruck in $x$ ersetzen könnte. Zu diesem Zweck ersetzen wir (4.3) durch die Abschätzung

$$|e^x - p(x)| \leq \frac{|x^{29}|}{29!} \left[ 1 + \frac{|x|}{30} + \frac{|x^2|}{30 \times 31} + \cdots \right] \leq \frac{7}{6} \frac{|x^{29}|}{29!} \leq 2^{-43} \left|\frac{x}{4}\right|^{29}. \qquad (4.16)$$

Diese Schranke nimmt bei fallendem $|x|$ schnell ab und ist stets kleiner als $2.02 \times e^{|x|}(1+|x|)$. Es ist also keinesfalls sinnvoll, mehr als die angegebenen 29 Reihenglieder zu benutzen.

Die Fehlerschranke nimmt ihr Maximum für $x = \pm 4$ an. An beiden Stellen hat sie den Wert $2^{-43} + 10.1 \times 2^{-48} e^4$ im Vergleich zum Wert $58 \times 2^{-43}$, den wir bei Festpunktrechnung fanden. Für Gleitpunktrechnung haben wir also eine Fehlerschranke, welche nur ein Drittel des Wertes der Fehlerschranke bei Festpunktrechnung besitzt. Auch jetzt ist jedoch der relative Fehler an der Stelle $x = -4$ um den Faktor $e^8$ größer als an der Stelle $x = +4$.

Diese Überlegungen beruhen auf der Annahme, daß die Mantisse von Gleitpunktzahlen ebenso viele Stellen besitzt wie eine Festpunktzahl. Das ist aber im allgemeinen nicht der Fall. Vielmehr ist die für den Exponenten benötigte Stellenzahl gewöhnlich so groß, daß die Festpunktrechnung die größere Genauigkeit liefert.

## Nullstellenberechnung bei Funktionen, die durch Potenzreihen gegeben sind

**5.** Man kann die im vorigen Abschnitt gewonnenen Ergebnisse benutzen, um zu zeigen, daß es verhältnismäßig einfach ist, die reellen Nullstellen transzendenter Funktionen sehr genau zu berechnen und die zugehörigen Fehlerabschätzungen anzugeben, sofern die betreffende Funktion durch eine Potenzreihe gegeben ist. Zum Beispiel wurden die ersten 50 Nullstellen der Besselfunktionen $J_0(x)$, $J_{1/2}(x)$, $J_1(x), \ldots, J_6(x)$ mittels der regula falsi auf 15 Stellen genau berechnet.

Hierbei wurde Festpunktarithmetik auf dem DEUCE verwendet. Für die größeren Nullstellen erwies sich allerdings mehrfache Genauigkeit in der Zahlendarstellung als erforderlich. Die Abschätzungen für den Maximalfehler ergaben sich folgendermaßen: Jede Nullstelle $a$ wurde mit etwas größerer Genauigkeit berechnet, als eigentlich nötig war. Anschließend wurde $J_n(x)$ an den Stellen $(a+h)$ und $(a-h)$ berechnet, wobei $h$ so klein wie möglich gewählt wurde unter Berücksichtigung der folgenden beiden Bedingungen:

(I) Die berechneten Werte $J_n(a+h)$ und $J_n(a-h)$ sollen verschiedenes Vorzeichen haben.

(II) $J_n(a+h)$ und $J_n(a-h)$ sollen dem Betrage nach so groß sein, daß die Fehler während der Berechnung der beiden Werte das Vorzeichen nicht beeinflussen können.

Obwohl sich später wesentlich leistungsfähigere Methoden zur Nullstellenberechnung auf dem DEUCE ergaben, erwies sich das eben beschriebene Verfahren doch als sehr praktisch. Insbesondere hat es den Vorteil sehr allgemein anwendbar und sehr leicht programmierbar zu sein. Zwar mußten die Polynomkoeffizienten mit mehrfacher Genauigkeit angegeben werden, für die *Argumente* erwies sich jedoch doppelte Genauigkeit stets als ausreichend. (Auf dem ACE genügte für die Argumente sogar einfache Genauigkeit.)

**Polynome mit beliebigen Koeffizienten**

**6.** Die Erfahrungen, die sich aus dem Arbeiten mit abgebrochenen Potenzreihen ergeben, könnten zu der Meinung verleiten, daß das Arbeiten mit Polynomen höheren Grades keine besonderen Schwierigkeiten bereitet. Hierzu muß betont werden, daß abgebrochene Potenzreihen keinesfalls als typisch für beliebige Polynome gelten können. Einerseits haben sie die Eigenschaft, daß die einzelnen Summanden schnell abnehmen, sofern $x$ in dem Bereich liegt, in dem sich die Reihe zur praktischen Berechnung eignet. Andererseits kennt man gewöhnlich eine ganze Reihe von Eigenschaften der zu approximierenden transzendenten Funktion. So gibt es zum Beispiel mehrere Verfahren, um erste Schätzwerte für die Nullstellen der Besselfunktionen zu bekommen.

Die Tendenz, die Schwierigkeiten beim Arbeiten mit beliebigen Polynomen zu unterschätzen, ist vielleicht auch auf die Beschäftigung mit der klassischen Analysis zurückzuführen. Dort gilt ein Polynom als eine sehr „schöne" Funktion, da es in jedem endlichen Gebiet beschränkt und beliebig oft differenzierbar ist. Numerisch lassen sich jedoch Polynome mit mehr oder weniger willkürlichen

Koeffizienten nur unter großen Schwierigkeiten mit automatisch gesteuerten Verfahren behandeln. Der Rest dieses Kapitels ist dem klassischen Problem der Nullstellenbestimmung bei Polynomen gewidmet.

## Die Kondition von Polynomen hinsichtlich der Bestimmung von Nullstellen

**7.** Wir betrachten die Aufgabe, alle $n$ Nullstellen des Polynoms

$$f(z) = a_n z^n + a_{n-1} z^{n-1} + \cdots + a_1 z + a_0 \qquad (7.1)$$

zu bestimmen, wobei die Koeffizienten gegeben seien. Wie bereits in Kapitel 1 bemerkt, ist es bei jeder numerischen Aufgabe von großer Wichtigkeit die Empfindlichkeit zu kennen, mit der die Lösungen auf Änderungen in den Eingangsdaten reagieren. Diese Empfindlichkeit wollen wir daher zunächst untersuchen.

$z_1, z_2, \ldots, z_n$ seien die Nullstellen des betrachteten Polynoms. Für den Augenblick nehmen wir an, daß $z_r$ eine isolierte Nullstelle ist. Die Vielfachheit der anderen Nullstellen ist ohne Bedeutung. Wir betrachten jetzt Nullstellen des Polynoms $f(z) + \varepsilon g(z)$ mit

$$g(z) = b_n z^n + b_{n-1} z^{n-1} + \cdots + b_1 z + b_0. \qquad (7.2)$$

Aus der allgemeinen Theorie algebraischer Funktionen [10] weiß man, daß eine dieser Nullstellen $z(\varepsilon)$ gegeben ist durch

$$z_r(\varepsilon) = z_r + \sum_1^\infty p_k \varepsilon^k = z_r + h, \qquad (7.3)$$

wobei die Reihe für hinreichend kleines $\varepsilon$ konvergiert. Für die $z_r$ entsprechende Nullstelle liefert uns das die Bedingung

$$\sum_0^n a_i (z_r + h)^i + \varepsilon \sum_0^n b_i (z_r + h)^i = 0, \qquad (7.4)$$

was wir mit

$$c_k = \frac{1}{k!} f^{(k)}(z_r) \quad \text{und} \quad d_k = \frac{1}{k!} g^{(k)}(z_r) \qquad (7.5)$$

auf die Form

$$\sum_0^n c_k h^k + \varepsilon \sum_0^n d_k h^k = 0 \qquad (7.6)$$

bringen können. Da die Potenzreihe $h$ für hinreichend kleines $\varepsilon$ konvergiert, muß die Reihe auf der linken Seite von (7.6) identisch ver-

4 Wilkinson, Rundungsfehler

schwinden. Mit Rücksicht auf $c_0 = f(z_r) = 0$ folgt speziell aus dem Verschwinden des Koeffizienten von $\varepsilon$ in der Reihe

$$c_1 p_1 + d_0 = 0,$$

also
$$p_1 = -g(z_r)/f'(z_r). \tag{7.7}$$

Für hinreichend kleines $\varepsilon$ gilt daher

$$\left| z_r(\varepsilon) - z_r + \varepsilon \frac{g(z_r)}{f'(z_r)} \right| < K\varepsilon^2. \tag{7.8}$$

Ist aber $z_r$ eine Nullstelle der Vielfachheit $m$, so ergibt sich wieder aus der Theorie der algebraischen Funktionen, daß es $m$ Nullstellen von $f(z) + \varepsilon g(z)$ gibt, die sich in der Form

$$z_r(\varepsilon) = z_r + \sum_1^\infty p_k \varepsilon^{k/m} = z_r + h \tag{7.9}$$

schreiben lassen. Jeder der $m$ Wurzeln $\varepsilon^{1/m}$ entspricht dabei eine Nullstelle, und die Reihen konvergieren für hinreichend kleines $\varepsilon$. Aus

$$f(z_r) = f'(z_r) = \cdots = f^{(m-1)}(z_r) = 0$$

ergibt sich nun
$$\sum_m^n c_k h^k + \varepsilon \sum_0^n d_k h^k = 0. \tag{7.10}$$

Setzen wir hier die Reihe für $h$ aus (7.9) ein, so liefert (7.10) eine Potenzreihe in $\varepsilon^{1/m}$, welche für hinreichend kleines $\varepsilon$ konvergiert. Setzt man hierin den Koeffizienten von $(\varepsilon^{1/m})^m$ gleich 0, so erhält man

$$c_m p_1^m + d_0 = 0,$$

$$p_1 = \left[ -\frac{d_0}{c_m} \right]^{1/m} = \left[ -\frac{m!\,g(z_r)}{f^{(m)}(z_r)} \right]^{1/m}. \tag{7.11}$$

Hieraus folgt schließlich für hinreichend kleines $\varepsilon$

$$|z_r(\varepsilon) - (z_r + p_1 \varepsilon^{1/m})| < K\varepsilon^{2/m}. \tag{7.12}$$

(7.8) und (7.12) enthalten die wesentlichen Ergebnisse, auf denen die nachfolgenden Untersuchungen aufbauen.

Der Fehler bei der Berechnung einer einzelnen der $m$ zusammenfallenden Nullstellen hat nun zwar den Betrag $\delta$, wobei

$$|\delta| \sim |p_1 \varepsilon^{1/m}| \quad \text{für} \quad \varepsilon \to 0. \tag{7.13}$$

Die Abweichung in der Summe der $m$ Nullstellen ist jedoch von der Größenordnung $\varepsilon$. Nehmen wir nämlich die $m$ verschiedenen Werte von $z_r(\varepsilon)$, die den $m$ verschiedenen Wurzeln $\varepsilon^{1/m}$ entsprechen, und zählen zusammen, so folgt

$$\sum z_r(\varepsilon) = m[z_r + p_m \varepsilon + p_{2m} \varepsilon^2 + \ldots]. \tag{7.14}$$

Ebenso ist jede andere symmetrische Funktion der gestörten Nullstellen eine Potenzreihe in $\varepsilon$.

Der wichtigste Spezialfall ist der einer doppelten Nullstelle. Wir haben dann

$$p_1 = [-2g(z_r)/f''(z_r)]^{1/2} \tag{7.15}$$

und (7.10) lautet ausgeschrieben

$$c_2(p_1 \varepsilon^{1/2} + p_2 \varepsilon + \ldots)^2 + c_3(p_1 \varepsilon^{1/2} + p_2 \varepsilon + \cdots)^3 + \cdots \\ + \varepsilon[d_0 + d_1(p_1 \varepsilon^{1/2} + p_2 \varepsilon + \ldots) + \ldots] = 0. \tag{7.16}$$

Setzen wir hier den Koeffizienten von $\varepsilon^{3/2}$ gleich 0, so folgt

$$2p_1 p_2 c_2 + c_3 p_1^3 + d_1 p_1 = 0$$

oder

$$\begin{aligned} p_2 &= -\frac{c_3 p_1^2 + d_1}{2 c_2} \\ &= \frac{f'''(z_r) g(z_r) - 3 f''(z_r) g'(z_r)}{3(f''(z_r))^2}. \end{aligned} \tag{7.17}$$

Die beiden gestörten Nullstellen $\alpha$ und $\beta$ lassen sich in der Form

$$\left.\begin{aligned} \alpha &= z_r + p_1 \varepsilon^{1/2} + p_2 \varepsilon + \ldots \\ \beta &= z_r - p_1 \varepsilon^{1/2} + p_2 \varepsilon - \ldots \end{aligned}\right\} \tag{7.18}$$

schreiben. Dem entspricht der quadratische Faktor

$$z^2 - (2z_r + 2p_2 \varepsilon + \ldots)z + [z_r^2 + (2p_2 z_r - p_1^2)\varepsilon + \ldots]. \tag{7.19}$$

Interessieren wir uns daher nur für die Koeffizienten des quadratischen Faktors, so bewirkt das Auftreten einer doppelten Nullstelle nicht in jedem Fall, daß die Aufgabe schlecht konditioniert ist, da ja die zugehörigen Fehler in der Größenordnung $\varepsilon$ und nicht in der Größenordnung $\varepsilon^{1/2}$ liegen. Entsprechendes gilt auch für Nullstellen höherer Vielfachheit.

Bei Aufstellung der Beziehungen (7.7), (7.8), (7.15) und (7.16) haben wir stillschweigend angenommen, daß $g(z_r) \neq 0$. Sollte aber $z_r$ eine $s$-fache Nullstelle von $g(z)$ sein, so reduziert sich die Gleichung für die gestörten Nullstellen auf die Form

$$(z - z_r)^m p(z) + \varepsilon (z - z_r)^s q(z) = 0 \tag{7.20}$$

mit $\quad p(z_r) \neq 0,$
$\quad\quad\quad q(z_r) \neq 0.$

Folglich ist $z_r$ eine Nullstelle des gestörten Polynoms mit der Vielfachheit $\min(m, s)$. In diesem Fall sind die Störungen miteinander „korreliert". Solche korrelierten Störungen haben große Bedeutung im Zusammenhang mit der Lösung von Eigenwertaufgaben mittels expliziter Aufstellung des charakteristischen Polynoms.

### Einige typische Verteilungen von Nullstellen

**8.** Da die Berechnung einer mehrfachen Nullstelle stets ein schlecht konditioniertes Problem darstellt, erwarten wir natürlich das gleiche bei der Berechnung nahe benachbarter Nullstellen, insbesondere wenn sich die Nullstellen geradezu häufen. Über der Empfindlichkeit mehrfacher Nullstellen dürfen wir jedoch die Tatsache nicht vergessen, daß auch die Berechnung von Nullstellen, welche keineswegs besonders nahe beieinanderliegen, eine sehr schlecht konditionierte Aufgabe darstellen kann. Wir haben zwar in diesem Fall gesehen, daß

$$z_r(\varepsilon) - z_r \sim -\varepsilon \frac{g(z_r)}{f'(z_r)} \quad \text{für} \quad \varepsilon \to 0. \tag{8.1}$$

Der Koeffizient von $\varepsilon$ kann aber trotzdem sehr große Werte annehmen. Zur Untersuchung aller dieser Fragen betrachten wir nun spezielle Verteilungen von Nullstellen. Zu Vergleichszwecken nehmen wir jeweils ein Polynom vom Grad 20. Besonders interessiert uns jeweils die Wirkung von Abänderungen einzelner Polynomkoeffizienten. Um den Koeffizienten $a_k$ um $\varepsilon$ zu ändern, setzen wir $b_k = 1$, $b_i = 0$ für $i \neq k$, und benutzen dann die Ergebnisse des Abschnitts 7. Zur Vereinfachung setzen wir stets $a_n = 1$ voraus.

### Lineare Verteilung von Nullstellen

**9.** Wir betrachten als erste die lineare Verteilung $z_r = 1, 2, \ldots, 20$. Für hinreichend kleines $\varepsilon$ zeigt die Abschätzung (7.8), daß eine Änderung des Koeffizienten $a_k$ um $\varepsilon$ eine Abweichung $\delta z_r$ in der $r$-ten Nullstelle verursacht, für die gilt

$$\delta z_r \sim -\varepsilon \frac{(z_r)^k}{f'(z_r)}$$
$$= \pm \varepsilon \frac{r^k}{(20-r)!\,(r-1)!} = \pm A\varepsilon. \tag{9.1}$$

$A$ ist maximal für $k=19$. Halten wir nun den Wert $k=19$ fest, so nimmt $A$ seinen größten Wert, nämlich $16^{19}/4!\,15! \approx 0.24 \times 10^{10}$, bei $r=16$ und seinen kleinsten Wert, nämlich $1/19! \approx 0.82 \times 10^{-17}$, bei $r=1$ an. Dies zeigt, daß die Nullstellen größeren Betrags ziemlich empfindlich auf Änderungen der Koeffizienten höherer Potenzen von $z$ reagieren, während die kleinste Nullstelle sehr unempfindlich gegenüber solchen Änderungen ist.

Überlegungen dieser Art sind nur sinnvoll unter der Annahme, daß uns der Einfluß interessiert, den eine Änderung um einen bestimmten Betrag bei irgendeinem Koeffizienten auf die Lösung ausübt. In Wirklichkeit interessiert aber weit mehr der Fall, daß die Koeffizienten sämtlich mit einem bestimmten *relativen* Fehler versehen sind. Benutzen wir etwa $t$-stellige Gleitpunktarithmetik zur Berechnung des Polynoms, so liegt der Fehler der einzelnen Koeffizienten zwischen $-2^{-t}a_k$ und $+2^{-t}a_k$, auch dann, wenn die Koeffizienten richtig gerundet sind. Wir untersuchen daher jetzt die Auswirkung derartiger Abänderungen. Es gilt

$$\delta z_r \sim \pm 2^{-t} a_k \frac{r^k}{(20-r)!\,(r-1)!}. \tag{9.2}$$

Weitere Schlüsse erfordern daher eine Kenntnis der Größenordnung der einzelnen Polynomkoeffizienten, wie man sie aus der folgenden Aufstellung entnehmen kann:

$$\begin{aligned}
&z^{20}+10^3 z^{19}+10^5 z^{18}+10^7 z^{17}+10^8 z^{16}+10^{10} z^{15}\\
&+10^{11} z^{14}+10^{12} z^{13}+10^{13} z^{12}+10^{14} z^{11}+10^{16} z^{10}\\
&+10^{17} z^9+10^{17} z^8+10^{18} z^7+10^{19} z^6+10^{19} z^5+10^{19} z^4\\
&+10^{20} z^3+10^{20} z^2+10^{19} z+10^{19}
\end{aligned} \tag{9.3}$$

$\delta z_r$ erreicht sein Maximum für $r=16$ und $k=15$. Es gilt

$$\delta z_{16} \sim 2^{-t} 10^{10} \frac{16^{15}}{4!\,15!} \approx 2^{-t} 3.7 \times 10^{14}. \tag{9.4}$$

Auf dem ACE haben wir beim Rechnen mit einfacher Genauigkeit $t=48$, also ein verhältnismäßig langes Maschinenwort. Damit liefert (9.4)

$$\delta z_{16} \approx 1.3. \tag{9.5}$$

Ein Fehler dieser Größenordnung kann sicherlich nicht mehr als klein angesehen werden. Insbesondere ist in diesem Fall die Annahme unzulässig, der Fehler sei in etwa identisch mit dem ersten Glied seiner Reihenentwicklung, es sei denn man wählt einen erheblich größeren Wert für $t$.

Tabelle 1 enthält 2 Beispiele für die Empfindlichkeit von Nullstellen, und zwar sind die exakten Nullstellen der Polynome $(z-1)(z-2)\ldots(z-20)+\varepsilon z^{19}$ für $\varepsilon = -2^{-23}$ und $\varepsilon = -2^{-55}$ wiedergegeben. Es zeigt sich, daß die kleineren Nullstellen von der Störung kaum beeinflußt werden, während die Nullstellen 10 bis 20 sehr empfindlich auf die Störung reagieren.

Tabelle 1.

Exakte Nullstellen von $(z-1)(z-2)\ldots(z-19)(z-20)-2^{-23}z^{19}$

| | |
|---|---|
| 1.00000 0000 | 10.09526 6145 $\pm$ 0.64350 0904$i$ |
| 2.00000 0000 | 11.79363 3881 $\pm$ 1.65232 9728$i$ |
| 3.00000 0000 | 13.99235 8137 $\pm$ 2.51883 0070$i$ |
| 4.00000 0000 | 16.73073 7466 $\pm$ 2.81262 4894$i$ |
| 4.99999 9928 | 19.50243 9400 $\pm$ 1.94033 0347$i$ |
| 6.00000 6944 | |
| 6.99969 7234 | |
| 8.00726 7603 | |
| 8.91725 0249 | |
| 20.84690 8101 | |

Wie man sieht, sind 5 Paare von Nullstellen komplex geworden. Die Fehler sind so groß, daß die linearisierte Störungsrechnung nicht anwendbar ist.

Exakte Nullstellen von $(z-1)(z-2)\ldots(z-19)(z-20)-2^{-55}z^{19}$

| | | | |
|---|---|---|---|
| 1.00000 0000 | 6.00000 0000 | 10.99999 9999 | 16.00000 0067 |
| 2.00000 0000 | 7.00000 0000 | 12.00000 0006 | 16.99999 9947 |
| 3.00000 0000 | 8.00000 0000 | 12.99999 9983 | 18.00000 0028 |
| 4.00000 0000 | 9.00000 0000 | 14.00000 0037 | 18.99999 9991 |
| 5.00000 0000 | 10.00000 0000 | 14.99999 9941 | 20.00000 0001 |

Hier werden die Fehler von der linearisierten Störungsrechnung genau wiedergegeben.

Zu Vergleichszwecken sehen wir uns jetzt die lineare Nullstellenverteilung $(k+1), (k+2), \ldots, (k+20)$ an. Es gilt

$$\frac{\partial z_r}{\partial a_s} = \pm \frac{(k+r)^s}{(20-r)!(r-1)!}.$$

Für $k=20$, $s=19$, $r=15$ erhalten wir hieraus

$$\frac{\partial z_{15}}{\partial a_{19}} = \frac{35^{19}}{5!\,14!} \approx 0.21 \times 10^{17}. \tag{9.7}$$

Offensichtlich steigt die Empfindlichkeit mit wachsendem $k$ erheblich. Dies würde noch deutlicher zum Ausdruck kommen, wenn wir Änderungen um eine Einheit der $t$-ten Binärstelle der Koeffizienten betrachten würden.

Für $k = -10$ ist das Polynom wesentlich besser konditioniert. Die empfindlichste Nullstelle ist jetzt die achtzehnte. Es gilt

$$\frac{\partial z_{18}}{\partial a_{19}} = \frac{8^{19}}{2!\,17!} \approx 0.20 \times 10^3. \tag{9.8}$$

## Geometrische Verteilung

**10.** Als zweites Beispiel betrachten wir das Polynom mit den Nullstellen $2^{-1}, 2^{-2}, \ldots, 2^{-20}$. Die Nullstellen bilden eine geometrische Folge. Die Koeffizienten dieses Polynoms weisen erhebliche Größenunterschiede auf. Die Größenordnungen sind in etwa:

$$\begin{aligned}z^{20} &+ z^{19} + 2^{-1}z^{18} + 2^{-4}z^{17} + 2^{-8}z^{16} + 2^{-13}z^{15} + 2^{-19}z^{14} \\&+ 2^{-26}z^{13} + 2^{-34}z^{12} + 2^{-43}z^{11} + 2^{-53}z^{10} + 2^{-64}z^9 + 2^{-76}z^8 \\&+ 2^{-89}z^7 + 2^{-103}z^6 + 2^{-118}z^5 + 2^{-134}z^4 \\&+ 2^{-151}z^3 + 2^{-169}z^2 + 2^{-189}z + 2^{-210}.\end{aligned} \tag{10.1}$$

Natürlich kommen wir zu ganz verschiedenen Ergebnissen, je nachdem, ob wir Änderungen in den Koeffizienten um einen bestimmten absoluten Betrag zugrundelegen, oder ob wir Änderungen um einen relativ zur Größe des Koeffizienten festen Betrag betrachten. Wir bauen daher unsere Überlegungen so auf, daß wir beide Fälle behandeln können.

Es gilt
$$\delta z_r \sim -\delta a_x 2^{-kr}/(PQ), \tag{10.2}$$
wobei
$$P = (2^{-r} - 2^{-1})(2^{-r} - 2^{-2})\ldots(2^{-r} - 2^{-r+1}) \tag{10.3}$$
und
$$Q = (2^{-r} - 2^{r-1})(2^r - 2^{-r-2})\ldots(2^{-r} - 2^{-20}). \tag{10.4}$$

Diese Ausdrücke formen wir um in

$$P = (-1)^{r-1} \frac{1}{2^{1/2r(r-1)}} [(1 - 2^{-r+1})(1 - 2^{-r+2})\ldots(1 - 2^{-1})], \tag{10.5}$$

$$Q = \frac{1}{2^{r(20-r)}}[(1-2^{-1})(1-2^{-2})\dots(1-2^{-20+r})]. \tag{10.6}$$

Hier sind die Ausdrücke in eckigen Klammern Näherungen für das unendliche Produkt

$$(1-2^{-1})(1-2^{-2})(1-2^{-3})\dots$$

Eine grobe Abschätzung zeigt, daß die Ausdrücke Werte zwischen $\frac{1}{4}$ und $\frac{1}{2}$ besitzen. Damit gilt

$$\tfrac{1}{4} 2^{-1/2 r (39-r)} > |PQ| > \tfrac{1}{16} 2^{-1/2 r (39-r)} \tag{10.7}$$

und

$$|\delta z_r| < 16 |\delta a_k| 2^{1/2 r (39-r-2k)}. \tag{10.8}$$

Wegen der unterschiedlichen Größenordnung der verschiedenen Nullstellen ist es jedoch interessanter, den relativen Fehler der Nullstellen zu untersuchen. Hier gilt

$$\left|\frac{\delta z_r}{z_r}\right| < 16 |\delta a_k| 2^{1/2 r (41-r-2k)}. \tag{10.9}$$

Bei festem $k$ nimmt die rechte Seite ihr Maximum für $r = 20 - k$ an, so daß für alle $k$ gilt

$$\left|\frac{\delta z_r}{z_r}\right| < 16 |\delta a_k| 2^{1/2 (20-k)(21-k)}. \tag{10.10}$$

Aus der in (10.1) wiedergegebenen Größenordnung der $a_k$ schließen wir, daß

$$|a_k| < 4 \times 2^{-1/2 (20-k)(21-k)}, \tag{10.11}$$

so daß wir schließlich erhalten

$$\left|\frac{\delta z_r}{z_r}\right| < 16 \left|\frac{\delta a_k}{a_k}\right| |a_k| 2^{1/2 (20-k)(21-k)}$$
$$< 64 \left|\frac{\delta a_k}{a_k}\right|. \tag{10.12}$$

Diese Abschätzung zeigt, daß kleine relative Fehler in den Koeffizienten keinen großen relativen Fehler bei irgendeiner Nullstelle erzeugen können. Gilt zum Beispiel $|\delta a_k/a_k| = 2^{-t}$, so haben wir

$$\left|\frac{\delta z_r}{z_r}\right| < 2^{6-t}. \tag{10.13}$$

Es können also bei keiner Nullstelle mehr als 6 signifikante Stellen verloren gehen. Man kann leicht nachrechnen, daß die kleineren

Nullstellen die stabileren sind. Man könnte zwar gerade diese Nullstellen als nahe benachbart ansehen, da ihre absolute Differenz klein ist. Der Quotient zweier aufeinanderfolgender Nullstellen ist aber 2 und gerade dieser Quotient ist wichtig. Hätten wir etwa eine einundzwanzigste Nullstelle $2^{-20}(1+\eta)$ mit kleinem $\eta$ hinzugenommen, so wären die Nullstellen $2^{-20}$ und $2^{-20}(1+\eta)$ schlecht konditioniert. Der Tabelle 2 kann man die Wirkung einer Änderung um $2^{-31}$ bei $a_{19}$ entnehmen.

Tabelle 2.

Exakte Nullstellen von $(z-2^{-1})(z-2^{-2})\ldots(z-2^{-20})-2^{-31}z^{19}$

| | |
|---|---|
| 0.50000 0001 | $0.48828\ 1250 \times 10^{-3}$ |
| 0.24999 9998 | $0.24414\ 0625 \times 10^{-3}$ |
| 0.12500 0000 | $0.12207\ 0313 \times 10^{-3}$ |
| $0.62499\ 9999 \times 10^{-1}$ | $0.61035\ 1563 \times 10^{-4}$ |
| $0.31250\ 0000 \times 10^{-1}$ | $0.30517\ 5781 \times 10^{-4}$ |
| $0.15625\ 0000 \times 10^{-1}$ | $0.15258\ 7891 \times 10^{-4}$ |
| $0.78125\ 0000 \times 10^{-2}$ | $0.76293\ 9453 \times 10^{-5}$ |
| $0.39062\ 5000 \times 10^{-2}$ | $0.38146\ 9727 \times 10^{-5}$ |
| $0.19531\ 2500 \times 10^{-2}$ | $0.19073\ 4863 \times 10^{-5}$ |
| $0.97656\ 2500 \times 10^{-3}$ | $0.95367\ 4316 \times 10^{-6}$ |

Wie man sieht, sind in den angegebenen 9 Dezimalstellen nur bei 3 Nullstellen Änderungen aufgetreten. Bei diesen Nullstellen beträgt die Änderung höchstens eine oder zwei Einheiten der neunten signifikanten Stelle.

Gehen wir nun aber von Änderungen in den Koeffizienten um den absoluten Betrag $2^{-t}$ aus, so verschiebt sich das Bild erheblich. Daß jetzt einige Nullstellen eine ganz erhebliche Empfindlichkeit aufweisen müssen, kann man mittels (10.2) und (10.7) sofort folgendermaßen sehen: Vor der Änderung gilt

$$z_1 z_2 \cdots z_{20} = 2^{-210}. \qquad (10.14)$$

Wird aber der Koeffizient $a_0 = 2^{-210}$ ersetzt durch $(2^{-210}+2^{-48})$, so genügen die geänderten Nullstellen $z'_r$ der Gleichung

$$z'_1 z'_2 \cdots z'_{20} = 2^{-210} + 2^{48} = (2^{162}+1) z_1 z_2 \cdots z_{20}. \qquad (10.15)$$

Folglich gilt für mindestens einen Wert von $r$

$$\left|\frac{z'_r}{z_r}\right| \geq (2^{162}+1)^{1/20} > 2^8 \qquad (10.16)$$

Auf dieses Ergebnis kommen wir später nochmals zurück (Abschnitt 24).

### Tschebyscheff-Polynome

**11.** Als letztes Beispiel betrachten wir das Polynom $z^{20}-1$ mit den Nullstellen $e^{2\pi i r/20}(r=0,1,...,19)$ und das Tschebyscheff-Polynom $T_{20}(z)$, welches durch die Gleichung

$$T_{20}(z) = \cos(20 \arccos z) \tag{11.1}$$

definiert ist und die Nullstellen $\cos((2r+1)\pi/40)$ $(r=0,1,...,19)$ besitzt. Die erstgenannten Nullstellen liegen gleichabständig auf dem Einheitskreis, während die Nullstellen des Tschebyscheff-Polynoms die Projektionen der Punkte $e^{(2r+1)i\pi/40}$ auf die reelle Achse darstellen. Diese Punkte liegen gleichabständig auf der oberen Hälfte des Einheitskreises.

Für das Polynom $z^{20}-1$ gilt

$$\delta z_r \sim -\frac{(\delta a_k)z_r^k}{f'(z_r)} = -\frac{(\delta a_k)z_r^k}{20 z_r^{19}}, \tag{11.2}$$

woraus

$$|\delta z_r| \sim \frac{|\delta a_k|}{20} \tag{11.3}$$

folgt. Die Nullstellen verhalten sich also alle recht gutartig. Die Änderung irgendeines Koeffizienten bewirkt Änderungen der Nullstellen, welche beträchtlich kleiner sind.

Das Polynom $T_{20}(z)$ lautet

$$524288 z^{20} - 2621440 z^{18} + 5570560 z^{16} - 6553600 z^{14}$$
$$+ 4659200 z^{12} - 2050048 z^{10} + 549120 z^{8} \tag{11.4}$$
$$- 84480 z^{6} + 6600 z^{4} - 200 z^{2} + 1.$$

Dividiert man das ganze Polynom durch den Koeffizienten von $z^{20}$, so hat der größte Koeffizient den Betrag 12.5. Man kann also keinen Koeffizienten als besonders groß bezeichnen. Es gilt

$$\delta z_r \sim -\left(\frac{\delta a_k}{a_k}\right) \frac{a_k \cos^k \frac{(2r+1)\pi}{40}}{\prod_{s \neq r}\left[\cos \frac{(2r+1)\pi}{40} - \cos \frac{(2s+1)\pi}{40}\right]}. \tag{11.5}$$

An den beiden Stellen $\pm 1$ liegen mehrere Nullstellen ziemlich nahe beieinander, wie man einer Zeichnung entnehmen kann. Es ist anzunehmen, daß diese Nullstellen schlecht konditioniert sind, zumal auch $\cos((2r+1)\pi/40)$ in diesen Fällen nahe bei $\pm 1$ liegt. Tatsächlich hat für $r=1$ der Nenner der rechten Seite von (11.5) ungefähr den Wert $-1.6 \times 10^{-4}$, so daß

$$\delta z_1 \sim \left(\frac{\delta a_k}{a_k}\right) \frac{a_k \cos^k \frac{3\pi}{40}}{1.6 \times 10^{-4}}.$$

Für $k=14$ liefert das

$$\delta z_1 \approx \left(\frac{\delta a_{14}}{a_{14}}\right) \times 5.3 \times 10^4. \tag{11.6}$$

Die Nullstellen an den beiden Enden des Intervalls $(-1, +1)$ sind also nicht gerade gut konditioniert, im Gegensatz zu den Nullstellen in der Mitte des Intervalls.

Diese wenigen Beispiele zeigen bereits, daß die Kondition der Nullstellen eines Polynoms sehr unterschiedlich sein kann. Sehr schlechte Kondition kann auch bei Polynomen vorkommen, deren Nullstellen man, wenigstens beim ersten Hinsehen, als weit auseinanderliegend bezeichnen würde. Das Beispiel der geometrischen Verteilung zeigt jedoch, daß nicht der absolute Abstand, sondern der Quotient zweier benachbarter Nullstellen der ausschlaggebende Faktor ist. Schlechte Kondition tritt immer dann auf, wenn Nullstellen existieren, deren Quotient nahe bei 1 liegt. Die Differenz zu 1 muß dabei noch gar nicht „pathologisch" klein werden, wie das Beispiel der linear verteilten Nullstellen 1, 2,..., 20 zeigt.

Nur eine der betrachteten Verteilungen betraf auch komplexe Nullstellen, und bei diesem Beispiel waren die Nullstellen gut konditioniert. Nehmen wir Polynome festen Grades und vergleichen Verteilungen von Nullstellen im Einheitskreis mit Verteilungen im Intervall $(-1, +1)$, so ist klar, daß bei der erstgenannten Verteilung im allgemeinen die bessere Kondition zu erwarten ist. Nach unserer Erfahrung haben komplexe Nullstellen von Polynomen, die sich in Anwendungen ergeben, meist recht gute Kondition.

**Der Einfluß der Kondition der Nullstellen von Polynomen**

**12.** Es gibt zwar eine ganze Reihe physikalischer und mathematischer Aufgaben, die sich auf die Berechnung der Nullstellen von Polynomen zurückführen lassen, jedoch sind die Polynomkoeffizienten selten die ursprünglichen Eingabedaten des Problems. Gewöhnlich führt erst eine vorbereitende Rechnung zur expliziten Angabe des

Polynoms. Wir orientieren uns hierüber anhand eines Systems von Differentialgleichungen erster Ordnung mit $n$ Unbekannten, welches etwa gegeben sei durch

$$Ax' = Bx, \tag{12.1}$$

wobei $A$ und $B$ $n \times n$-Matrizen sind. Die allgemeine Lösung dieses Systems setzt sich zusammen aus Lösungen der Form $x = a e^{\lambda t}$, wobei die $\lambda$ Wurzeln der Gleichung

$$\det(A\lambda - B) = 0 \tag{12.2}$$

sind. Die linke Seite ist ein Polynom. Man könnte zum Beispiel so vorgehen, daß man zuerst die Polynomkoeffizienten explizit berechnet und dann mit Ihrer Hilfe die Nullstellen zu erhalten sucht. Angenommen nun, die Nullstellen seien verhältnismäßig unempfindlich gegen Änderungen der Elemente von $A$ und $B$. (Man beachte, daß, wenn die Elemente von $A$ und $B$ die Eingangsdaten sind, überhaupt nur die Stellen in den Wurzeln signifikant sind, welche nicht von den etwaigen Fehlern von $A$ und $B$ beeinflußt werden.) Dann kann es trotzdem vorkommen, daß die Nullstellen sehr empfindlich auf Fehler in den explizit angegebenen Polynomkoeffizienten reagieren. Hat die Verteilung der Wurzeln etwa die Form 1, 2, ..., 20, so muß das Polynom notwendigerweise schlecht konditioniert sein.

Um uns gegen diese schlechte Kondition zu schützen, müssen wir daher die Polynomkoeffizienten mit sehr hoher Genauigkeit bestimmen, es sei denn, wir wissen von vornherein Näheres über die Nullstellenverteilung. Das ist aber sehr unwahrscheinlich.

Hiergegen kann man nun folgendes einwenden: Angenommen, von den Elementen von $A$ und $B$ seien uns jeweils 8 signifikante Stellen bekannt. Dann unterscheidet sich das exakt berechnete Polynom zu den *gegebenen* Matrizen $A$ und $B$ in der neunten signifikanten Stelle von dem *richtigen* Polynom, das zu den *exakten* Matrizen $A$ und $B$ gehört. Also ist es völlig überflüssig, die Polynomkoeffizienten mit doppelter Genauigkeit zu berechnen, was auf dem ACE zum Beispiel Rechnen mit 28 Dezimalstellen bedeuten würde. Diese Ansicht ist insofern falsch, als ja die Nullstellen des *exakten* Polynoms zu den gegebenen Matrizen $A$ und $B$ die Nullstellen der gegebenen Determinante $\det(A\lambda - B)$ sind. Folglich erreichen wir durch hinreichend genaue Berechnung der Polynomkoeffizienten, daß die Nullstellen des Polynoms die Wurzeln der gegebenen Determinante $\det(A\lambda - B)$ mit jeder gewünschten Genauigkeit approximieren. Beeinflussen daher die Fehler der gegebenen Matrizen $A$ und $B$ etwa nur die siebte signifikante Stelle der Wurzeln, so können wir das Polynom so genau berechnen, daß wir die 7 wesentlichen Stellen auch tatsächlich richtig bekommen. *Die Differenz zwischen den*

Koeffizienten des errechneten Polynoms und denen, welche zum charakteristischen Polynom der exakten Matrizen A und B gehören, liegt dann zwar in der achten Stelle, die Nullstellen unterscheiden sich aber trotzdem erst in der siebten Stelle.

**13.** Im allgemeinen genügt es jedoch nicht, nur das tatsächliche Polynom mit hoher Genauigkeit zu berechnen. Auch bei etwaigen späteren Transformationen muß man die gleiche hohe Genauigkeit einsetzen. So wird etwa das aus $\det(A\lambda - B)$ errechnete Polynom einen führenden Koeffizienten haben, welcher verschieden von 1 ist. Erfordert aber das Lösungsverfahren hier den Koeffizienten 1, so muß man die Division durch den Koeffizienten von $\lambda^n$ mit hoher Genauigkeit durchführen.

Ähnliche Bemerkungen gelten etwa für den folgenden Fall: Angenommen die Nullstellen eines vorgelegten Polynoms seien etwa $1, 2, \ldots, 20$. Dann ist die fünfzehnte Nullstelle, um nur ein Beispiel zu nennen, schlecht konditioniert. Transformieren wir aber die unabhängige Variable $z$ in $z' = z - 15$, so ist die entsprechende Nullstelle des transformierten Polynoms gut konditioniert. Diese Transformation muß man nun mit hoher Genauigkeit durchführen. Man kann sich aber die Aufgabe, die Nullpunktsverschiebung exakt durchzuführen, wesentlich erleichtern, indem man den Nullpunkt um genau 15 (d.h. eine kleine ganze Zahl) verschiebt. Durch ähnliche Verschiebungen kann man der Reihe nach jede Nullstelle zu einer gut konditionierten machen. Die Durchführung solcher Verschiebungen wird dann immer sehr viel einfacher sein, wenn man zur Darstellung des Betrags, um den der Nullpunkt verschoben wird, mit wenigen Stellen auskommt und nicht die volle Stellenzahl benötigt, die eigentlich zur Darstellung der Koeffizienten zur Verfügung steht.

Hat man das Polynom in dieser Weise transformiert, so kann man für die weitere Rechnung auf höhere Genauigkeit verzichten, da die fragliche Nullstelle nun keine allzu große Empfindlichkeit mehr aufweist gegen kleine Fehler in den Koeffizienten.

## Bestimmung der Nullstellen

**14.** Im letzten Abschnitt beschäftigten wir uns mit der Wirkung von Fehlern in den Polynomkoeffizienten. Jetzt untersuchen wir die Wirkung von Rundungsfehlern, die sich im Verlauf der tatsächlichen Bestimmung der Nullstellen ergeben. Natürlich können wir nicht alle Verfahren zur Nullstellenbestimmung untersuchen; unser Interesse gilt vor allem iterativen Verfahren.

Um einen groben Überblick über den Einfluß von Rundungsfehlern zu erlangen, betrachten wir zunächst eines der einfachsten Verfahren. Vorgegeben sei ein Polynom vom Grade $n$ mit den Nullstellen $z_1, z_2, \ldots, z_n$. $z_k$ sei eine isolierte reelle Nullstelle. Die anderen Nullstellen können reell oder komplex sein und beliebige Vielfachheit besitzen. Weiter nehmen wir an, daß die Kondition von $z_k$ bei der verwendeten Rechengenauigkeit nicht allzu schlecht sei. Diese Annahme präzisieren wir weiter unten.

Das zu untersuchende Verfahren ist unter dem Namen *Bisektionsverfahren* bekannt. Abgesehen von Rundungsfehlern arbeitet das Verfahren folgendermaßen: Man geht aus von zwei Zahlwerten $a$ und $b$ mit

$$b > a, \quad f(a) < 0, \quad f(b) > 0 \tag{14.1}$$

und bestimmt eine Folge von Zahlenpaaren $(x_r, y_r)$ nach folgenden Regeln:

$$\left.\begin{array}{l} x_0 = a, \quad y_0 = b, \quad f(x_r) \leq 0, \quad f(y_r) > 0. \\[4pt] \text{Falls } f\left(\dfrac{x_r + y_r}{2}\right) \leq 0, \quad \text{dann} \quad x_{r+1} = \tfrac{1}{2}(x_r + y_r), \quad y_{r+1} = y_r. \\[6pt] \text{Falls } f\left(\dfrac{x_r + y_r}{2}\right) > 0, \quad \text{dann} \quad x_{r+1} = x_r, \quad y_{r+1} = \tfrac{1}{2}(x_r + y_r). \end{array}\right\} \tag{14.2}$$

Offenbar liegt in jedem Intervall $(x_r, y_r)$ mindestens eine Nullstelle. Da die Länge des $r$-ten Intervalls $2^{-r}(b-a)$ beträgt, läßt sich eine Nullstelle mit jeder gewünschten Genauigkeit bestimmen.

**15.** Betrachten wir nun die Einschränkungen, die dieses Verfahren bei Benutzung $t$-stelliger Gleitpunktarithmetik erfährt. Zu diesem Zweck seien uns zwei Werte $a$ und $b$ vorgegeben, und $z_k$ sei die einzige Nullstelle im Intervall $(a, b)$.

Ist $x$ ein Intervallmittelpunkt, so erhält man den Wert des Polynoms wie folgt:

$$\left.\begin{array}{l} s_n(x) \equiv a_n \\[4pt] s_r(x) \equiv gl[x s_{r+1}(x) + a_r] \quad (r = n-1, n-2, \ldots, 0). \end{array}\right\} \tag{15.1}$$

Wie in Abschnitt 4 ergibt sich der berechnete Wert $s_0(x)$:

$$s_0(x) \equiv a_n(1 + E_n)x^n + a_{n-1}(1 + E_{n-1})x^{n-1} + \cdots + a_0(1 + E_0) \tag{15.2}$$

mit den Abschätzungen

$$(1 - 2^{-t})^{2r+2} \leq 1 + E_r \leq (1 + 2^{-t})^{2r+2} \quad (r < n) \tag{15.3}$$

$$(1 - 2^{-t})^{2n+2} \leq (1 - 2^{-t})^{2n+1} \leq 1 + E_n \leq (1 + 2^{-t})^{2n+1} < (1 + 2^{-t})^{2n+2}.$$

Bestimmung der Nullstellen 63

Jeder Wert $s_0(x)$ ist der exakte Wert eines Polynoms mit den Koefzienten $a_r(1+E_r)$ an der Stelle $x$, wenn man die $E_r$ geeignet in dem durch (15.3) gegebenen Bereich wählt. Jedem Satz von Werten $E_0, E_1, \ldots, E_n$ entsprechen Nullstellen $z_i(E)$, die jeweils in abgeschlossenen Bereichen liegen. Diese Bereiche enthalten auch $z_i$, da die Wahl $E_r = 0$ $(r = 0, \ldots, n)$ zulässig ist. Für gewisse zulässige Wertesätze $E_r$ könnten reelle Nullstellen in Paare konjugiert komplexer Nullstellen übergehen. Wir nehmen aber an, daß $z_k(E)$ stets eine isolierte reelle Nullstelle bleibt. (Dies ist die Präzisierung der oben gemachten Annahme, daß $z_k$ bei der verwendeten Rechengenauigkeit keine allzu schlechte Kondition besitzt.) Der $z_k$ enthaltende abgeschlossene Bereich ist folglich ein abgeschlossenes Intervall der reellen Achse, das $z_k$ als inneren Punkt enthält.

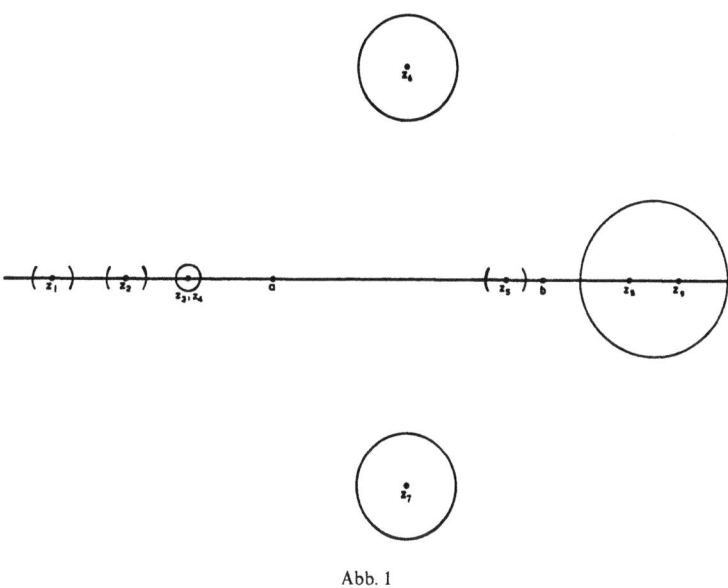

Abb. 1

Eine solche Situation liegt etwa in Abbildung 1 vor, wenn $z_5$ unsere ausgewählte Nullstelle $z_k$ bezeichnet. Die Nullstellen $z_3, z_4$ bilden eine doppelte Nullstelle, welche in gewissen Fällen in ein Paar konjugiert komplexer Nullstellen übergeht. $z_6$ und $z_7$ bilden ein Paar konjugiert komplexer Nullstellen, die unter allen Umständen konjugiert komplex bleiben. $z_8$ und $z_9$ sind schlecht konditionierte reelle Nullstellen, die gelegentlich komplex werden, während $z_1$ und $z_2$ stets reell bleiben. Ersichtlich sind die berechneten Werte

$f(a)$ und $f(b)$ stets negativ bzw. positiv, gleichgültig welche Wertesätze $E$ ihrer Berechnung entsprechen. Im folgenden bezeichnen wir die Länge des Intervalls, in dem $z_k$ liegt, mit $\rho_k$.

**16.** Während des Ablaufs des Bisektionsverfahrens kann man das Vorzeichen von $f(x)$ stets richtig bestimmen, vorausgesetzt, $x$ liegt nicht im Schwankungsintervall von $z_k$. Liegt aber einer der beiden Punkte $x_r, y_r$ in diesem Intervall, so ist eine falsche Entscheidung nicht ausgeschlossen. Im Ablauf des Verfahrens sind also 2 Fälle zu unterscheiden:

Entweder

wird das Vorzeichen richtig bestimmt. In diesem Fall enthält das zuletzt berechnete Intervall $(x_m, y_m)$ stets die Nullstelle $z_k$. Diese ist daher nach $m$ Schritten in einem Intervall der Länge $2^{-m}(b-a)$ lokalisiert.

Oder

mindestens eine Vorzeichenbestimmung ist fehlerhaft. Dies kann nur eintreten, wenn der betreffende Punkt im Schwankungsintervall von $z_k$ liegt. Ergibt sich aus dieser Vorzeichenbestimmung $(x_r, y_r)$ als neues Intervall, so liegt mindestens einer, wenn nicht beide Endpunkte im Schwankungsintervall von $z_k$. Wir zeigen nun, daß bei allen nachfolgenden Schritten mindestens ein Endpunkt im Schwankungsintervall liegt:

(a) Liegen bereits $x_r$ und $y_r$ in diesem Intervall, so liegen auch alle später berechneten Endpunkte darin, und es ist nichts zu beweisen.

(b) Liegt aber nur ein Endpunkt, z.B. $y_r$, im Intervall, so sei $A$ der Mittelpunkt des Intervalls $(x_r, y_r)$. Liegt $A$ außerhalb des Schwankungsintervalls so wird das Vorzeichen von $f(A)$ richtig bestimmt, und es ist $(x_{r+1}, y_{r+1}) = (A, y_r)$. Folglich hat auch dieses Intervall

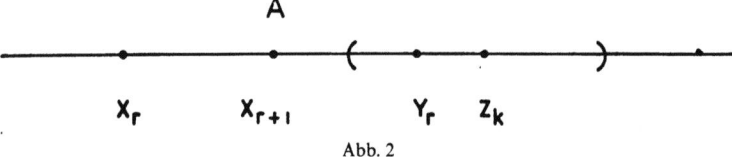

Abb. 2

einen Endpunkt im Schwankungsintervall (Abbildung 2). Liegt aber $A$ innerhalb des Schwankungsintervalls (Abbildung 3), so ist die

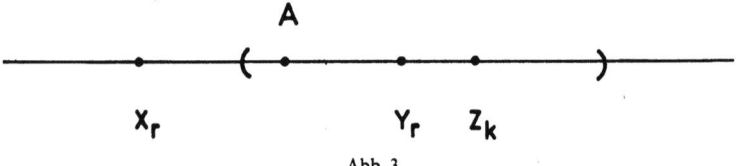

Abb. 3

Behauptung ebenfalls richtig, da entweder $(x_{r+1}, y_{r+1}) = (x_r, A)$ oder $(x_{r+1}, y_{r+1}) = (A, y_r)$.

Wenn mindestens einer der Punkte $x_r, y_r$ im Schwankungsintervall von $z_k$ liegt, so liegt auch mindestens einer der Punkte $x_{r+1}, y_{r+1}$ in diesem Intervall. Damit ist unsere Behauptung bewiesen.

**17.** In allen Fällen kann der Abstand von $z_k$ zum Mittelpunkt von $(x_m, y_m)$ höchstens $\rho_k + 2^{-m-1}(b-a)$ betragen. Es ist klar, daß die Anzahl der sinnvollen Bisektionsschritte beschränkt ist durch die zum Rechnen benutzte Stellenzahl. Wir können nur solange rechnen, bis $2^{-m}(b-a)$ die Größenordnung $2^{-t}\rho_k$ erreicht hat. Die wesentliche Genauigkeitsschranke ist daher die Größe von $\rho_k$. Diese können wir nach oben abschätzen, indem wir die maximale Änderung von $z_k$ betrachten, die durch Änderung der $a_r$ um Beträge bis zu $(2r+2)a_r \times 2^{-t}$ verursacht werden kann [vgl. (15.3)].

Sehen wir uns nun die Bedeutung unserer bisherigen Überlegungen am Beispiel eines Polynoms, etwa vom Grad 127 an. Hier ist stets $2r+2 \leq 256 = 2^8$. Das Ergebnis können wir am besten so formulieren: *Benutzt man zur Berechnung $t+8$ Binärstellen, so ist der Gesamtfehler, der durch Rundungsfehler während des Rechnens verursacht wird, nicht größer als der Fehler, den eine anfängliche Rundung der Koeffizienten auf $t$ Binärstellen nach sich ziehen würde.* Hierbei haben wir mit $(2r+2)a_r \times 2^{-t}$ eine obere Schranke für den Fehler der Koeffizienten benutzt. Rechnen wir stattdessen mit einem mittleren Fehler von $(2r+2)^{1/2}a_r \times 2^{-t}$, so erwarten wir, daß ungefähr 4 *Schutzstellen* der Aufgabe angemessen sind. Später werden wir allerdings sehen, daß auch diese Angabe den Fehler beträchtlich überschätzt (vgl. Abschnitt 23).

Insgesamt ergibt sich, daß auch bei Polynomen verhältnismäßig hohen Grades die „Akkumulation" von Rundungsfehlern nur eine untergeordnete Rolle spielt. Hingegen hat die *Empfindlichkeit* einer Nullstelle für gewisse Rundungsfehler einen weitaus größeren Einfluß auf die Genauigkeit des Ergebnisses.

## Iterative Verfahren

**18.** Man könnte nun meinen, daß die Genauigkeit des Bisektionsverfahrens zusammenhängt mit der Tatsache, daß Entscheidungen nur aufgrund des Vorzeichens berechneter Funktionswerte getroffen werden. Dies ist jedoch falsch. Vielmehr ist die „Grenzgenauigkeit", die sich bei vorgegebener Rechengenauigkeit überhaupt erreichen läßt, für viele Verfahren die gleiche. Bei diesen Verfahren spielt stets die Berechnung von Werten eines Polynoms die wesentliche Rolle

bei der Gewinnung einer Folge von Näherungen für eine Nullstelle. Als kennzeichnendes Beispiel eines solchen Verfahrens betrachten wir hier das *Newtonsche Iterationsverfahren.*
Wir nehmen an, daß der Leser mit diesem Verfahren vertraut ist. Wir geben hier nur eine kurze Beschreibung, um unsere Bezeichnungen einzuführen. Ausgehend von einer Anfangsnäherung $z_k + h_0$ der Nullstelle $z_k$ bestimmt man eine Folge weiterer Näherungen $z_k + h_r$ mittels der Beziehung

$$\begin{aligned} z_k + h_{r+1} &= (z_k + h_r) - f(z_k + h_r)/f'(z_k + h_r) \\ &= z_k + [\tfrac{1}{2} h_r^2 f''(z_k) + \ldots]/[f'(z_k) + \ldots], \end{aligned} \quad (18.1)$$

wobei die weggelassenen Summanden im Zähler und Nenner alle höhere Potenzen von $h_r$ enthalten. Ist $z_k$ eine isolierte Nullstelle, so daß $f'(z_k) \neq 0$, so gilt für $h_r \to 0$

$$h_{r+1} \sim \frac{f''(z_k)}{2 f'(z_k)} h_r^2 \quad (h_r \to 0). \quad (18.2)$$

Man beachte, daß der Koeffizient von $h_r^2$ sehr groß sein kann, wenn $z_k$ schlecht konditioniert ist, und daß dann $h_r$ sehr klein werden muß, bevor die Beziehung (18.2) näherungsweise richtig ist. Bei exaktem Rechnen muß das Verfahren aber schließlich sehr schnell konvergieren.

**Der Einfluß von Rundungsfehlern beim Newtonschen Verfahren**

**19.** Untersuchen wir nun den Einfluß von Rundungsfehlern bei der Nullstellenbestimmung nach dem Newtonschen Verfahren. Wie beim Bisektionsverfahren nehmen wir an, daß die gesuchte Nullstelle $z_k$ nicht zu schlecht konditioniert ist. Weiter nehmen wir an, daß wir mit einer Näherung beginnen, für die bei exakter Rechnung das Verfahren gegen $z_k$ konvergiert. Wir beschäftigen uns also nicht mit Fragen der globalen Konvergenz des Verfahrens. Schließlich setzen wir noch voraus, daß für alle im folgenden vorkommenden Werte von $z$ der relative Fehler bei der Berechnung von $f'(z)$ wesentlich kleiner ist als der relative Fehler von $f(z)$. Für Werte von $z$ in der Umgebung einer Nullstelle von $f(z)$ erscheint diese Annahme zulässig.

Mit $z_k + \bar{h}_r$ bezeichnen wir die Folge der berechneten Näherungswerte, während $z_k + \bar{h}_{r+1}$ die Näherung bezeichne, die man durch Ausführung eines exakten Iterationsschrittes mit der Ausgangsnäherung $z_k + \bar{h}_r$ erhält. Mit $\bar{f}_r$ bzw. $\bar{f}_r'$ seien die berechneten und mit

Der Einfluß von Rundungsfehlern beim Newtonschen Verfahren 67

$\bar{f}_r$ bzw. $\bar{f}'_r$ die exakten Werte von $f(z_k+\bar{h}_r)$ bzw. $f'(z_k+\bar{h}_r)$ bezeichnet. Aus (18.2) entnehmen wir, daß für hinreichend kleines $\bar{h}_r$

$$|h_{r+1}| < A \bar{h}_r^2 \tag{19.1}$$

gilt. Nehmen wir etwa an, daß $\bar{h}_r$ in einem Bereich liegt, in dem

$$A|\bar{h}_r| < 0.1 \tag{19.2}$$

gilt, so konvergiert das exakte Newtonsche Verfahren offenbar sehr schnell.

Betrachten wir nun die Berechnung von $f(z_k+\bar{h}_r)$. Früher (Abschnitt 15) ergab sich, daß der berechnete Wert identisch ist mit dem exakten Wert eines Polynoms mit Koeffizienten $a_i(1+E_i)$. Sind $z_i(E)$ die Nullstellen dieses Polynoms, so gilt

$$\bar{f}_r \equiv a_n(1+E_n) \prod_{i=1}^{n} [z_k + \bar{h}_r - z_i(E)], \tag{19.3}$$

$$f_r \equiv a_n \prod_{i=1}^{n} [z_k + \bar{h}_r - z_i], \tag{19.4}$$

also

$$\bar{f}_r/f_r \equiv (1+E_n) \frac{\bar{h}_r + z_k - z_k(E)}{\bar{h}_r} \prod_{i \neq k} \frac{z_k + \bar{h}_r - z_i(E)}{z_k + \bar{h}_r - z_i}. \tag{19.5}$$

Wir interessieren uns nun für den Bereich, in dem das berechnete $\bar{h}_{r+1}$ eine gute Näherung des richtigen $h_{r+1}$ darstellt. Ist die Nullstelle $z_k$ hinreichend weit von allen anderen Nullstellen entfernt, so hat das die Gleichung (19.5) abschließende Produkt näherungsweise den Wert 1 für alle in Frage kommenden $\bar{h}_r$. Also liegt auch $\bar{f}_r/f_r$ nahe bei 1, sofern $\bar{h}_r$ so beschaffen ist, daß $|\bar{h}_r|$ wesentlich größer als $|z_k - z_k(E)|$ ist. Da wir bereits angenommen haben, daß $\bar{f}'_r$ eine sehr gute Näherung für $f'_r$ darstellt, können wir also schreiben

$$\frac{\bar{f}_r}{\bar{f}'_r} \equiv (1+B_r) \frac{f_r}{f'_r} \tag{19.6}$$

und wissen dann, daß $B_r$ klein ist, solange $|\bar{h}_r|$ noch nicht die Größenordnung von $|z_k - z_k(E)|$ erreicht hat, da ja $B_r$ im wesentlichen durch $\bar{f}_r/f_r$ bestimmt wird. Damit erhalten wir schließlich

$$z_k + \bar{h}_{r+1} \equiv z_k + \bar{h}_r - \frac{\bar{f}_r}{\bar{f}'_r} \equiv z_k + \bar{h}_r - (1+B_r) \frac{f_r}{f'_r}, \tag{19.7}$$

$$\bar{h}_{r+1} \equiv \bar{h}_r - \frac{f_r}{f'_r} - B_r \frac{f_r}{f'_r} \equiv h_{r+1} - B_r(\bar{h}_r - h_{r+1}). \tag{19.8}$$

Daraus ergibt sich die Abschätzung

$$|\bar{h}_{r+1}| \leq (1+|B_r|)|h_{r+1}| + |B_r||\bar{h}_r|$$
$$< (1+|B_r|)A\bar{h}_r^2 + |B_r||\bar{h}_r| \qquad (19.9)$$
$$< [0.1(1+|B_r|) + |B_r|]|\bar{h}_r|.$$

Folglich können die Rundungsfehler letztlich die quadratische Konvergenz des Verfahrens zerstören. Solange aber etwa $|B_r| < 0.1$ ist, gilt

$$|\bar{h}_{r+1}| < 0.21|\bar{h}_r|, \qquad (19.10)$$

so daß die Konvergenz immer noch einigermaßen zufriedenstellend ist. In der Tat nimmt der Fehler solange ab, bis $|B_r|$ den Wert 0.8 erreicht.

Die Überlegungen, welche zur Gleichung (19.6) führten, zeigen, daß *man in der Praxis keine Konvergenz erwarten darf, wenn der Fehler bei der Berechnung von $f_r$ vergleichbar ist mit dem tatsächlichen Wert, so daß der berechnete Wert keine signifikante Stelle mehr besitzt.* Nun ist der exakte Wert von $f(z_k + \bar{h}_r)$ näherungsweise gleich $f'(z_k)\bar{h}_r$, während sich aus (15.2) ergibt, daß der Fehler bei der Berechnung des Funktionswertes näherungsweise gleich $\sum_{i=0}^{n} a_i E_i z_k^i$ ist.

Die höchste erreichbare Genauigkeit ist daher durch die Beziehung

$$\sum_{i=0}^{n} a_i E_i z_k^i / f'(z_k) \bar{h}_r = O(1) \qquad (19.11)$$

gekennzeichnet.

Dies zeigt aber, daß beim Erreichen der Grenzgenauigkeit $z_k + \bar{h}_r$ in einem Intervall liegt, dessen Länge in etwa mit dem in Abschnitt 15 betrachteten $\rho_k$ übereinstimmt. Wie dort können wir aufgrund der statistischen Verteilung der Fehler erwarten, daß die Grenzgenauigkeit in der Praxis wesentlich höher ist als diejenige, welche sich aus (19.11) ergibt, wenn man den Zähler nach oben abschätzt.

### Einfache Beispiele

**20.** Hat man die Grenzgenauigkeit mit einem Wert $z_k + \bar{h}_r$ erreicht, so ergeben die folgenden Iterationsschritte Werte $z_k + \bar{h}_m$, die alle in etwa die gleiche Genauigkeit besitzen. Genauer gesagt, diese Näherungen lassen sich alle in der Form $z_k + C\bar{h}_r$ schreiben, wobei $|C|$ die Größenordnung 1 hat. Bei schlecht konditionierten Polynomen niedrigeren Grades kommt es sogar vor, daß der *berechnete* Wert des Polynoms in einem ganzen Intervall verschwindet. Zum

## Einfache Beispiele

Beispiel hat das Polynom

$$z^2 - 2.028\,8888\,z + 1.028\,7960 \qquad (20.1)$$

die Nullstellen 1.032 5673... und 0.9963 2146... Bei Gleitpunktrechnung mit 8 Dezimalstellen hat das Polynom jedoch den berechneten Wert 0 für alle $z$ im Intervall

$$1.032\,5660 \leq z \leq 1.032\,5687. \qquad (20.2)$$

Das Polynom $z^2 - 2z + 1$ hat den Wert 0 sogar in dem ganzen Intervall

$$0.9999\,2930 \leq z \leq 1.0000\,707. \qquad (20.3)$$

Das sind in etwa auch die Intervalle, die man erwartet, wenn man die möglichen Nullstellen von $\sum a_i(1+E_i)z^i$ untersucht.

*Man beachte, daß in diesen beiden Fällen der exakte Funktionswert und der Fehler bei der Berechnung des Wertes identisch sind, nur daß sie beide entgegengesetztes Vorzeichen haben.* Das verdeutlicht nochmals die Überlegungen, die wir im letzten Abschnitt anstellten.

Bei Polynomen höheren Grades kommt es seltener vor, daß der berechnete Polynomwert tatsächlich 0 wird. Das Verhalten aufeinanderfolgender Näherungen zeigt sich deutlich, wenn wir die Näherungen zur Nullstelle $z=12$ des Polynoms $(z-1)(z-2)...(z-12)$ betrachten, die wir mit binärer Gleitpunktarithmetik mit $t=46$, d. h. etwa 14 Dezimalstellen, erhalten. Haben wir einmal die bestmögliche Genauigkeit erreicht, so ergeben sich bei den nachfolgenden Iterationen folgende Fehler:

$$-4.46... \times 10^{-8}, \quad +5.95... \times 10^{-8}, \quad +3.35... \times 10^{-8},$$
$$-1.12... \times 10^{-8}, \quad +1.86... \times 10^{-8}, \quad ....$$

Beginnen wir die Iteration mit einer Näherung, welche genauer ist als die Grenzgenauigkeit, so müssen wir selbstverständlich damit rechnen, daß eine einzige Iteration diese hohe Genauigkeit zerstören wird, und daß die neue Näherung einen Fehler aufweist, der die Größenordnung der Grenzgenauigkeit besitzt. Diese Bemerkung trifft nicht zu, wenn das Polynom ganzzahlige Koeffizienten hat, und die gesuchte Nullstelle sich mit wenigen Stellen exakt darstellen läßt. Benutzt man in diesem Fall die exakte Nullstelle als Ausgangsnäherung, so wird gewöhnlich bei der Berechnung des Polynomwertes kein Rundungsfehler auftreten. Dies bedeutet, daß unsere Rechnung gleichwertig ist zu einer Rechnung mit unendlich vielen Stellen. Daher werden alle weiteren Iterationen den exakten Wert reproduzieren. Diesen speziellen Fall schließen wir von unseren nun folgenden Überlegungen aus.

## Das Abdividieren von Nullstellen

**21.** Bisher gingen wir von der Annahme aus, daß wir hinreichend gute Ausgangsnäherungen besitzen, so daß das Newtonsche Verfahren jeweils gegen die entsprechende Nullstelle konvergiert und nicht zu irgendeiner anderen Nullstelle abwandert.

Nun benutzt man auf elektronischen Rechenanlagen iterative Verfahren gewöhnlich auf ganz andere Weise: Man beginnt die Iteration mit irgendeinem beliebigen Wert und erwartet, daß sich nach wenigen Iterationsschritten, während welcher die Näherungen hin und her „springen", ein Wert einstellt, der hinreichend nahe bei einer Nullstelle liegt. Anschließend konvergiert dann das Verfahren gegen diese Nullstelle[*]. Hat man auf diese Weise einen hinreichend guten Näherungswert $\alpha$ für diese Nullstelle erhalten, so dividiert man nun das Polynom durch $(z-\alpha)$ und setzt die Iteration mit dem dividierten Polynom fort. Auf diese Weise erhält man schließlich alle Nullstellen und läuft nicht Gefahr, eine Nullstelle zweimal zu bestimmen.

Nun könnten sich jedoch die Nullstellen der dividierten Polynome immer weiter von den Nullstellen des ursprünglichen Polynoms entfernen, so daß die zuletzt bestimmten Nullstellen sehr ungenau sind. Diese Gefahr scheint auf den ersten Blick sogar recht beträchtlich zu sein. Sehen wir uns zum Beispiel das kubische Polynom mit den Nullstellen 1, 1 und 2 an. Arbeiten wir mit $t$ Stellen, so hört die Konvergenz gegen die Nullstelle $z=1$ auf, sobald die Differenz $z-1$ von der Größenordnung $2^{-t/2}$ ist. Sind wir mit dieser Approximation zufrieden, so weichen alle Koeffizienten des dividierten Polynoms in den letzten $t/2$ Stellen von den Koeffizienten des richtigen Polynoms $(z-1)(z-2)$ ab. Nun ist zwar 2 eine gut konditionierte Nullstelle; besteht aber nicht doch die Gefahr, daß die entsprechende Nullstelle des dividierten Polynoms sich bereits in der $t/2$-ten Stelle von 2 unterscheidet?

## Die Fehler beim Abdividieren von Nullstellen

**22.** Bevor wir die tatsächlichen Auswirkungen des Abdividierens untersuchen, scheint es angebracht, sich zu überlegen, was wir im günstigsten Fall erwarten können. Wie wir bereits feststellten, ist die Genauigkeit, die wir beim Rechnen mit vorgegebener Stellenzahl durch Iteration am ursprünglichen Polynom erreichen können, beschränkt aufgrund der Kondition der Nullstelle. Demgegenüber

---

[*] Den Fall, daß die Näherungen oszillieren, ohne gegen eine Nullstelle zu konvergieren, untersuchen wir hier nicht.

Die Fehler beim Abdividieren von Nullstellen 71

spielt die *Akkumulation* von Rundungsfehlern bei der Bestimmung der Grenzgenauigkeit nur eine untergeordnete Rolle. *Eine schlecht konditionierte Nullstelle kann man nur ungenau bestimmen, selbst wenn man das ursprüngliche Polynom zur Iteration verwendet.* Man kann nun kaum erwarten, daß das Abdividieren von Nullstellen diese Tatsache wesentlich verbessert. Dementsprechend werden wir sagen, das Abdividieren habe keinen Einfluß auf den Fehler, wenn die mit dem dividierten Polynom errechnete Nullstelle ebenso genau ist wie diejenige, welche wir durch Iteration unter Benutzung des ursprünglichen Polynoms erhalten hätten. *Wie genau oder ungenau die letztere wirklich ist, spielt dabei keine Rolle.* Sind aber die mit dem dividierten Polynom errechneten Nullstellen nur unwesentlich ungenauer, so werden wir sagen, das Abdividieren sei eine stabile Transformation. Nach diesen qualitativen Überlegungen untersuchen wir nun, welche Fehler das Abdividieren einer einzelnen Nullstelle verursacht.

Angenommen, wir hätten mit dem Newtonschen Verfahren die Grenzgenauigkeit erreicht und die Näherung $\alpha$ für die Nullstelle $z_1$ erhalten. Das gesuchte dividierte Polynom bekommen wir, indem wir $f(z)$ durch $(z-\alpha)$ dividieren. Führen wir diese Division mit Gleitpunktrechnung durch, und bezeichnen wir den Koeffizienten von $z^r$ im dividierten Polynom mit $s_{r+1}$, so gilt

$$\left.\begin{aligned} s_n &\equiv a_n, \\ s_r &\equiv gl(\alpha s_{r+1} + a_r) \quad (r=n-1, \ n-2, \ldots 0). \end{aligned}\right\} \quad (22.1)$$

Die Rechtfertigung für die Bezeichnungsweise der Koeffizienten $s_r$ ergibt sich, wenn wir die Gleichungen (22.1) mit (15.1) vergleichen: Die Koeffizienten $s_r$ sind gerade die Zwischenergebnisse bei der Berechnung von $f(\alpha)$.

Im Abschnitt 15 drückten wir die $s_r(\alpha)$ aus als die exakten Teilsummen eines Polynoms mit etwas geänderten Koeffizienten. Diese Änderungen waren allerdings für jedes $s_r$ anders zu wählen. Das störte uns damals nicht, da wir uns nur für $s_0$ interessierten. Für unsere jetzigen Zwecke ist es jedoch günstiger, die $s_r$ in der Form

$$s_r \equiv gl(\alpha s_{r+1} + a_r) \equiv \alpha s_{r+1} + a'_r \quad (r=n-1, \ n-2, \ldots, 0) \quad (22.2)$$

zu schreiben, wobei diese Gleichungen die $a'_r$ definieren.

Bevor wir den Fehler $a'_r - a_r$ abschätzen, versuchen wir eine Beziehung herzustellen zwischen den exakten Nullstellen des *berechneten dividierten Polynoms*

$$s(z) = s_n z^{n-1} + s_{n-1} z^{n-2} + \cdots + s_1 \quad (22.3)$$

72  II. Das Rechnen mit Polynomen

und den Nullstellen von $a_n z^n + a'_{n-1} z^{n-1} + \cdots + a'_0$. Es gilt

$$(z-\alpha)s(z) \equiv s_n z^n + (s_{n-1} - \alpha s_n) z^{n-1} + (s_{n-2} - \alpha s_{n-1}) z^{n-2}$$
$$+ \cdots + (s_1 - \alpha s_2) z - \alpha s_1 \qquad (22.4)$$
$$= a_n z^n + a'_{n-1} z^{n-1} + a'_{n-2} z^{n-2} + \cdots + a'_1 z - \alpha s_1.$$

Die exakten Nullstellen des berechneten Polynoms $s(z)$ stimmen also, abgesehen von $\alpha$, überein mit den exakten Nullstellen des Polynoms $\bar{f}(z)$ auf der rechten Seite von (22.4). Bei diesem Polynom wollen wir noch das konstante Glied in eine für unsere Zwecke geeignetere Form bringen. Aus (22.2) entnehmen wir für $r = 0$

$$s_0 \equiv \alpha s_1 + a'_0, \qquad (22.5)$$

d.h.

$$-\alpha s_1 \equiv a'_0 - s_0. \qquad (22.6)$$

Nun ist $s_0$ der berechnete Wert von $f(\alpha)$ und $s_0$ wäre 0, wenn wir exakt gerechnet hätten, und $\alpha$ die exakte Nullstelle wäre. Die Form $a'_0 - s_0$ ist daher eine aussagekräftigere Darstellung des konstanten Gliedes. Weiter wissen wir, daß bei Erreichen der Grenzgenauigkeit der Fehler des berechneten Wertes von $f(\alpha)$ die gleiche Größenordnung hat wie der exakte Wert. Das heißt aber, daß *der berechnete Wert $s_0$ die gleiche Größenordnung hat wie der Fehler*. Diesen können wir aber in der Form

$$a_n E_n \alpha^n + a_{n-1} E_{n-1} \alpha^{n-1} + \cdots + a_0 E_0 \qquad (22.7)$$

schreiben, wobei die $E_i$ den üblichen Abschätzungen genügen. Damit erhalten wir schließlich

$$\bar{f}(z) \equiv a_n z^n + a'_{n-1} z^{n-1} + \cdots + a'_1 z + a'_0 - s_0, \qquad (22.8)$$
$$|s_0| < K_1 |a_n E_n \alpha^n + a_{n-1} E_{n-1} \alpha^{n-1} + \cdots + a_0 E_0|, \qquad (22.9)$$

wobei $K_1$ in der Größenordnung 1 liegt. Unser Augenmerk gilt nun den Nullstellen $z'_2, z'_3, \ldots, z'_n$ von $\bar{f}(z)$, die den Nullstellen $z_2, z_3, \ldots, z_n$ von $f(z)$ entsprechen. Speziell möchten wir die Fehler $z'_i - z_i$, die wir dem Abdividieren zuordnen können, vergleichen mit den Fehlern, die entstehen würden, wenn wir die Iteration mit dem ursprünglichen Polynom fortführen würden. Bezeichnen wir die Nullstellen, die sich bei Iteration mit dem ursprünglichen Polynom ergeben, mit $z''_i$, so gilt bei geeigneter Wahl der $E'_i$

$$|z''_i - z_i| \leq K_2 |a_n E'_n z_i^n + a_{n-1} E'_{n-1} z_i^{n-1} + \cdots + a_0 E'_0| / |f'(z_i)|, \qquad (22.10)$$

wobei $K_2$ in der Größenordnung 1 liegt, und für die $E'_i$ die üblichen Abschätzungen gelten, welche auch für die $E_i$ richtig sind.

Die Fehler beim Abdividieren von Nullstellen

**23.** Den Fehler der $z_i'$ können wir nun in 2 Teile zerlegen:
(I) *Der Fehler, welcher vom Fehler* $-s_0$ *im konstanten Glied herrührt.* Dieser hat die Größenordnung

$$K|a_n E_n \alpha^n + a_{n-1} E_{n-1} \alpha^{n-1} + \cdots + a_0 E_0|/|f'(z_i)|. \qquad (23.1)$$

Ist $|\alpha| < |z_i|$, so ist, statistisch gesehen, zu erwarten, daß dieser Ausdruck einen kleineren Wert hat als den, welchen voraussichtlich die rechte Seite von (22.10) aufweist. Gilt sogar $|\alpha| \ll |z_i|$, so können wir sogar erwarten, daß (23.1) wesentlich kleiner ist.

Umgekehrt kann aber eine sehr ungünstige Situation entstehen, wenn $|\alpha| \gg |z_i|$. Gilt zum Beispiel $|\alpha| = 1$ und $|z_i| = 10^{-3}$, so kann das Glied $a_r E_r \alpha^r$ um den Faktor $10^{3r}$ größer sein als $a_r E_r' z_i^r$. Auch bei Polynomen verhältnismäßig niedrigen Grades kann dann der durch das Abdividieren eingeschleppte Fehler um Größenordnungen den Fehler übersteigen, der bei der iterativen Berechnung von $z_i$ mit dem ursprünglichen Polynom auftritt.

(II) *Der Fehler, der vom Auftreten der $a_r'$ anstelle der $a_r$ herrührt.* Die Differenz $a_r' - a_r$ bezeichnet den Fehler, der bei der Berechnung von $gl(\alpha s_{r+1} + a_r)$ aus $s_{r+1}$ auftritt. Bei beliebigem $\alpha$, $s_{r+1}$ und $a_r$ gilt

$$gl(\alpha s_{r+1} + a_r) \equiv [\alpha s_{r+1}(1+\varepsilon_1) + a_r](1+\varepsilon_2). \qquad (23.2)$$

Hieraus folgt

$$gl(\alpha s_{r+1} + a_r) - (\alpha s_{r+1} + a_r) \equiv \alpha s_{r+1}[(1+\varepsilon_1)(1+\varepsilon_2) - 1] + a_r \varepsilon_2,$$
$$|gl(\alpha s_{r+1} + a_r) - (\alpha s_{r+1} + a_r)| \leq (2|\alpha s_{r+1}| + |a_r|) 2^{-t}. \qquad (23.3)$$

Gilt aber zusätzlich

$$|\alpha s_{r+1}| < |a_r|, \qquad (23.4)$$

so ergibt sich aus (23.3)

$$|gl(\alpha s_{r+1} + a_r) - (\alpha s_{r+1} + a_r)| < 3|a_r| 2^{-t} \qquad (23.5)$$

oder

$$gl(\alpha s_{r+1} + a_r) \equiv \alpha s_{r+1} + a_r(1+E_r) \equiv \alpha s_{r+1} + a_r'$$

mit

$$|E_r| < 3 \times 2^{-t}.$$

Gilt also (23.4) für alle $r$, so verursacht die Benutzung der Koeffizienten $a_r'$ anstelle der $a_r$ keine größeren Fehler als solche, die sich durch Änderung der letzten beiden Stellen der $a_r$ ergeben würden. (Diese Überlegungen treffen natürlich auch zu für die Iteration mit dem ursprünglichen Polynom, wenn man Werte in der Nähe von $\alpha$ für $z$ verwendet. Auch dabei entstehen Fehler, die der Benutzung der

$a'_r$ anstelle der $a_r$ entsprechen. Dies rechtfertigt unsere Bemerkung in Abschnitt 17, daß die tatsächlichen Fehler meist wesentlich kleiner sind als die dort angegebenen Schranken $a_r E_r$.)

Nun ist aber nicht sicher, daß die Bedingung (23.4) stets erfüllt ist, da ja insbesondere einige Koeffizienten $a_r$ verschwinden könnten. Es ist aber anzunehmen, daß die Differenz $a'_r - a_r$ dann am kleinsten wird, wenn $\alpha$ eine Näherung für die Nullstelle kleinsten Betrags ist. In diesem Fall kann man am ehesten erwarten, daß $|\alpha s_{r+1}|$ nicht größer als $|a_r|$ ist. Alle diese Überlegungen erläutern wir nun anhand einiger Beispiele.

### Beispiele für das Abdividieren von Nullstellen

**24.** Als erstes betrachten wir das Polynom

$$x^4 - 6.7980\,x^3 + 2.9948\,x^2 - 0.04368\,6x + 0.00008\,9248$$

mit den Nullstellen

$$0.00245\,32\ldots,\quad 0.01257\,6\ldots,\quad 0.45732\ldots,\quad 6.3256\ldots \quad (24.1)$$

Bezüglich kleiner relativer Änderungen der Koeffizienten sind diese Nullstellen recht gut konditioniert, nicht aber bezüglich kleiner absoluter Änderungen.

Nehmen wir etwa an, wir hätten die Nullstelle 0.00245 32 gefunden und dividieren sie ab, wobei wir Gleitpunktrechnung mit 5 Dezimalstellen benutzen. Das Abdividieren läßt sich in der üblichen Schreibweise des Horner-Schemas wiedergeben:

```
1  -6.7980      +2.9948       -0.04368 6        +0.00008 9248
   -0.00245 32  +0.01667 07206 -0.00730 58749 2  +0.00008 9247 16
───────────────────────────────────────────────────────────────
1  -6.7955      +2.9781       -0.03638 0
```
(24.2)

In der zweiten Zeile haben wir die exakten Werte von $\alpha s_{r+1}$ aufgeschrieben, obwohl wir nur die auf 5 signifikante Stellen gerundeten Werte verwendeten. Hieraus entnehmen wir, daß die Rechnung exakt wäre, wenn wir von dem geänderten Polynom

$$x^4 - 6.79795\,32\,x^3 + 2.99477\,07206\,x^2 - 0.04368\,58749\,2x \\ + 0.00008\,92474\,16 \quad (24.3)$$

ausgegangen wären. Insbesondere würde dieses Polynom exakt den Rest 0 liefern, wenn wir es durch $(x - 0.0024532)$ dividierten. Im übrigen unterscheidet sich das Polynom (24.3) erst in der fünften signifikanten Stelle von unserem Ausgangspolynom.

Weiter sieht man, daß die Werte $\alpha s_{r+1}$ in der zweiten Zeile wesentlich kleiner sind als die entsprechenden $a_r$ in der ersten Zeile. Das hat zur Folge, daß die Rundungsfehler bei der Berechnung von $gl(\alpha s_{r+1}+a_r)$ kleiner sind als eine Einheit der letzten signifikanten Stelle von $a_r$. Der letzte Term in Zeile 2 liegt im übrigen sehr nahe beim konstanten Glied in Zeile 1. Die Nullstellen des dividierten Polynoms lauten auf 5 Stellen genau 0.012576, 0.45732 und 6.3256. Innerhalb dieser Genauigkeit verursachte das Abdividieren also keine Fehler.

Hätten wir jedoch die Nullstelle 6.3256 als erste gefunden, so würde das Abdividieren folgendermaßen aussehen:

| 1 | −6.7980 | +2.9948 | −0.04368 6 | +0.00008 9248 |
|---|---|---|---|---|
| ungerundet: | −6.3256 | +2.98821 344 | −0.04174 896 | +0.01225 26872 |
| gerundet: | −6.3256 | +2.9882 | −0.04174 9 | |

| 1 | −0.4724 | +0.00660 00 | −0.00193 7 | |
|---|---|---|---|---|

(24.4)

Hier wäre die Rechnung exakt gewesen und hätte exakt das dividierte Polynom (24.4) ergeben, wenn wir vom Polynom

$$x^4 - 6.7980 x^3 + 2.99481\ 344 x^2 - 0.04368\ 596 x \\ + 0.01225\ 26872 \quad (24.5)$$

ausgegangen wären.

Wie man sieht, sind die konstanten Koeffizienten des ursprünglichen und des gestörten Polynoms völlig verschieden. Die Ursache dieses Fehlers ist darin zu suchen, daß das berechnete $s_0$ nicht nur nicht verschwindet, sondern sogar einen Wert hat, der den Wert des konstanten Koeffizienten beträchtlich übersteigt, obwohl doch die gefundene Nullstelle auf 5 Stellen genau ist. Daher wird sich mindestens eine Nullstelle des Polynoms (24.5), also auch des dividierten Polynoms (24.4), erheblich von der entsprechenden Nullstelle des ursprünglichen Polynoms unterscheiden.

**25.** Ein komplizierteres Beispiel zur Erläuterung des gleichen Sachverhalts wurde auf dem DEUCE durchgerechnet: Durch Iteration mit anschließendem Abdividieren wurden die Nullstellen des Polynoms $(z-2^{-1})(z-2^{-2})\cdots(z-2^{-20})-2^{-31}z^{19}$ auf zwei verschiedene Weisen berechnet. In einem Fall wurden die Nullstellen in aufsteigender Größe gesucht. Hierbei ergaben sie sich alle genau. Die Fehler beim Abdividieren beeinflußten nicht einmal die letzte signifikante Stelle der Nullstellen. Im zweiten Fall wurde zuerst die größte Nullstelle berechnet. Nach dem Abdividieren wurde die jeweils letzte gefundene Nullstelle als Ausgangs-

76   II. Das Rechnen mit Polynomen

näherung für eine Nullstelle des dividierten Polynoms benutzt. Die Ergebnisse sind in Tabelle 3 wiedergegeben. Wie man sieht, entstanden beim Abdividieren so große Fehler, daß 16 der 20 Nullstellen keinerlei Beziehung mehr zu den tatsächlichen Nullstellen haben.

Tabelle 3

Nullstellen von $(z-2^{-1})(z-2^{-2})\ldots(z-2^{-20})-2^{-31}z^{19}$, berechnet mit 18-stelliger Arithmetik mittels Iteration und anschließendem Abdividieren der Nullstellen. Die größte Nullstelle wurde als erste berechnet.

| | |
|---|---|
| +0.50000 0002 | +0.05766 8540 ± 0.01565 2764 $i$ |
| +0.24999 9998 | −0.02420 5717 ± 0.03723 1856 $i$ |
| +0.12499 9919 | +0.00961 0341 ± 0.04736 8347 $i$ |
| +0.06614 1329 | −0.04193 0285 ± 0.00849 0280 $i$ |
| | −0.03579 2108 ± 0.02440 4253 $i$ |
| | −0.00847 7427 ± 0.04528 1360 $i$ |
| | +0.02799 3309 ± 0.04293 8042 $i$ |
| | +0.04456 2246 ± 0.03210 7627 $i$ |

Diese Ergebnisse lassen sich ziemlich genau aus unseren allgemeinen Überlegungen ableiten. Zur Vereinfachung betrachten wir das Polynom ohne das Störglied $2^{-31}z^{19}$, das für die nun folgenden Überlegungen ohne jede Bedeutung ist. Benutzen wir einen Anfangswert, so daß die Iteration zunächst gegen die Nullstelle $2^{-20}$ konvergiert, so erreichen wir eine sehr hohe Grenzgenauigkeit, da diese Nullstelle gut konditioniert ist. Die Rechnung wird also einen Wert $2^{-20}(1+\varepsilon)$ ergeben mit einem $\varepsilon$ der Größenordnung $2^{-t}$. In (25.1) ist der Anfang des Horner-Schemas zur Abdivision der Nullstelle wiedergegeben; da uns hier nur die Größenordnungen interessieren, sind nur die entsprechenden Potenzen von 2 angeschrieben. Wie man sieht, sind die Werte in der zweiten Zeile alle um Größenordnungen kleiner als die in der ersten Zeile. Das bedeutet aber, daß $|\alpha s_{r+1}| \ll |a_r|$, und daß dementsprechend der Fehler bei der Berechnung von $s_r$ kleiner als eine Einheit der letzten Stelle von $a_r$ ist.

$$\begin{array}{l} 2^0 \quad -2^0 \quad 2^{-1} \quad -2^{-4} \quad 2^{-8} \quad -2^{-13} \; 2^{-19} \; -2^{-26} \; 2^{-34} \; -2^{-43} \ldots \\ \quad\; -2^{-20} \; 2^{-20} \; -2^{-21} \; 2^{-24} \; -2^{-28} \; 2^{-33} \; -2^{-39} \; 2^{-46} \; -2^{-54} \ldots \\ \hline 2^0 \quad -2^0 \quad 2^{-1} \quad -2^{-4} \quad 2^{-8} \quad -2^{-13} \; 2^{-19} \; -2^{-26} \; 2^{-34} \; -2^{-43} \ldots \end{array}$$

(25.1)

Der Beziehung (22.6) entnehmen wir, daß die tatsächliche Störung von $a_0$ jeweils noch durch $s_0$ vergrößert wird. Dies ist aber der Wert des Polynoms an der gefundenen Nullstelle. Da aber $\alpha$ so klein ist, ergibt sich aus (22.7) und der Größenordnung der $a_r$, daß $s_0$ bedeutend kleiner als $a_0$ ist. Also verursacht das Abdividieren der Nullstelle $2^{-20}(1+\varepsilon)$ nur Fehler, die kleiner sind als eine Einheit der letzten Stelle der $a_r$, und die weiteren Nullstellen werden, wie wir wissen, durch Änderungen dieser Größenordnung nur wenig beeinflußt.

Die Situation sieht ganz anders aus, wenn wir als erste Nullstelle einen Näherungswert für die Nullstelle $2^{-1}$ gefunden haben. Nehmen wir etwa an, wir hätten die Näherung $2^{-1}+2^{-40}$, also eine recht gute Näherung, erhalten. Wie wir gleich zeigen werden, hat dann das dividierte Polynom $q(x)$ Nullstellen, die sich von denen des ursprünglichen Polynoms $f(x)$ erheblich unterscheiden, sogar dann, wenn wir annehmen, daß das Abdividieren keine weiteren Rundungsfehler verursacht.

Sei nämlich
$$f(x) \equiv (x - 2^{-1} - 2^{-40}) q(x) + r, \tag{25.2}$$

wobei $q(x)$ durch exakte Division durch den Faktor $(x - 2^{-1} - 2^{-40})$ entstehe. Dann gilt für den Divisionsrest

$$\begin{aligned} r &= f(2^{-1} + 2^{40}) \\ &> 2^{-40}(2^{-1} - 2^{-2})(2^{-1} - 2^{-3})\dots(2^{-1} - 2^{-20}) \\ &> 2^{-61}, \end{aligned} \tag{25.3}$$

wobei wir recht grob abgeschätzt haben. Die Nullstellen von $q(x)$ gehören nun zu den Nullstellen von $f(x) - r$. Während aber der konstante Koeffizient von $f(x)$ ungefähr gleich $+2^{-210}$ ist, ist der konstante Koeffizient von $f(x) - r$ kleiner als $2^{-210} - 2^{-61}$. Da aber dieser Koeffizient das Produkt aller Nullstellen ist, kann $f(x) - r$ nicht nur Nullstellen der Form $2^{-k}(1+\varepsilon_k)$ mit kleinem $\varepsilon_k$ haben.

Untersucht man nun noch das Abdividieren der Nullstelle, so sieht man, daß $\alpha s_{r+1}$ um mehrere Größenordnungen größer ist als $a_r$ für die meisten $r$. Folglich ist der Fehler bei der Berechnung von $gl(a_r + \alpha s_{r+1})$ von der Ordnung $2^{-t}\alpha s_{r+1}$, und damit wesentlich größer als $2^{-t}a_r$.

## Das Abdividieren von Nullstellen bei schlecht konditionierten Polynomen

**26.** Die beiden letzten Beispiele zeigen, wie wichtig es ist, die kleinsten Nullstellen als erste zu finden, zumindest, wenn die Nullstellen des Polynoms weit gestreut liegen. Das ist, wie etwa in unseren Beispielen, sogar dann wichtig, wenn die Nullstellen gut konditioniert sind. Jetzt betrachten wir das Polynom

$$f(x) = x^3 - 4x^2 + 5x - 2 = (x-1)^2(x-2) \qquad (26.1)$$

mit einer doppelten Nullstelle. Diese Nullstelle ist natürlich schlecht konditioniert, während die Nullstelle $x=2$ gut konditioniert ist. Beginnen wir mit einer Näherung, so daß die Iteration gegen die doppelte Nullstelle konvergiert, und verwenden wir Gleitpunktarithmetik mit 10 Dezimalstellen, so erreichen wir die Grenzgenauigkeit, wenn der Fehler in die Größenordnung $10^{-5}$ gelangt. Als endgültiger Wert für die Nullstelle könnte sich daher etwa 1.00000 6723 ergeben. Das berechnete dividierte Polynom hat dann die Gestalt

$$s(x) = x^2 - 2.99999\ 3277\ x + 1.99998\ 6554, \qquad (26.2)$$

und das exakte Produkt $(x - 1.00000\ 6732)s(x)$ lautet

$$x^3 - 4.00000\ 0000\ x^2 + 4.99999\ 99999\ 54801\ 271\ x \qquad (26.3)$$
$$- 1.99999\ 99999\ 09602\ 542.$$

Trotz der geringen Genauigkeit der gefundenen Nullstelle stimmen die Koeffizienten von $\bar{f}(x)$ und $f(x)$ weitgehend überein. $\bar{f}(x)$ und $s(x)$ haben, abgesehen von 1.00000 6723, die gleichen Nullstellen. Da die Nullstelle $x=2$ gut konditioniert war, muß $\bar{f}(x)$, also auch $s(x)$, eine Nullstelle in der Nähe von 2 haben, während die andere Nullstelle von $s(x)$ der doppelten Nullstelle entspricht. Im übrigen zeigt sich, daß die durch das Abdividieren verursachten Fehler, ausgedrückt als Störungen der $a_r$, sicherlich nicht größer sind als die Fehler, die sich bei Iteration mit dem ursprünglichen Polynom ergeben.

Insgesamt liefert die Iteration mit anschließendem Abdividieren die Nullstellen 1.00000 6723, 0.99999 3277 und 2.00000 0000. Trotz der zuerst gefundenen ungenauen Nullstelle ist die gut konditionierte Nullstelle auf 10 Stellen genau, während die beiden anderen Nullstellen beide den gleichen Fehler, aber mit verschiedenem Vorzeichen, aufweisen. Summe und Produkt dieser beiden Werte für die doppelte Nullstelle weisen daher in den ersten 10 Stellen, d.h. innerhalb der Rechengenauigkeit, keinen Fehler auf.

Das Abdividieren hatte also einerseits keinen Einfluß auf die Genauigkeit der gut konditionierten Nullstelle; andererseits erhielten wir den zweiten Wert für die Doppelwurzel mit der gleichen Genauigkeit, die man auch durch Iteration mit dem ursprünglichen Polynom erzielt hätte. Auch dieses Ergebnis läßt sich aus unserer Fehleruntersuchung herleiten. Wie wir in Abschnitt 23 gesehen haben, wird die Größe von $a'_r - a_r$ allein durch den Fehler bestimmt, der sich bei der Berechnung von $gl(\alpha s_{r+1} + a_r)$ aus dem vorhergehenden $s_{r+1}$ ergibt. Dieser Fehler hängt nicht von der Genauigkeit von $\alpha$ ab. Es verbleibt der Fehler $-s_0$ im konstanten Glied. Nun ist $s_0$ der berechnete Wert von $f(\alpha)$ und ist daher identisch mit der Summe aus dem wahren Wert und dem bei seiner Berechnung verursachten Fehler. Dieser entspricht Störungen der $a_r$, die man durch $a_r E_r \alpha^r$ abschätzen kann, während der wahre Wert $a_n \prod(\alpha - x_i)$ ist. Die Grenzgenauigkeit ist erreicht, wenn diese beiden Werte gleiche Größenordnung haben.

Nun muß man aber beachten, daß $\alpha$ eine Näherung für eine doppelte Nullstelle darstellt, und deshalb zwei Faktoren im Produkt $a_n \prod(\alpha - x_i)$ klein sind. Dieses hat daher einen wesentlich kleineren Wert, als man es nach der Genauigkeit von $\alpha$ erwarten würde. Entsprechendes gilt für alle mehrfachen Nullstellen.

Dieses Beispiel zeigt, daß die günstigste Reihenfolge, in der die Nullstellen berechnet werden sollten, unabhängig von der Kondition der Nullstellen ist. Bestimmen wir die Nullstellen kleineren Betrags zuerst, so ergeben sich alle Nullstellen mit einer Genauigkeit, die im wesentlichen von ihrer Kondition bestimmt ist und nicht von der Genauigkeit der vorher abdividierten Nullstellen. Im letzten Beispiel waren die Größenunterschiede der einzelnen Nullstellen unerheblich, und man hätte auch ohne größeren Genauigkeitsverlust die größte Nullstelle als erste berechnen können. Diese Tatsache darf man jedoch nicht überbewerten. So ist es etwa bei dem Polynom $(x-1)^3(x-2)^3(x-3)^3(x-4)$ sehr wichtig, daß man die Nullstelle $x=4$ nicht als erste berechnet, obwohl der Quotient von größter und kleinster Nullstelle keineswegs groß ist.

**27.** Das gleiche Resultat zeigen recht eindrucksvoll die Ergebnisse einer auf dem DEUCE ausgeführten Rechnung mit einem Polynom vom Grad 16, dessen Nullstellen recht unterschiedliche Kondition haben. Das Polynom lautet

$$12501\ 62561 x^{16} + 3854\ 55882 x^{15} + 8459\ 47696 x^{14}$$
$$+ 2407\ 75148 x^{13} + 2479\ 26664 x^{12} + 642\ 49356 x^{11}$$
$$+ 410\ 18752 x^{10} + 94\ 90840 x^9 + 41\ 78260 x^8 + 8\ 37860 x^7 \quad (27.1)$$
$$+ 2\ 67232 x^6 + 44184 x^5 + 10416 x^4 + 1288 x^3 + 224 x^2 + 16 x + 2.$$

Tabelle 4 zeigt die berechneten Nullstellen. Die Rechnung wurde binär durchgeführt mit einer Genauigkeit, die etwa 18 Dezimalstellen entspricht. Die Nullstellen wurden in der angegebenen Reihenfolge gefunden und dann jeweils abdividiert. Die erste fehlerhafte Stelle ist jeweils unterstrichen. Man sieht, daß die letzte Nullstelle auf 17 Stellen genau ist, obwohl sie bestimmt wurde, nachdem vorher Nullstellen abdividiert worden waren, die nur auf 9 Stellen genau sind.

### Tabelle 4

$-0.01869\ 49953\ 4457\underline{5}\ 74\ \pm\ 0.25304\ 56818\ 7708\underline{7}\ 20\,i$

$-0.00232\ 09446\ 0\underline{9}917\ 65\ \pm\ 0.29258\ 37451\ 03\underline{4}85\ 46\,i$

$-0.00049\ 14536\ \underline{3}5956\ 63\ \pm\ 0.30418\ 23930\ 2\underline{3}125\ 81\,i$

$-0.00014\ 2640\underline{6}\ 86229\ 90\ \pm\ 0.30861\ 21214\ \underline{9}0245\ 78\,i$

$-0.00004\ 713\underline{2}7\ 17211\ 44\ \pm\ 0.31066\ 1848\underline{0}\ 81534\ 84\,i$

$-0.00001\ 483\underline{5}8\ 66297\ 06\ \pm\ 0.31169\ 6304\underline{2}\ 80926\ 06\,i$

$-0.00000\ 305\underline{4}3\ 16902\ 26\ \pm\ 0.31219\ 6968\underline{6}\ 05743\ 56\,i$

$-0.13244\ 72469\ 90246\ 1\underline{9}\ \pm\ 0.13600\ 55079\ 51377\ 6\underline{4}\,i$

Bei diesem Beispiel ergab sich die Nullstelle kleinsten Betrags als letzte. Da aber die Beträge aller Nullstellen in der gleichen Größenordnung lagen, hatte das keinen Einfluß.

### Allgemeine Bemerkungen zur Iteration und zum Abdividieren

**28.** Bezüglich der Iteration mit dem ursprünglichen Polynom war unser Hauptergebnis, daß die Grenzgenauigkeit, die man beim Arbeiten mit vorgegebener Stellenzahl tatsächlich erreichen kann, nicht wesentlich verschieden ist von der Genauigkeit, die man vernünftigerweise erwarten darf. In einem späteren Abschnitt untersuchen wir noch ein anderes übliches Verfahren. Die allgemeine Erfahrung läßt aber erwarten, daß es höchst unwahrscheinlich ist, daß irgendein anderes Verfahren bei gleicher Rechengenauigkeit eine größere Genauigkeit des Ergebnisses liefert.

Die Situation ist nicht ganz so günstig, wenn wir das Abdividieren von Nullstellen in unsere Betrachtungen einbeziehen. Sind die Beträge der Nullstellen weit gestreut, so kann sich die Berechnung einer Nullstelle großen Betrags, bevor alle kleineren gefunden sind, recht verhängnisvoll auf die Genauigkeit der letzteren auswirken. Es wäre daher sehr erwünscht, eine Methode zu kennen, welche für das jeweilige Polynom eine Anfangsnäherung so auswählt, daß die Iteration gegen die Nullstelle kleinsten Betrags konvergiert.

Zur Vervollständigung unserer Überlegungen müßten wir jetzt noch die Wirkung des laufenden Abdividierens von Nullstellen studieren. Dazu könnten wir etwa die entsprechende Anzahl von Schritten der Rückwärtsuntersuchung betrachten, was aber ein recht mühsames und umfangreiches Unterfangen wäre. Ist das ursprüngliche Polynom sehr schlecht konditioniert, so ergibt sich durch das laufende Abdividieren im allgemeinen eine dauernde Verbesserung der Kondition. Das ist zum Beispiel richtig für das Polynom mit den Nullstellen $1, 2, \ldots, 20$. Bestimmt man die Nullstellen in der Reihenfolge steigender Beträge, so kann sich die Wirkung der Rundungsfehler bei mehrmaligem Abdividieren schlimmstenfalls additiv überlagern, es sei denn, die Kondition einer Nullstelle verschlechtert sich wesentlich.

**29.** Es *kann* jedoch durchaus vorkommen, daß die Kondition etwas schlechter wird. Dies tritt zum Beispiel beim Polynom $z^{20} - 1$ auf, wenn man die Nullstellen $e^{ir\pi/10}$ in der Reihenfolge $r = r_0, r_0 + 1, \ldots$ findet. Wie wir in Abschnitt 11 sahen, ist die Kondition aller Nullstellen zu Anfang ausgezeichnet. Nehmen wir nun an, wir hätten die Nullstellen für $r = 1, 2, \ldots, 9$ bereits bestimmt. Dann liegen die restlichen 11 Nullstellen in der unteren Hälfte der komplexen Ebene und gruppieren sich um die zentrale Nullstelle $z = -i$. Eine Änderung des $r$-ten Koeffizienten des dividierten Polynoms um $\delta a_r$ verursacht bei dieser Nullstelle einen Fehler $\delta$, der näherungsweise gegeben ist durch

$$|\delta| = |\delta a_r| \, |(-i)^r| \bigg/ \left(2\sin\frac{\pi}{20}\right)^2 \left(2\sin\frac{2\pi}{20}\right)^2 \ldots \left(2\sin\frac{5\pi}{20}\right)^2, \quad (29.1)$$

während der entsprechende Fehler bezogen auf Änderungen $\delta a_r$ im ursprünglichen Polynom etwa die Größe

$$|\delta| = |\delta a_r| \, |(-i)^r| \bigg/ \left(2\sin\frac{\pi}{20}\right)^2 \left(2\sin\frac{2\pi}{20}\right)^2 \ldots \left(2\sin\frac{9\pi}{20}\right)^2 \left(2\sin\frac{10\pi}{20}\right) \quad (29.2)$$

aufweist. Die Faktoren im Nenner sind hierbei die Abstände dieser zentralen Nullstelle von den anderen Nullstellen. Da alle Faktoren des Nenners von (29.2), welche in (29.1) fehlen, Werte zwischen $2\sin(\pi/4)$ und $2\sin(\pi/2)$ haben, ist der Faktor bei $|\delta a_r|$ in (29.1) erheblich größer als in (29.2). Außerdem sind die Koeffizienten des ursprünglichen Polynoms entweder 0 oder 1, die Koeffizienten des dividierten Polynoms sind aber wesentlich größer. Also entspricht einer Änderung $\delta a_r$ im Zusammenhang mit der Iteration mit dem ursprünglichen Polynom auch eine erheblich größere Änderung, wenn man mit dem dividierten Polynom iteriert.

Das ursprüngliche Polynom besitzt aber eine so gute Kondition, daß diese Verschlechterung nicht ins Gewicht fällt. Bestimmt man außerdem die Nullstellen nicht in der von uns angegebenen, sondern einer zufallsbedingten Reihenfolge, so tritt diese Verschlechterung der Kondition gewöhnlich nicht auf. Die Erfahrung lehrt, daß man nicht mit einer erheblichen Verschlechterung der Kondition rechnen muß, solange sich der Grad des Polynoms in vernünftigen Grenzen hält.

### Verbesserung mit dem ursprünglichen Polynom

**30.** Hat man alle Nullstellen mittels Abdividieren gefunden, so kann man die berechneten Werte als Ausgangsnäherungen für eine Iteration mit dem ursprünglichen Polynom nehmen. Auf diese Weise erhält man die *Grenzgenauigkeit*, die sich mit der vorgegebenen Stellenzahl überhaupt erreichen läßt. Hatte man die Nullstellen in der Reihenfolge aufsteigender Größe ermittelt, und war das Polynom von der Art, daß das Abdividieren die Kondition nicht verschlechterte, so wird diese Verbesserung nichts wesentliches einbringen. So konnten in dem in Tabelle 4 wiedergegebenen Beispiel die schlecht konditionierten Nullstellen lediglich um eine Binärstelle verbessert werden. Die Ungenauigkeit der Nullstellen ging fast vollständig zu Lasten der Kondition, während das Abdividieren nur unbedeutende Beiträge lieferte.

Trotzdem ist die Verbesserung mit dem ursprünglichen Polynom in allen Fällen zu empfehlen. Es scheint kein hinreichend einfaches Verfahren zu geben, welches garantiert, daß das Newtonsche Verfahren die Nullstellen der Größe nach geordnet liefert, und die Verbesserung gewährt einen gewissen Schutz gegen Fehler, die dadurch zustande kommen, daß man die Nullstellen in der falschen Reihenfolge berechnet. Außerdem erreicht man eine Erhöhung der Genauigkeit in allen den Fällen, in denen das Abdividieren die Kondition verschlechterte und damit die erreichbare Genauigkeit herabsetzte.

Gelegentlich hört man den Einwand, daß die Genauigkeit einer Ausgangsnäherung so schlecht sein könnte, daß die Iteration mit dem ursprünglichen Polynom nicht gegen die vorgesehene Nullstelle konvergiert, sondern gegen eine andere, die dann zweimal auftritt. Dieser Fall tritt praktisch nur ein, wenn die Ausgangsnäherung sehr schlecht war, und dann ist es besser, wenn diese Tatsache ans Licht kommt.

Man könnte nun meinen, es sei günstiger, wenn man jede Nullstelle mit dem ursprünglichen Polynom verbessert, bevor man sie abdividiert. Obwohl eine solche Verbesserung sicherstellt, daß die berechnete Nullstelle nicht zu stark von der richtigen Nullstelle des ursprünglichen Polynoms abweicht, *sollte man trotzdem zum Abdividieren nicht den verbesserten Wert verwenden.* Dies zeigt sich auch am ersten Beispiel in Abschnitt 26. Dort hatten wir eine sehr schlechte Näherung für die schlecht konditionierte Nullstelle bestimmt. Das durch Abdividieren des entsprechenden Faktors entstandene Polynom war aber doch so beschaffen, daß die noch fehlende gut konditionierte Nullstelle von den gemachten Fehlern nicht beeinflußt wurde.

## Andere iterative Verfahren

**31.** Bisher haben wir unsere Überlegungen auf eines der einfachsten Iterationsverfahren, nämlich das Newtonsche, beschränkt. Es gibt aber eine Reihe anderer iterativer Verfahren, auf die im wesentlichen die gleichen Überlegungen zutreffen. Von diesen erwähnen wir zwei kubisch konvergente Verfahren. Das erste [19] stützt sich auf die Formel

$$z_{r+1} = z_r - \frac{f(z_r)}{f'(z_r)} - \frac{\{f(z_r)\}^2\{f''(z_r)\}}{2\{f'(z_r)\}^3}, \tag{31.1}$$

während das zweite, welches auf LAGUERRE zurückgeht [19], die Formeln

$$z_{r+1} = z_r - \frac{nf(z_r)}{f'(z_r) \pm \{H(z_r)\}^{1/2}}, \tag{31.2}$$

$$H(z_r) = (n-1)^2\{f'(z_r)\}^2 - n(n-1)f(z_r)f''(z_r) \tag{31.3}$$

benutzt.

Die mit diesen Verfahren erreichbare Genauigkeit wird im wesentlichen durch die Genauigkeit bestimmt, mit der wir $f(z_r)$ in der Umgebung einer Nullstelle berechnen können. Die Grenzgenauigkeit ist folglich im wesentlichen die gleiche, die wir auch mit dem Newtonschen Verfahren erreichen können. Welches Verfahren wir in der Praxis tatsächlich benutzen, hängt davon ab, wie das Verfahren global konvergiert, und wieweit es frei ist von Ausnahmefällen, in denen überhaupt keine Konvergenz eintritt. Diese Fragen sind zwar wesentlich, jedoch nicht Gegenstand dieses Buches.

Das Laguerresche Verfahren bietet besondere Vorteile, zumindest für Polynome mit reellen Nullstellen. Gehen wir nämlich von einem Wert $z_0 = a$ aus, so liefert die Anwendung von (31.2) zwei Folgen, welche gegen die nächst größere bzw. die nächst kleinere

Nullstelle konvergieren. Damit besitzen wir eine gewisse Kontrolle über die Reihenfolge, in der die Nullstellen berechnet werden, was ja für das Abdividieren sehr wichtig ist.

**32.** Auf das Verfahren von BAIRSTOW lassen sich ähnliche Überlegungen anwenden. Dieses Verfahren beschäftigt sich mit der Berechnung reeller quadratischer Faktoren von Polynomen mit reellen Koeffizienten. Ausgehend von einem Näherungsfaktor $x^2 - px - q$ erhält man eine bessere Näherung wie folgt:
Man dividiert $f(x)$ zweimal durch $x^2 - px - q$. Das Ergebnis laute

$$\left.\begin{aligned} f(x) &= (x^2 - px - q)g(x) + g_1 x + (g_0 - pg_1) \\ g(x) &= (x^2 - px - q)h(x) + h_1 x + (h_0 - ph_1) \end{aligned}\right\} \quad (32.1)$$

Dann ist $x^2 - (p + \delta p)x - (q + \delta q)$ mit

$$\left.\begin{aligned} D\delta p &= h_1 g_0 - h_0 g_1, & D\delta q &= M g_1 - h_0 g_0 \\ M &= q h_1 + p h_0, & D &= h_0^2 - M h_1 \end{aligned}\right\} \quad (32.2)$$

eine bessere Näherung für den quadratischen Faktor. BAIRSTOWS Verfahren konvergiert quadratisch und ist in der Praxis meist dem Newtonschen Verfahren vorzuziehen. Die erreichbare Genauigkeit hängt davon ab, wie genau wir $g_0$ und $g_1$ berechnen können, wenn $x^2 - px - q$ in die Nähe eines quadratischen Faktors kommt.

Schreiben wir

$$g(x) = g_n x^{n-2} + g_{n-1} x^{n-3} + \cdots + g_2, \quad (32.3)$$

so gilt

$$\left.\begin{aligned} g_n &= a_n \\ g_{n-1} &= p g_n + a_{n-1} \\ g_r &= p g_{r+1} + q g_{r+2} + a_r \quad (r = n-2, n-3, \ldots, 0). \end{aligned}\right\} \quad (32.4)$$

Diese Drei-Term-Rekursion, welche die $g_r$ liefert, ist zu vergleichen mit der Zwei-Term-Rekursion (15.1) welche die $s_r$ liefert. In der praktischen Durchrechnung ergibt sich $g_r$ aus den berechneten Werten von $g_{r+1}$ und $g_{r+2}$ mittels der Beziehung

$$\left.\begin{aligned} g_r &\equiv gl(p g_{r+1} + q g_{r+2} + a_r) \\ &\equiv p g_{r+1} + q g_{r+2} + a_r'. \end{aligned}\right\} \quad (32.5)$$

Diese ist gleichzeitig als Definitionsgleichung für die $a_r'$ anzusehen. Die Berechnung von $g_1$ und $g_0$ wäre folglich exakt, wenn wir von dem geänderten Polynom mit den Koeffizienten $a_r'$ ausgehen würden.

Wir geben die weiteren Überlegungen hier nicht im einzelnen wieder. Wie im Abschnitt 23 ergibt sich aber, daß es wichtig ist, zunächst die quadratischen Faktoren zu finden, welche die kleinsten Werte von $p$ und $q$ haben, wenn wir abdividieren wollen.

Alle bisher betrachteten Verfahren erfordern die Berechnung der Ableitung oder einer ähnlichen Größe. Nun gibt es aber eine Klasse von Verfahren, bei denen die Berechnung der Ableitung vermieden wird. Ein typischer Vertreter dieser Klasse ist die Methode der sukzessiven linearen Interpolation (regula falsi), bei der sich die nächste Näherung nach der Formel

$$x_{r+1} = \frac{x_r f(x_{r-1}) - x_{r-1} f(x_r)}{f(x_{r-1}) - f(x_r)} \tag{32.6}$$

ergibt. Auch hier ist die erreichbare Genauigkeit gegeben durch die Genauigkeit, mit der wir $f(x_r)$ in der Nähe einer Nullstelle bestimmen können. Die Grenzgenauigkeit hat daher die gleiche Größenordnung wie bei den Verfahren, welche die Ableitung benutzen. Jedoch ist es bei diesen Verfahren schwieriger, den Zeitpunkt zu erkennen, an dem die Grenzgenauigkeit erreicht ist. Ist das nämlich für irgendeine Näherung $x_r$ der Fall, so können sich die nächsten Näherungen wieder vom wahren Wert entfernen. Dieses Verhalten steht im Gegensatz zum Verhalten der früher besprochenen Verfahren, bei denen alle Näherungen $x_i$, welche nach Erreichen der Grenzgenauigkeit berechnet werden, ebenfalls Grenzgenauigkeit haben.

## Das Graeffe-Verfahren

**33.** Natürlich wird man annehmen, daß die anderen bekannten Verfahren zur Nullstellenbestimmung Werte liefern, deren Genauigkeit vergleichbar ist mit der Genauigkeit, die wir bisher als Grenzgenauigkeit für Iterationsverfahren bezeichneten, vorausgesetzt man benutzt Gleitpunktarithmetik. Diese Ansicht trifft jedoch nicht zu. In der Tat haben wir bereits gesehen, daß sogar iterative Verfahren unbefriedigend sind, wenn wir Nullstellen abdividieren. Das trifft auch dann zu, wenn alle Stellen der Nullstellen richtig sind, und alle weiteren Nullstellen gut konditioniert sind.

Nun stand das Abdividieren schon immer im Ruf einer ungenauen Operation (nach unserer Meinung unverdientermaßen). Es wirkt daher vielleicht überzeugender, wenn wir jetzt zeigen, daß eines der Verfahren, die man statt eines Iterationsverfahrens wählen könnte, Ergebnisse liefert, die bei weitem nicht die Grenzgenauigkeit erreichen. Das genannte Verfahren, dessen numerische Stabilität wir jetzt betrachten wollen, ist das häufig benutzte Graeffe-Verfahren [1], [19].

Sind $z_1, z_2, \ldots, z_n$ die Nullstellen des Polynoms

$$f(z) = a_0 + a_1 z + \cdots + a_n z^n, \qquad (33.1)$$

so hat das Polynom

$$g(z) = b_0 + b_1 z + \cdots + b_n z^n \qquad (33.2)$$

mit

$$b_r = a_r^2 - 2 a_{r-1} a_{r+1} + 2 a_{r-2} a_{r+2} - \cdots \quad (r = 0, 1, 2, \ldots n) \quad (33.3)$$

die Nullstellen $-z_1^2, -z_2^2, \ldots, -z_n^2$. $m$-malige Anwendung dieser Transformation liefert ein Polynom mit den Nullstellen $-z_1^M, -z_2^M, \ldots, -z_n^M$ mit $M = 2^m$. Für hinreichend großes $m$ lassen sich die Beträge der $z_i$ in einfacher Weise aus den Koeffizienten dieses Polynoms bestimmen.

Wir beschäftigen uns nicht mit den Einzelheiten der Nullstellenbestimmung, sondern versuchen die Frage zu beantworten, in welcher Weise die Berechnung der $b_r$ mit Gleitpunktarithmetik die Nullstellen beeinflußt.

Wie üblich versuchen wir es zuerst mit der Rückwärtsuntersuchung. Das Polynom $g(z)$ bezeichnen wir als *das quadrierte Polynom zu $f(z)$*. Dann existiert ein modifiziertes Polynom $\bar{f}(z)$ mit Koeffizienten $\bar{a}_r$, so daß das berechnete Polynom $g(z)$ das exakte zugehörige quadrierte Polynom ist. Sind nämlich $-y_1, -y_2, \ldots, -y_n$ die exakten Nullstellen des berechneten $g(z)$, so ist $\bar{f}(z)$ das Polynom mit den Nullstellen $(-y_1)^{1/2}, (-y_2)^{1/2}, \ldots, (-y_n)^{1/2}$. Nehmen wir die Wurzel mit dem richtigen Vorzeichen, so gehen die $\bar{a}_r$ in die $a_r$ über, wenn die benutzte Stellenzahl gegen unendlich geht.

**34.** Die $\bar{a}_r$ können wir in der Form

$$\bar{a}_r \equiv a_r (1 + F_r) \qquad (34.1)$$

schreiben. Dann stellt sich die Aufgabe, die $F_r$ abzuschätzen, und diese Abschätzungen mit den Abschätzungen (15.3) für die $E_r$ zu vergleichen. Da die $b_r$ die berechneten Koeffizienten sind, gilt

$$b_r \equiv gl(a_r^2 - 2 a_{r-1} a_{r+1} + 2 a_{r-2} a_{r+2} - \cdots) \qquad (34.2)$$
$$\equiv a_r^2 (1 + E_{r1}) - 2 a_{r-1} a_{r+1} (1 + E_{r2}) + 2 a_{r-2} a_{r+2} (1 + E_{r3}) - \ldots,$$

wobei die $E_{ri}$ die bei Skalarprodukten auftretenden Fehler wiedergeben. Nach Annahme stellen andererseits die $b_r$ die exakten Koeffizienten des quadrierten Polynoms zum Polynom mit den Koeffizienten $a_r (1 + F_r)$ dar. Folglich gilt

$$b_r \equiv a_r^2(1+F_r)^2 - 2a_{r-1}a_{r+1}(1+F_{r-1})(1+F_{r+1})$$
$$+ 2a_{r-2}a_{r+2}(1+F_{r-2})(1+F_{r+2})\ldots \quad (34.3)$$

Die Gleichungen (34.2) und (34.3) stellen ein System von $n+1$ nichtlinearen Gleichungen dar, welches die $F_r$ in den $E_{ri}$ ausdrückt. Die Situation ist also anders geartet als im Fall der Berechnung von $f(x)$ bei Iterationsverfahren, wo sich die Störungen wesentlich einfacher bestimmen ließen, und die Unbekannten nicht gekoppelt auftraten.

Wenn das Verfahren praktisch verwendbar sein soll, müssen die $F_r$ sehr klein sein. Wir behandeln daher das Gleichungssystem unter der Voraussetzung, daß wir die Produkte der $F_r$ vernachlässigen dürfen. Das System wird dann linear, und die einzelnen Gleichungen lauten

$$2a_r^2 F_r - 2a_{r-1}a_{r+1}(F_{r-1}+F_{r+1}) + 2a_{r-2}a_{r+2}(F_{r-2}+F_{r+2}) - \ldots$$
$$= a_r^2 E_{r1} - 2a_{r-1}a_{r+1} E_{r2} + 2a_{r-2}a_{r+2} E_{r3} - \ldots . \quad (34.4)$$

Etwa für $n=4$ hat die Matrix der Koeffizienten der $F_r$ folgendes Aussehen:

$$\begin{bmatrix} 2a_0^2 & & & & \\ -2a_0 a_2 & 2a_1^2 & -2a_2 a_0 & & \\ -2a_0 a_4 & -2a_1 a_3 & 2a_2^2 & -2a_3 a_1 & -2a_4 a_0 \\ & & -2a_2 a_4 & 2a_3^2 & -2a_4 a_2 \\ & & & & 2a_4^2 \end{bmatrix} (34.5)$$

Offenbar spielt die Kondition dieser Koeffizientenmatrix eine wesentliche Rolle. Ist die Matrix schlecht konditioniert, so können die Lösungen $F_r$ recht groß werden. Nun sieht man aber sofort, daß die Matrix singulär werden kann, da die $r$-te Spalte ein Vielfaches von $a_r$ ist und daher verschwindet, wenn $a_r$ verschwindet. Das muß nicht gefährlich sein, da uns für den Fall $a_r = 0$ die Größe von $F_r$ nicht interessiert, und $F_r$ die einzige große Zahl in der Lösung sein könnte. Trotzdem ist diese Situation unbefriedigend. Sie gibt Anlaß zu der Vermutung, daß es Polynome geben könnte, bei denen die Fehler in einem Schritt des Graeffe-Verfahrens großen Änderungen des ursprünglichen Polynoms entsprechen.

## Vorwärtsuntersuchung des Graeffe-Verfahrens

**35.** Wir wenden uns nun der Vorwärtsuntersuchung zu, welche in diesem Fall etwas durchsichtiger ist. Hierzu bezeichnen wir jetzt die Koeffizienten des berechneten quadrierten Polynoms mit $\bar{b}_r$ und die Koeffizienten des exakten quadrierten Polynoms mit $b_r$. Dann müssen wir einerseits die $b_r$ mit den $\bar{b}_r$ vergleichen und andererseits die Unterschiede in der Kondition der Nullstellen des ursprünglichen und des quadrierten Polynoms betrachten. Besitzt das quadrierte Polynom eine wesentlich bessere Kondition, so dürfen die $b_r$ erheblich grössere relative Fehler aufweisen als die $a_r$.

Als erstes untersuchen wir ein sehr schlecht konditioniertes Polynom mit den Nullstellen

$$-(a+\theta_1), \ -(a+\theta_2), \ldots, \ -(a+\theta_n)$$

mit

$$2^{-t} \ll |\theta_i| \ll a \quad (i=1,2,\ldots,n). \tag{35.1}$$

Genauer gesagt nehmen wir an, daß $t$ so groß ist, daß die Nullstellen des berechneten quadrierten Polynoms immer noch recht nahe bei $-(a+\theta_i)^2$ liegen. Näherungsweise lautet das ursprüngliche Polynom $(z+a)^n$, so daß

$$a_r \approx \binom{n}{r} a^{n-r}. \tag{35.2}$$

Das quadrierte Polynom lautet dann näherungsweise $(z+a^2)^n$, woraus sich

$$b_r \approx \binom{n}{r} a^{2n-2r} = a_r a^{n-r} \tag{35.3}$$

ergibt. Einer Änderung von $a_s$ um $a_s \varepsilon$ entspricht daher eine Änderung $\delta_r$ der Nullstelle $-(a+\theta_r)$ von der Größe

$$|\delta_r| \approx \left| \frac{(a+\theta_r)^s a_s \varepsilon}{\prod_{i \neq r}(\theta_r - \theta_i)} \right| \approx \left| \frac{a^s a_s \varepsilon}{\prod_{i \neq r}(\theta_r - \theta_i)} \right|, \tag{35.4}$$

während eine Änderung von $b_s$ um $b_s \varepsilon$ die Nullstelle $-(a+\theta_r)^2$ um $\eta_r$ verändert, wobei

$$|\eta_r| \approx \left| \frac{(a+\theta_r)^{2s} b_s \varepsilon}{\prod_{i \neq r}[(a+\theta_r)^2 - (a+\theta_i)^2]} \right| \approx \left| \frac{a^{2s+1-n} b_s \varepsilon}{2^{n-1} \prod_{i \neq r}(\theta_r - \theta_i)} \right|. \tag{35.5}$$

Dem entspricht die Nullstelle

$$-[(a+\theta_r)^2 - \eta_r]^{1/2} \approx -\left[a+\theta_r - \frac{\eta_r}{2a}\right] \tag{35.6}$$

des ursprünglichen Polynoms. Bezeichnen wir die durch (35.6) gegebene Änderung der Nullstelle des ursprünglichen Polynoms mit $\delta'_r$, so gilt

$$\left|\frac{\delta'_r}{\delta_r}\right| = \left|\frac{\eta_r}{2a\delta_r}\right| = \left|\frac{b_s}{2^n a^{n-s} a_s}\right|$$
$$= \frac{1}{2^n}. \tag{35.7}$$

Der relative Fehler der $b_s$ darf also um den Faktor $2^n$ größer sein als der Fehler der $a_s$, bevor eine Verschlechterung des Ergebnisses eintritt. (Man beachte, daß dieser Schluß nur gilt, wenn die Fehler so klein sind, daß die Linearisierung der Theorie zulässig ist.)
Die Überlegungen sind auch dann noch richtig, wenn alle $\theta_i$ verschwinden. In diesem Fall folgt aus (7.12)

$$|\delta_r| \approx |(a_s a^s \varepsilon)^{1/n}|, \tag{35.8}$$

$$|\eta_r| \approx |(b_s a^{2s} \varepsilon)^{1/n}|, \tag{35.9}$$

$$|\delta'_r| \approx \left|\frac{(b_s a^{2s} \varepsilon)^{1/n}}{2a}\right| = \left|\left(a_s a^s \frac{\varepsilon}{2^n}\right)^{1/n}\right|. \tag{35.10}$$

Wir können also auch hier bei den $b_s$ Fehler zulassen, die um den Faktor $2^n$ größer sind als die relativen Fehler der $a_s$.

## Der relative Fehler der berechneten Koeffizienten

**36.** Nun ist in der Tat der relative Fehler der berechneten Koeffizienten $\bar{b}_s$ groß, wenn wir von einem schlecht konditionierten Polynom des eben besprochenen Typs ausgehen. Für das Polynom mit den Nullstellen $a + \theta_i$ gilt

$$\bar{b}_s = g l (a_s^2 - 2 a_{s-1} a_{s+1} + 2 a_{s-2} a_{s+2} - \ldots), \tag{36.1}$$

und wir wissen, daß $a_s \approx \binom{n}{s} a^{n-s}$ und $b_s \approx \binom{n}{s} a^{2n-2s}$. Die Fehler bei der Berechnung des inneren Produkts schätzen wir wie in (34.2) ab durch

$$|a_s^2 E_{s1}| + |2 a_{s-1} a_{s+1} E_{s2}| + \cdots \tag{36.2}$$

mit den üblichen Abschätzungen für die $E_{si}$. Die Glieder dieser Summe sind von der Größenordnung

$$\binom{n}{s}\binom{n}{s}a^{2n-2s}|E_{s1}|+2\binom{n}{s-1}\binom{n}{s+1}a^{2n-2s}|E_{s2}|+\cdots. \qquad (36.3)$$

Bei der Berechnung von $\bar{b}_s$ tritt starke Auslöschung auf, da das erste Glied der Summe (36.1) von der Größenordnung $\binom{n}{s}^2 a^{2n-2s}$ ist, während die Endsumme nur noch die Größe $\binom{n}{s}a^{2n-2s}$ hat. Der relative Fehler von $\bar{b}_s$ wird daher ungefähr $\binom{n}{s}|E_{s1}|$ betragen. Diese Größe nimmt ihr Maximum für $s=(n/2)$ an. Wir erhalten aus den Formeln (26.6) und (26.9) von Kapitel I

$$\left.\begin{array}{l}\dfrac{\bar{b}_{n/2}}{b_{n/2}} \equiv 1+e, \\[2mm] |e|=O\left[\binom{n}{n/2}n\times 2^{-t}\right],\end{array}\right\} \qquad (36.4)$$

wenn wir berücksichtigen, daß das innere Produkt $n/2$ Summanden umfaßt. Für große $n$ gilt dann

$$|e|=O\left[2n\left(\frac{2n}{\pi}\right)^{1/2}\times 2^{-t}\right]. \qquad (36.5)$$

Früher hatte sich nun ergeben, daß ein Schritt des Iterationsverfahrens mit dem ursprünglichen Polynom einen Fehler verursacht, der äquivalent ist mit einem relativen Fehler $\bar{a}_r/a_r$ der $a_r$, und es galt

$$\left.\begin{array}{l}\dfrac{\bar{a}_r}{a_r} \equiv 1+e, \\[2mm] |e|=O(n\times 2^{-t}).\end{array}\right\} \qquad (36.6)$$

Zwar zeigt die Formel (35.7), daß sich die Kondition der Nullstellen durch das Quadrieren um Faktoren der Größe $2^n$ verbessert hat; aus (36.5) ergibt sich aber, daß der relative Fehler der berechneten Koeffizienten um den Faktor $2^n$ größer ist als der entsprechende Fehler bei Iterationsverfahren, so daß insgesamt nichts gewonnen ist.

Benutzt man das Graeffe-Verfahren bei schlecht konditionierten Polynomen, so muß man also mit größerer Stellenzahl arbeiten, um der Auslöschung zu begegnen, die bei der Berechnung der $\bar{b}_r$ auftritt. *Das sollte man jedoch nicht als eine Schwäche des Graeffe-Verfahrens ansehen; denn die Anzahl der zusätzlich erforderlichen Stellen ist durchaus vergleichbar mit der Anzahl, die man benötigt, wenn man mit dem ursprünglichen Polynom iterativ eine Nullstelle ermittelt.* Vielmehr sollte man die Auslöschung als eine Folge der schlechten Kondition des Polynoms ansehen, und diese wird sich bei jedem Verfahren in irgendeiner Weise bemerkbar machen. Nach einigen Schritten des Graeffe-Verfahrens werden die Nullstellen gut konditioniert, und damit hört dann auch die Auslöschung von Stellen auf.

Im folgenden wollen wir nun zeigen, daß das Graeffe-Verfahren bei schlecht konditionierten Polynomen sogar zu besseren Ergebnissen führt als die Iteration mit dem ursprünglichen Polynom, sofern wir innere Produkte in Gleitpunktrechnung akkumulieren können. (Man sehe das nicht als einen Widerspruch zu unseren früheren Ausführungen über die prinzipiellen Beschränkungen bei $t$-stelliger Arithmetik an, da wir bei der Akkumulation innerer Produkte in Wirklichkeit $2t$-stellige Arithmetik durchführen, und daraus können sich selbstverständlich Vorteile ergeben.) Bei der Akkumulation erhalten wir nach Gleichung (31.3) aus Kapitel I:

$$\bar{b}_s \equiv g\, l_2(a_s^2 - 2a_{s-1}a_{s+1} + 2a_{s-2}a_{s+2}\ldots)$$
$$\equiv [a_s^2(1+E_1) - 2a_{s-1}a_{s+1}(1+E_2) + \cdots](1+G_1), \quad (36.7)$$

$$\left.\begin{array}{l} |E_r| = O(2^{-2t}) \\ |G_1| \leq 2^{-t}. \end{array}\right\} \quad (36.8)$$

Aufgrund von (32.9) und (32.10) aus Kapitel I gilt folglich

$$\bar{b}_s = b_s(1+G_1) + e, \quad (36.9)$$
$$|e| < (|a_s^2| + |2a_{s-1}a_{s+1}| + \cdots)(\tfrac{3}{2}n\, 2^{-2t_2}(1+2^{-t})). \quad (36.10)$$

Die stärkste Auslöschung wird voraussichtlich auftreten, wenn das Polynom $n$ fast identische Nullstellen hat. Aber sogar in diesem Fall ist $e$ sehr klein verglichen mit $b_s G_1$, sofern $t$ wesentlich größer als $n$ ist. Die Fehler der $\bar{b}_s$ sind folglich kleiner als eine Einheit der $t$-ten Stelle. Da sich andererseits ergab, daß beim Quadrieren die Konditionszahl um den Faktor $2^n$ steigt, ist die mit dem quadrierten Polynom erreichbare Genauigkeit wesentlich höher als die mit dem ursprünglichen Polynom erreichbare.

Benutzt man also das Graeffe-Verfahren, so hat man wenig Ärger mit schlecht konditionierten Polynomen. Sogar dann, wenn viele Nullstellen nahe beieinander liegen, kann man noch die Genauigkeit steigern, indem man die inneren Produkte akkumuliert. Bei der Iteration mit dem ursprünglichen Polynom kann man keinen vergleichbaren Gewinn aus Akkumulation innerer Produkte ziehen, da hier die erreichbare Genauigkeit im wesentlichen durch die Fehler bei der Berechnung von $s_r = g\,l(\alpha s_{r+1} + a_r)$ bestimmt wird. Hier muß aber jedes $s_r$ gerundet werden, bevor man das nächste berechnet, da sonst eine Multiplikation von Zahlen doppelter Länge erforderlich wäre. Bei der Addition ist aber die Benutzung des doppelt langen Produktes $\alpha s_{r+1}$ nur dann von Vorteil, wenn Auslöschung auftritt, und das ist selten der Fall.

### Numerisches Beispiel

**37.** Wir wenden unsere Überlegungen nun auf ein typisches Beispiel eines schlecht konditionierten Polynoms an. Wir betrachten das Polynom mit den Nullstellen $-1, -2, \ldots, -20$. Die Größenordnung der Koeffizienten $a_s$ und $b_s$ ist, in Form der nächstgelegenen Potenzen von 2, in Tabelle 5 wiedergegeben.

Tabelle 5.

| s | 20 | 19 | 18 | 17 | 16 | 15 | 14 | 13 | 12 | 11 | 10 | 9 | 8 | 7 | 6 | 5 | 4 | 3 | 2 | 1 | 0 |
|---|---|---|---|---|---|---|---|---|---|---|---|---|---|---|---|---|---|---|---|---|---|
| $\log_2 a_s$ | 1 | 8 | 15 | 21 | 26 | 31 | 36 | 40 | 44 | 47 | 51 | 54 | 56 | 59 | 61 | 62 | 63 | 64 | 64 | 63 | 62 |
| $\log_2 b_s$ | 1 | 12 | 22 | 32 | 41 | 50 | 58 | 66 | 73 | 80 | 86 | 93 | 98 | 104 | 109 | 113 | 117 | 120 | 122 | 123 | 123 |

Untersuchen wir nun die Berechnung der $b_i$: Für $b_{15}$ ergibt sich beispielsweise

$$b_{15} = a_{15}^2 - 2a_{16}a_{14} + 2a_{17}a_{13} - 2a_{18}a_{12} + 2a_{19}a_{11} - 2a_{20}a_{10}, \quad (37.1)$$

und wir wissen, daß $b_{15} \approx 2^{50}$.

Die Werte der beiden ersten Summanden in (37.1) sind näherungsweise $2^{62}$ und $2^{63}$, danach werden die Summanden kleiner. Folglich tritt Auslöschung von etwa 13 Binärstellen auf. Der relative Fehler von $b_{15}$ dürfte daher etwa $2^{13-t}$ betragen. Wie man leicht nachrechnet, ist für alle $s$ entweder $a_s^2$ oder $2a_{s-1}a_{s+1}$ der größte Summand im Ausdruck für $b_s$. Die stärkste Auslöschung tritt bei der Berechnung von $b_{10}$ auf, wo der relative Fehler die Größenordnung $2^{16-t}$ erreicht. Die Auslöschung ist also etwa ebenso stark wie im Fall der 20 eng beieinanderliegenden Nullstellen, der zu den Beziehungen (36.4) und (36.5) führte.

Trotz dieser Auslöschung fällt ein Vergleich der durch das Quadrieren eingeschleppten Fehler der Nullstellen mit den Fehlern, die die Iteration mit dem ursprünglichen Polynom verursacht, durchaus nicht zuungunsten des Graeffe-Verfahrens aus. Wie wir früher sahen (vgl. (9.4)), ist die Nullstelle $z = -16$ die empfindlichste

Nullstelle. Für die beiden Verfahren sind dann etwa $2^{-t}a_s$ und $2^{-t}(a_s^2+2a_{s+1}a_{s-1}+\cdots)$ vergleichbare Fehler der Koeffizienten $a_s$ bzw. $b_s$. Die hierdurch verursachten Fehler der Nullstelle $z=-16$ bezeichnen wir mit $p$ bzw. $q$ und betrachten speziell den Fall $s=13$, da hier das Graeffe-Verfahren am ungünstigsten abschneidet. Tabelle 5 liefert nun $a_{13} \approx 2^{40}$ und $(a_{13}^2 + 2a_{14}a_{12}+\cdots) \approx 2^{81}$, und es folgt

$$p \approx 2^{-t}2^{40} \frac{16^{13}}{4!15!}, \tag{37.2}$$

$$q \approx 2^{-t}2^{81} \frac{16^{26} \, 16 \cdot 32}{4!36!}. \tag{37.3}$$

Nach (35.6) entspricht $q$ einem Fehler $q'$ der Nullstelle des ursprünglichen Polynoms der Größe

$$q' \approx 2^{-t}2^{81} \frac{16^{26} \, 16 \cdot 32}{4!36! \, 2 \cdot 16} = 2^{-t}2^{81} \frac{16^{27}}{4!36!}. \tag{37.4}$$

Hieraus ergibt sich

$$\frac{q'}{p} \approx 2^{41} \frac{16^{14} \, 15!}{36!} \approx 0.56. \tag{37.5}$$

Die Wirkung des großen relativen Fehlers beim Quadrieren wird also durch die Verbesserung der Kondition vollständig ausgeglichen. Ob das Graeffe-Verfahren oder ein Iterationsverfahren vorteilhafter ist, hängt daher davon ab, ob die speziellen Werte des Rundungsfehlers bei dem einen oder dem anderen Verfahren günstiger liegen.

Nun gehen durch Auslöschung höchstens 16 Binärstellen verloren. Können wir also innere Produkte durch akkumulierende Multiplikation berechnen, so ist der Auslöschungsfehler vernachlässigbar, wenn nur $t$ wesentlich größer als 16 ist. Das ist bei den meisten Rechenanlagen der Fall, so daß dann der Fehler von $b_s$ kleiner als eine Einheit der $t$-ten Binärstelle ist. Folglich geht die Verbesserung der Kondition vollständig zu unseren Gunsten, und die Iteration mit dem quadrierten Polynom liefert etwa 16 Binärstellen mehr als die Iteration mit dem ursprünglichen Polynom!

## Verschlechterung der Kondition

**38.** Nun kann es auch vorkommen, daß ein gut konditioniertes Polynom zu einem schlecht konditionierten quadrierten Polynom führt. Dieser Fall tritt zum Beispiel bei dem Polynom $f(z)=z^2-1$

auf. Dieses Polynom hat die beiden gut konditionierten Nullstellen $z = \pm 1$. Das quadrierte Polynom $z^2 + 2z + 1$ hat hingegen eine doppelte Nullstelle. Die Kondition hat sich also erheblich verschlechtert.

Ein einfaches Beispiel möge den Genauigkeitsverlust verdeutlichen, den ein Schritt des Graeffe-Verfahrens bei einem solchen Polynom verursacht. Wir betrachten das Polynom

$$0.93254\ 613 x^2 - 0.12346\ 723 \times 10^{-8} x - 0.87654\ 321. \tag{38.1}$$

Das entsprechende quadrierte Polynom, berechnet mit 8 Dezimalstellen, lautet

$$0.86964\ 228 x^2 + 1.63483\ 40 x + 0.76832\ 800. \tag{38.2}$$

Auslöschung tritt hier nicht auf. Die Nullstellen des quadrierten Polynoms sind $-0.94017\ 094$ und $-0.93972\ 156$ und entsprechen den Nullstellen $0.96962\ 413$ und $-0.96939\ 237^*$ im ursprünglichen Polynom. Dieses hat aber in Wirklichkeit die Nullstellen $\pm 0.96950\ 824$.

**39.** Als nächstes Beispiel betrachten wir ein Polynom, das nicht so speziell konstruiert ist, sondern eines, das in [19] benutzt wurde, um das Graeffe-Verfahren zu erläutern. Das Polynom lautet

$$\begin{aligned}&2.03253121\, x^{16} + 3.4356048\, x^{15} + 25.1783048\, x^{14} + 37.651096\, x^{13} \\ &+ 128.218748\, x^{12} + 166.44768\, x^{11} + 345.07256\, x^{10} + 378.908\, x^9 \\ &+ 524.327\, x^8 + 468.88\, x^7 + 443.576\, x^6 + 304.08\, x^5 + 190.68\, x^4 \\ &+ 89.6\, x^3 + 32.8\, x^2 + 8 x + 1.\end{aligned} \tag{39.1}$$

Die Nullstellen dieses Polynoms lauten auf 8 Dezimalstellen genau:

$$\begin{aligned}&-0.29350\ 453 \pm 0.14349\ 930\, i \\ &-0.22447\ 006 \pm 0.45092\ 796\, i \\ &-0.14762\ 378 \pm 0.77175\ 720\, i \\ &-0.09003\ 999 \pm 1.06119\ 206\, i \\ &-0.05086\ 444 \pm 1.29691\ 128\, i \\ &-0.02566\ 871 \pm 1.47437\ 714\, i \\ &-0.01049\ 355 \pm 1.59629\ 550\, i \\ &-0.00248\ 920 \pm 1.66712\ 036\, i\end{aligned} \tag{39.2}$$

---

* Die Vorzeichen dieser beiden Werte sind nicht näher bestimmbar.

## Verschlechterung der Kondition

Man kann das Polynom nicht als besonders schlecht konditioniert bezeichnen, insbesondere nicht aus der Sicht eines Rechners wie dem ACE, dessen Wortlänge etwa 14 Dezimalstellen entspricht. Die Nullstellen wurden mit mehreren verschiedenen Iterationsverfahren und anschließendem Abdividieren auf dem ACE und dem DEUCE bestimmt. In allen Fällen hatte auch die ungenaueste Nullstelle noch $t-7$ richtige Binärstellen, wenn $t$ Binärstellen zur Rechnung benutzt wurden. Es gingen also nur etwas mehr als 2 Dezimalstellen verloren. Eine Untersuchung der Kondition des Polynoms zeigt, daß man eine größere Genauigkeit gar nicht erwarten kann.

Führt man nun 3 Schritte des Graeffe-Verfahrens mit einer Tischrechenmaschine durch, in einer Weise, welche Gleitpunktarithmetik ohne Akkumulation mit 10 Dezimalstellen entspricht, so ergibt sich das Polynom*

$$2.91271\ 3603 \times 10^2 x^{16} + 7.74010\ 338 \times 10^4 x^{15}$$
$$+ 8.57690\ 8 \times 10^6 x^{14} + 5.14935\ 1 \times 10^8 x^{13} + 1.82373\ 6 \times 10^{10} x^{12}$$
$$+ 3.89619\ 5 \times 10^{11} x^{11} + 4.94648 \times 10^{12} x^{10} + 3.55854 \times 10^{13} x^9$$
$$+ 1.33744\ 2 \times 10^{14} x^8 + 2.22644\ 7 \times 10^{14} x^7 + 1.68660\ 7 \times 10^{14} x^6$$
$$+ 6.21763\ 0 \times 10^{12} x^5 + 3.40519\ 8222 \times 10^{12} x^4$$
$$- 2.50103\ 6135 \times 10^{10} x^3 + 6.49492\ 8487 \times 10^7 x^2$$
$$- 1.39578\ 86 \times 10^4 x + 1.0. \tag{39.3}$$

Sehen wir uns nun das achte Nullstellenpaar von (39.2) an. Die beiden Nullstellen liegen ziemlich weit auseinander. Im einmal quadrierten Polynom entsprechen ihnen aber die Nullstellen $2.77928\ 4 \pm 0.00830\ 0i$ und diese liegen sehr nahe beieinander. Tatsächlich haben sich fast alle komplexen Paare einander genähert. Das einmal quadrierte Polynom ist folglich wesentlich schlechter konditioniert als das ursprüngliche, dazu kommt noch eine beträchtliche Auslöschung bei der Berechnung der Koeffizienten. Die Auslöschung nimmt zwar beim weiteren Quadrieren ab; beim oben wiedergegebenen dritten Schritt ist sie aber immer noch nicht vernachlässigbar.

Es überrascht daher nicht, daß sich aufgrund der Rundungsfehler einige der Nullstellen des dritten quadrierten Polynoms recht erheblich von den Werten unterscheiden, die dem ursprünglichen Polynom entsprechen würden. Die Nullstellen des Polynoms (39.3) lauten

---

* Der Verfasser dankt Herrn Dr. R. R. Smith für die Mitteilung eines Fehlers im Koeffizienten von $x^{16}$ in der englischen Ausgabe des Buches. Dieser Fehler führte zu Fehlern in den Nullstellen (39.4).

$$\begin{aligned}
&0.11413\ 304 \times 10^{-3} \pm 0.61810\ 124 \times 10^{-4} i \\
&0.35254\ 760 \times 10^{-2} \pm 0.21783\ 512 \times 10^{-2} i \\
&-0.85387\ 199 \times 10^{-2} \pm 0.14505\ 105 \times 10^{0} i \\
&-0.12898\ 826 \times 10^{1}\ \ \pm 0.10370\ 309 \times 10^{1} i \\
&-0.76596\ 689 \times 10^{1}\ \ \pm 0.24842\ 912 \times 10^{1} i \\
&-0.22127\ 302 \times 10^{2}\ \ \pm 0.31287\ 177 \times 10^{1} i \\
&-0.42088\ 612 \times 10^{2}\ \ \pm 0.24468\ 513 \times 10^{1} i \\
&-0.59697\ 202 \times 10^{2}\ \ \pm 0.99294\ 747 \times 10^{0} i.
\end{aligned}$$

(39.4)

Die diesen Nullstellen „entsprechenden" Nullstellen des ursprünglichen Polynoms erhält man, indem man geeignete Werte der achten Wurzel aus den Werten (39.4) nimmt. So entspricht dem letzten Nullstellenpaar in (39.4) die Wurzel $-0.00346\ 616 \pm 1.66725\ 035 i$; der zugehörige richtige Wert lautet jedoch $-0.00248\ 920 \pm 1.66712\ 036 i$. Verwendet man bei gleicher Rechengenauigkeit das Bairstowsche Verfahren mit Abdividieren, so erhält man für diese Nullstelle fast 8 richtige Stellen (ohne Verbesserung mit dem ursprünglichen Polynom).

Ein noch bösartigeres Beispiel der gleichen Art ist das Polynom (27.1). Dieses Polynom ist insgesamt gesehen recht schlecht konditioniert, die unangenehmsten Nullstellen haben Konditionszahlen der Größenordnung $10^9$. Es zeigt sich aber, daß das einmal quadrierte Polynom noch weit schlechter konditioniert ist. Die schlechte Kondition des ursprünglichen Polynoms rührt davon her, daß bei $\pm 0.3 i$ jeweils mehrere Nullstellen beieinander liegen. Beim Quadrieren rücken aber diese beiden Nullstellenmengen zusammen und bilden eine doppelt so große Nullstellenmenge in der Gegend von $-0.1$. OLVER [19] stellte fest, daß man mit dem Graeffe-Verfahren nicht in der Lage sei, die Nullstellen zu bestimmen, nicht einmal dann, wenn man mit 20 Dezimalstellen arbeitet. Benutzt man hingegen das Bairstowsche Verfahren mit Abdividieren und rechnet mit 18 Dezimalstellen, so hat die *ungenaueste* Nullstelle immerhin noch 9 richtige Dezimalen.

**Allgemeine Bemerkungen zur Nullstellenberechnung bei Polynomen**

**40.** Die wesentlichste Schwäche des Graeffe-Verfahrens liegt nach unserer Meinung in der Gefahr, daß sich die Kondition des Polynoms erheblich verschlechtert. Wir haben speziell den Fall be-

## Allgemeine Bemerkungen zur Nullstellenberechnung bei Polynomen

trachtet, daß einige Nullstellen fast rein imaginär sind. Dieser Fall kommt recht häufig vor, wenn man Probleme bearbeitet, welche mit gedämpften mechanischen oder elektrischen Schwingungen zusammenhängen. Solche Schwingungen lassen sich durch Differentialgleichungssysteme der Form $dx/dt = Ax$ beschreiben, deren Fundamentallösungen proportional zu $e^{z_i t}$ sind. Dabei sind die $z_i$ die Nullstellen des Polynoms $\det(A-zE)$. Gewöhnlich sind die Elemente von $A$ Funktionen eines Parameters. Man interessiert sich für solche Werte des Parameters, für die eines der $z_i$ rein imaginär wird, da diese Werte die Gebiete stabilen und instabilen Verhaltens voneinander trennen.

Allgemeiner liefert jedoch jedes Paar komplexer Nullstellen, deren Winkelargumente sich um ungefähr $\pm \pi/2^m$ unterscheiden, nach einer entsprechenden Anzahl von Quadrier-Schritten zwei fast identische Nullstellen, sofern sich die Beträge der ursprünglichen Nullstellen nicht allzusehr unterscheiden. Zum Beispiel liefert das Polynom mit den Nullstellen $\pm 1, \pm 2, \ldots, \pm 10$ nach einem Schritt des Graeffe-Verfahrens ein Polynom mit 10 doppelten Nullstellen.

Es ist klar, daß man unter Umständen mehrere Schritte des Graeffe-Verfahrens ohne Rundungsfehler ausführen kann, wenn sich die Polynomkoeffizienten mit wenigen Stellen exakt darstellen lassen. Das kann sich in der Praxis als sehr wichtig erweisen. Bei Iterationsverfahren hingegen ergeben sich unweigerlich Argumente, die unter allen Umständen Rundungsfehler nach sich ziehen.

Bisher hat man noch kein allgemein befriedigendes Verfahren zur Nullstellenbestimmung gefunden. Es wäre zwar voreilig, das Graeffe-Verfahren vollständig von der Betrachtung auszuschließen, jedoch haben sich nach unserer Erfahrung iterative Verfahren mit anschließendem Abdividieren der Nullstellen als erfolgreicher erwiesen. Im allgemeinen ist es allerdings recht schwierig sicherzustellen, daß diese Verfahren stets konvergieren, wenn man nur eine sehr schlechte Ausgangsnäherung zur Verfügung hat. Wenn wir außerdem Nullstellen abdividieren wollen, so brauchen wir eine Methode, die garantiert, daß die Nullstellen nach steigenden Beträgen geordnet aufgefunden werden. Es gibt allerdings auch Verfahren, um Nullstellen zu eliminieren, welche diese Vorbedingung nicht benötigen. Das Verfahren von D. H. LEHMER [16] scheint in vieler Hinsicht das erfolgversprechendste aller neueren Verfahren zu sein; für manche Zwecke ist es aber etwas zu langsam.

Will man für eine elektronische Rechenanlage einen Algorithmus aufstellen, der Nullstellen mit einer vorgegebenen Genauigkeit berechnet, so wird man die Benutzung arithmetischer Operationen mit sehr hoher Genauigkeit gelegentlich nicht vermeiden können.

Ein wesentliches Merkmal eines solchen Algorithmus wird sein, daß er zunächst die Kondition der Nullstellen abzuschätzen sucht und dann die Rechengenauigkeit entsprechend festlegt. Die meisten automatisch arbeitenden Prozeduren genügen allerdings nicht diesen Ansprüchen, sondern beschränken sich generell auf die Benutzung doppelter, höchstens dreifacher Genauigkeit.

### Anmerkungen

Bisher gingen Überlegungen über die Empfindlichkeit von Nullstellen gegen Änderungen der Polynomkoeffizienten meist in die Richtung, daß man mehrfache Nullstellen betrachtete, während die allgemeinere Frage nach der guten oder schlechten Kondition der Nullstellen zu kurz kam. Diese Fragestellung hat zwar OLVER in seiner Arbeit „On the evaluation of high-degree polynomials" [19] aufgegriffen und einigermaßen zufriedenstellend behandelt, aber auch seine Bemerkungen überdecken die Fragestellung nicht in ihrem vollen Umfang. Obwohl es so einfach ist, die Empfindlichkeit der Nullstellen etwa des Polynoms $\prod_{r=1}^{20}(x-r)$ zu bestimmen, sind wahrscheinlich doch die meisten numerischen Mathematiker entsetzt, wenn sie das Ergebnis zum ersten Mal sehen.

Viele der üblichen numerischen Verfahren zur Bestimmung von Eigenwerten einer Matrix berechnen explizit das charakteristische Polynom. Obwohl aber viele Beschreibungen solcher Verfahren Überlegungen über die Genauigkeit der berechneten Polynomkoeffizienten einschließen, übergehen sie gewöhnlich den Zusammenhang zwischen dieser Frage und der Genauigkeit der zu berechnenden Eigenwerte.

Eines der Hauptziele dieses Kapitels war es daher, die Aufmerksamkeit des Lesers auf die unvermeidbaren Genauigkeitsgrenzen aller numerischen Verfahren zur Nullstellenbestimmung von Polynomen zu lenken, und zu zeigen, daß einige der einfacheren iterativen Verfahren bereits Ergebnisse liefern, deren Genauigkeit sich bei vorgegebener Rechengenauigkeit kaum noch steigern läßt. *Voraussetzung hierfür ist allerdings, daß vernünftige Ausgangsnäherungen vorliegen.*

Die Fehler beim Abdividieren von Nullstellen betrachteten wir so ausführlich, einerseits, weil man hierbei sehr schön die Leistungsfähigkeit der Rückwärtsuntersuchung sehen kann, andererseits, weil dieses Verfahren vielfach falsch beurteilt wird. Das soll aber nun nicht heißen, daß wir das Abdividieren immer und unter allen Umständen befürworten. Ausgehend von allgemeinen Stabilitätsuntersuchungen, wäre noch viel zu sagen über einige andere Verfahren, die es gestatten, ausschließlich mit dem ursprünglichen Polynom zu arbeiten.

Ein typisches Verfahren dieser Art ist das folgende: Angenommen, die Nullstellen $z_1, z_2, \ldots, z_r$ des Polynoms $f(z)$ seien schon bekannt. Dann gilt

$$f(z) = g(z) \prod_{i=1}^{r} (z - z_i),$$

also

$$f'(z)/f(z) = g'(z)/g(z) + \sum_{i=1}^{r} \frac{1}{z - z_i}.$$

$g'(z)/g(z)$ läßt sich also aus $f'(z), f(z)$ und den bekannten Nullstellen berechnen. Somit ist die Anwendung des Newtonschen Verfahrens möglich, ohne daß man die Nullstellen explizit abdividiert hat. Die Genauigkeit der später gefundenen Nullstellen ist daher vollkommen unbeeinflußt von den etwaigen Fehlern der vorher bestimmten Nullstellen; sogar eine gänzlich falsche Nullstelle kann das Verfahren nicht stören.

Die Überlegungen zur Frage der Auslöschung beim Graeffe-Verfahren haben manches mit den Gedanken Olvers [19] gemein, die daraus gezogenen Schlüsse sind jedoch völlig verschieden. Während von Olvers Standpunkt aus die Auslöschung als spezifische Schwäche des Graeffe-Verfahrens erscheint, ist dies aus unserer Sicht nicht richtig. Der Hauptnachteil des Graeffe-Verfahrens, nämlich die in den ersten Schritten mögliche erhebliche Verschlechterung der Kondition, scheint bisher kaum Beachtung gefunden zu haben. Selbstverständlich besteht das Hauptziel des Graeffe-Verfahrens letztlich darin, ein sehr gut konditioniertes Polynom zu erzeugen.

Im übrigen möchten wir die Aufmerksamkeit des Lesers auf die Arbeit „A machine method for solving polynomial equations" von D. H. Lehmer [16] lenken. Das dort beschriebene Verfahren eignet sich sehr gut zur Erstellung einer automatisch arbeitenden Prozedur zur Lokalisierung von Nullstellen. Benutzt man es in Verbindung mit einem der üblichen Iterationsverfahren, so stellt es sicher, daß dieses gute Anfangsnäherungen bekommt. Außerdem stellt es sicher, daß man die Nullstellen in etwa nach steigenden Beträgen geordnet auffindet, so daß man beim Abdividieren von Nullstellen besser gegen Fehler gesichert ist als bei anderen Verfahren.

# III. Das Rechnen mit Matrizen

## Einführung

**1.** Die beiden Hauptaufgaben auf dem Gebiet der Matrizenrechnung sind die Lösung linearer Gleichungssysteme, speziell die Invertierung von Matrizen, sowie die Berechnung der Eigenwerte und Eigenvektoren einer Matrix. Die Literatur über dieses Gebiet ist sehr umfangreich. Um uns nicht in Wiederholungen zu erschöpfen, haben wir einige wenige kennzeichnende Beispiele ausgewählt, welche die üblichen Methoden erläutern, und beschränken uns im übrigen auf mehr praktische Gesichtspunkte.

Gewöhnlich hält man eine strenge Fehlerrechnung bei Matrixproblemen für eine Aufgabe, zu der nur wenige Spezialisten befähigt sind. Dies ist unseres Erachtens falsch. Die bei solchen Fehleruntersuchungen auftretenden Schwierigkeiten sind nicht so sehr mathematischer Natur, sondern rühren eher von ungeeigneten Aufgabenstellungen her. So wird etwa der auf diesem Gebiet Unerfahrene leicht geneigt sein, zu versuchen, die Zahlen, die sich bei der praktischen Durchführung eines Algorithmus ergaben, mit den Zahlen zu vergleichen, die sich bei exakter Rechnung ergeben hätten. Ein solcher Vergleich ist selten nützlich. Erstens ist es sehr schwierig, ihn überhaupt durchzuführen, und zweitens führt er oft zu dem Ergebnis, daß die bei der praktischen Rechnung gewonnenen Werte beliebig von den exakten Werten abweichen können.

Die Wahl einer guten Vergleichsgrundlage ist daher ein wesentlicher Bestandteil einer guten Fehleruntersuchung. In dieser Hinsicht ist die Rückwärtsuntersuchung gelegentlich von Vorteil, wenn es auch Algorithmen gibt, bei denen Vorwärts- und Rückwärtsuntersuchung gleichermaßen geeignet sind.

Früher untersuchte man in der Hauptsache Festpunktarithmetik, wahrscheinlich deshalb, weil die ersten elektronischen Rechenanlagen keine Einrichtungen für Gleitpunktarithmetik besaßen. Dies hat den Eindruck entstehen lassen, daß genauere Fehleruntersuchungen für Gleitpunktarithmetik vergleichsweise schwieriger seien, was aber durchaus nicht der Fall ist. Nach unserer Erfahrung sind Fehleruntersuchungen für Gleitpunktarithmetik im Gegenteil bedeutend übersichtlicher als solche für Festpunktarithmetik. Eine große Anzahl von Untersuchungen für Gleitpunktrechnung bestehen nur aus Anwendungen der Ergebnisse der Abschnitte 24–26 bzw. 31–32 des Kapitels I für $gl(x_1y_1+\cdots+x_ny_n)$ bzw. $gl_2(x_1y_1+\cdots+x_ny_n)$, sowie auf unbedeutenden Verallgemeinerungen, etwa auf den Fall $gl(x_1y_1+\cdots+x_ny_n+z)$. Der Leser sollte mit diesen Ergebnissen vertraut sein, so daß er in der Lage ist, solche Verallgemeinerungen rein mechanisch durchzuführen.

## Vektor- und Matrizennormen

**2.** Bei Vektoren und Matrizen ist es zweckmäßig, eine einzelne Zahl zu besitzen, welche, vergleichbar dem Betrag einer komplexen Zahl, eine Angabe über die Größe des Vektors oder der Matrix vermittelt. Hierfür benutzt man gewisse Funktionen der Elemente eines Vektors bzw. einer Matrix, sogenannte *Normen*.

Die Norm eines Vektors bezeichnen wir mit $\|x\|$. Die von uns benutzten Vektornormen haben folgende Eigenschaften:

$$\|x\| > 0 \quad \text{für} \quad x \neq 0, \tag{2.1}$$

$$\|kx\| = |k|\,\|x\| \quad \text{wobei } k \text{ eine komplexe Zahl ist,} \tag{2.2}$$

$$\|x+y\| \leq \|x\| + \|y\|. \tag{2.3}$$

Aus (2.3) folgt

$$\left.\begin{array}{l}\|x-y\| \geq \|x\| - \|y\| \\ \|x-y\| \geq \|y\| - \|x\|\end{array}\right\} \tag{2.4}$$

Eine dieser beiden Ungleichungen ist immer trivial.

Die folgenden 3 Normen sind allgemein gebräuchlich:

$$\|x\|_p = (|x_1|^p + |x_2|^p + \cdots + |x_n|^p)^{1/p} \quad (p=1,2,\infty), \tag{2.5}$$

wobei unter $\|x\|_\infty$ max $|x_i|$ verstanden wird. Die Norm $\|x\|_2$ heißt gewöhnlich die *Länge* des Vektors. Schließen $x$ und $y$ den Winkel $\theta$ ein, so ist

$$x^T y = \|x\|_2 \|y\|_2 \cos\theta. \tag{2.6}$$

Analog bezeichnen wir die Norm einer Matrix $A$ mit $\|A\|$. Die von uns benutzten Normen genügen den Beziehungen

$$\|A\| > 0 \quad \text{für} \quad A \neq 0, \tag{2.7}$$

$$\|kA\| = |k|\,\|A\| \quad \text{wobei } k \text{ eine komplexe Zahl ist,} \tag{2.8}$$

$$\|A+B\| \leq \|A\| + \|B\|, \tag{2.9}$$

$$\|AB\| \leq \|A\|\,\|B\|. \tag{2.10}$$

Zu jeder Vektornorm kann man eine Matrixnorm definieren durch

$$\|A\| = \sup_{x \neq 0} \|Ax\|/\|x\|. \tag{2.11}$$

Man prüft leicht nach, daß diese Definition die Ungleichungen (2.7) bis (2.10) befriedigt. Wegen (2.2) ergibt sich weiter, daß diese Definition äquivalent ist mit

$$\|A\| = \sup_{\|x\|=1} \|Ax\|. \tag{2.12}$$

Diese Matrixnorm heißt die der Vektornorm *zugeordnete* Matrixnorm. Den drei Vektornormen (2.5) entsprechen die Matrixnormen $\|A\|_p, p = 1, 2, \infty$. Wir überlassen es dem Leser nachzuprüfen, daß

$$\|A\|_1 = \max_j \sum_i |a_{ij}|, \tag{2.13}$$

$$\|A\|_\infty = \max_i \sum_j |a_{ij}|, \tag{2.14}$$

$$\|A\|_2 = (\text{maximaler Eigenwert von } A^H A)^{1/2}, \tag{2.15}$$

wobei $A^H$ die transponierte, konjugiert komplexe Matrix zu $A$ bezeichnet (auch Hermitesch-konjugierte Matrix genannt). Die dritte Norm $\|A\|_2$ heißt gelegentlich auch die *Spektralnorm*. Aus (2.15) ergibt sich insbesondere, daß $\|A\|_2 = 1$, wenn $A$ unitär ist, d.h., wenn $A^H A = E$.

Aus den Definitionen folgt, daß für eine Vektornorm und ihre zugeordnete Matrixnorm stets gilt

$$\|Ax\| \leq \|A\| \|x\|. \tag{2.16}$$

Da $\|Ax\|$ eine stetige Funktion von $x$ ist, und die durch $\|x\| = 1$ definierte Fläche abgeschlossen ist (im topologischen Sinn), ergibt sich aus (2.12), daß stets ein Vektor existiert, für den in (2.16) das Gleichheitszeichen gilt. Daher können wir in (2.11) und (2.12) auch „max" statt „sup" schreiben. Selbstverständlich gilt für jede zugeordnete Matrixnorm $\|E\| = 1$.

Eine Matrixnorm und eine Vektornorm, für die (2.16) gilt, heißen miteinander *verträglich* oder *konsistent*. Die Existenz der zugeordneten Matrixnorm stellt sicher, daß zu jeder Vektornorm eine verträgliche Matrixnorm existiert. Umgekehrt ist

$$\|x\| = \|x, 0, 0, \ldots, 0\| \tag{2.17}$$

eine Vektornorm, die mit einer vorgegebenen Matrixnorm verträglich ist.

Zur Vektornorm $\|x\|_2$ gibt es noch eine andere wichtige konsistente Matrixnorm. Das ist die Norm $\|A\|_F$, gegeben durch

$$\|A\|_F = (\sum_i \sum_j |a_{ij}|^2)^{1/2}, \tag{2.18}$$

die unter dem Namen *Frobenius*-Norm oder *Schursche* Norm bekannt ist. Daß durch (2.18) tatsächlich eine mit $\|x\|_2$ verträgliche Norm definiert wird, sei dem Leser zum Beweis überlassen. Daß es keine Vektornorm gibt, zu der $\|A\|_F$ die zugeordnete Matrixnorm ist, ergibt sich aus der Tatsache, daß $\|E\| = n^{1/2}$. Diese Eigenschaft ist ziemlich unerwünscht.

Die Frobenius-Norm ist daher für viele Zwecke unbefriedigend. Dies drückt sich darin aus, daß diese Norm im allgemeinen größere Werte als nötig annimmt. In der Tat kann man zeigen, daß

$$\|A\|_2 \leq \|A\|_F \leq n^{1/2} \|A\|_2, \tag{2.19}$$

und daß beide Schranken erreicht werden.

Bei rein mathematischen Überlegungen erweist sich die Frobenius-Norm als ungeeignet; man benutzt die Matrixnorm $\|A\|_2$ zusammen mit der Vektornorm $\|x\|_2$. Beim praktischen Arbeiten und für Fehleruntersuchungen besitzt jedoch $\|A\|_F$ gewisse Vorteile gegenüber $\|A\|_2$. Diese sind:

(I) Die Frobenius-Norm von $A$ und $|A|$ ist identisch. ($|A|$ bezeichnet die Matrix mit Elementen $|a_{ij}|$).

(II) Sie ist leicht zu berechnen, während die Bestimmung von $\|A\|_2$ eine komplizierte Aufgabe darstellt.

Diese beiden Vorteile hat die Frobenius-Norm mit den Normen $\|A\|_1$ und $\|A\|_\infty$ gemeinsam, wohingegen wir über $\||A|\|_2$ nur wissen, daß

$$\||A|\|_2 \leq \||A|\|_F = \|A\|_F \leq n^{1/2} \|A\|_2. \tag{2.20}$$

Trotz der Abschätzung (2.19) stellt $\|A\|_F$ oft eine überraschend gute Näherung für $\|A\|_2$ dar.

Eine wesentliche Eigenschaft von Matrixnormen ist es, daß sie alle obere Schranken für den Betrag der Eigenwerte sind. Ist nämlich $\lambda$ ein Eigenwert und $x$ ein zugehöriger Eigenvektor, so gilt

$$Ax = \lambda x. \tag{2.21}$$

Bei verträglichen Matrix- und Vektornormen gilt daher

$$\|A\| \|x\| \geq \|Ax\| = \|\lambda x\| = |\lambda| \|x\|, \tag{2.22}$$

d.h.

$$\|A\| \geq |\lambda|. \tag{2.23}$$

Hieraus und aus der Beziehung (2.15) kann man eine Beziehung zwischen den Normen $\|A\|_p$ für $p=1,2,\infty$ herleiten. Es gilt nämlich

$$\begin{aligned}\|A\|_2^2 &= \text{maximaler Eigenwert von } A^H A \\ &\leq \|A^H A\|_\infty \\ &\leq \|A^H\|_\infty \|A\|_\infty \\ &= \|A\|_1 \|A\|_\infty.\end{aligned} \quad (2.24)$$

**Fehleruntersuchungen bei einfachen Matrixoperationen**

**3.** Wir untersuchen zuerst die Multiplikation einer Matrix $A$ mit einer skalaren Größe $k$. Bezeichnen wir die berechnete Matrix mit $B$, so gilt bei Gleitpunktarithmetik

$$\begin{aligned}b_{ij} &\equiv gl(k \times a_{ij}) \\ &\equiv k a_{ij}(1+\varepsilon_{ij})\end{aligned} \quad (3.1)$$

mit

$$|\varepsilon_{ij}| \leq 2^{-t}.$$

Also gilt

$$\begin{aligned}b_{ij} - k a_{ij} &\equiv k a_{ij} \varepsilon_{ij} \\ \|B - kA\|_F &\leq |k| 2^{-t} \|A\|_F.\end{aligned} \quad (3.2)$$

Die entsprechenden Ergebnisse für die Spektralnorm sind schwächer. Die beste Abschätzung, die wir erhalten können, lautet

$$\|B - kA\|_2 \leq |k| 2^{-t} \|A\|_F \quad (3.3)$$

oder

$$\|B - kA\|_2 \leq |k| 2^{-t} n^{1/2} \|A\|_2. \quad (3.4)$$

Haben jedoch alle Elemente von $A$ gleiches Vorzeichen, so ist $\| |A| \|_2 = \|A\|_2$, und der Faktor $n^{1/2}$ kann infolgedessen weggelassen werden. Für die Normen mit $p=1,\infty$ gilt

$$\|B - kA\|_p \leq |k| 2^{-t} \|A\|_p. \quad (3.5)$$

Die Gleichung (3.2) kann man auch in der Form

$$\frac{\|B - kA\|_F}{|k| \|A\|_F} \leq 2^{-t} \quad (3.6)$$

schreiben. Die linke Seite stellt dann sozusagen den relativen Fehler dar.

Bei Festpunktarithmetik gilt für $|k| \leq 1$

$$b_{ij} \equiv fe(k \times a_{ij}) \equiv k a_{ij} + \varepsilon_{ij} \qquad (3.7)$$

mit

$$|\varepsilon_{ij}| \leq 2^{-t-1}.$$

Nach (2.18) ist daher

$$\|B - kA\|_F \leq n 2^{-t-1}. \qquad (3.8)$$

Sind die Elemente der Matrix $A$ erheblich kleiner als 1, so ergibt sich ein großer relativer Fehler. Auch hier gilt für die Spektralnorm nur

$$\|B - kA\|_2 \leq n 2^{-t-1}, \qquad (3.9)$$

also eine Aussage, die schwächer ist als (3.8).

**Matrixmultiplikation**

**4.** Wir untersuchen zuerst die Berechnung von $Ax$ für eine $n \times n$-Matrix $A$. Dabei ergibt sich

$$\begin{aligned}y_i &\equiv gl(a_{i1}x_1 + a_{i2}x_2 + \cdots + a_{in}x_n) \\ &\equiv a_{i1}x_1 + a_{i2}x_2 + \cdots + a_{in}x_n + e_i,\end{aligned} \qquad (4.1)$$

wobei nach Abschnitt 26 von Kapitel I

$$|e_i| \leq 2^{-t_1}[n|a_{i_1}||x_1| + n|a_{i_2}||x_2| + (n-1)|a_{i_3}||x_3| + \cdots + 2|a_{in}||x_n|]. \qquad (4.2)$$

Es gilt also

$$y \equiv Ax + e,$$

wobei

$$|e| \leq 2^{-t_1} |A| D |x| \; ; \quad D = \begin{bmatrix} n & & & & \\ & n & & & \\ & & n-1 & & \\ & & & \ddots & \\ & & & & 2 \end{bmatrix} \qquad (4.3)$$

Hier bezeichnet $|A|$ bzw. $|e|$ oder $|x|$ die Matrix bzw. den Vektor mit Komponenten $|a_{ij}|$ bzw. $|e_i|$ oder $|x_i|$. Das Anschreiben einer Ungleichung zwischen Matrizen bzw. Vektoren soll besagen, daß diese Ungleichung für alle Komponenten der Matrix bzw. des Vektors einzeln gilt.

Aus (4.3) folgt

$$\|e\|_2 = \| \, |e| \, \|_2 \leq 2^{-t_1} n \|A\|_F \|x\|_2. \qquad (4.4)$$

Ähnlich erhält man für die allgemeine Matrixmultiplikation mit Gleitpunktarithmetik

$$C \equiv gl(AB) \equiv AB + F, \tag{4.5}$$

$$\|F\|_F \leq 2^{-t_1} n \|A\|_F \|B\|_F. \tag{4.6}$$

Da $\|A\|_F \|B\|_F$ wesentlich größer als $\|AB\|_F$ sein kann, besteht durchaus die Möglichkeit, daß die berechnete Matrix $C$ einen verhältnismäßig großen relativen Fehler aufweist.

Können wir innere Produkte durch akkumulierende Multiplikation gewinnen, und schreiben wir entsprechend

$$C \equiv gl_2(AB) \equiv AB + F, \tag{4.7}$$

so ersehen wir aus den Abschätzungen des Abschnitts 32 von Kapitel I, daß

$$|C - AB| \leq 2^{-t}|AB| + \tfrac{3}{2} 2^{-2t_2} |A||D||B|, \tag{4.8}$$

wobei $D$ wie in (4.3) definiert ist. Hieraus folgt

$$\|C - AB\|_F = \|\,|C - AB|\,\|_F \leq 2^{-t} \|AB\|_F + \tfrac{3}{2} 2^{-2t_2} n \|A\|_F \|B\|_F \tag{4.9}$$

Tritt keine außergewöhnlich hohe Auslöschung auf, so kann man auf der rechten Seite den zweiten Summanden gegenüber dem ersten vernachlässigen. Für alle Matrizen nicht zu hoher* Ordnung gilt dann

$$\frac{\|C - AB\|_F}{\|AB\|_F} \leq 2^{-t}. \tag{4.10}$$

Der relative Fehler des berechneten Produkts ist also klein. Es ist jedoch keineswegs ausgeschlossen, daß bei der Rechnung $t$ oder mehr Stellen durch Auslöschung verloren gehen. In diesem Falle ist (4.10) nicht richtig.

Ist $B = A^T$, so ergeben sich die Diagonalelemente zu

$$c_{ii} \equiv gl_2(a_{i1}a_{i1} + a_{i2}a_{i2} + \cdots + a_{in}a_{in}), \tag{4.11}$$

wobei alle Summanden positiv sind. Bei der Berechnung der Diagonalelemente kann folglich keine Auslöschung auftreten. Es gilt

$$\begin{aligned}\|AA^T\|_F &\geq [(AA^T)_{11}^2 + (AA^T)_{22}^2 + \cdots + (AA^T)_{nn}^2]^{1/2} \\ &\geq \left[\frac{1}{n}\{(AA^T)_{11} + (AA^T)_{22} + \cdots + (AA^T)_{nn}\}^2\right]^{1/2} \\ &= n^{-1/2} \|A\|_F^2.\end{aligned} \tag{4.12}$$

---

* „nicht zu hohe Ordnung" bedeutet hier wie im folgenden $n \ll 2^t$. (Anm. d. Ü.)

Dies liefert zusammen mit (4.9)

$$\|C - AA^T\|_F \leq 2^{-t}\|AA^T\|_F + \tfrac{3}{2}2^{-2t_2}n\|A\|_F^2$$
$$\leq 2^{-t}\|AA^T\|_F + \tfrac{3}{2}2^{-2t_2}n^{3/2}\|AA^T\|_F \qquad (4.13)$$
$$= 2^{-t}\|AA^T\|_F(1 + \tfrac{3}{2}2^{-2t_2}n^{3/2}).$$

Bei nicht zu großem $n$ ergibt sich also

$$\frac{\|C - AA^T\|_F}{\|AA^T\|_F} \leq 2^{-t}, \qquad (4.14)$$

diesmal ohne eine Voraussetzung über eine etwaige Auslöschung.

## Matrixoperationen mit blockskalierender Arithmetik

5. Wir nennen eine Matrix $A$ eine einfach genaue mit Unendlich-Norm standardisierte blockskalierte Matrix (abgekürzt: e.g.U.s.b. Matrix), wenn $A = 2^a B$ und die Komponenten von $B$ Festpunktzahlen sind, und wenn außerdem

$$\tfrac{1}{2} \leq \|B\|_\infty \leq 1 \qquad (5.1)$$

gilt.

Sind $P$ und $Q$ zwei e.g.U.s.b. Matrizen mit

$$\left.\begin{array}{l} P = 2^p R \\ Q = 2^q S, \end{array}\right\} \qquad (5.2)$$

so kann man die Elemente des Produkts $RS$ exakt und ohne Überlauf akkumulieren und erhält eine doppelt genaue nicht standardisierte Matrix. Um wieder eine e.g.U.s.b. Matrix zu erhalten, hat man sämtliche Komponenten mit einer passenden Potenz von 2 zu multiplizieren und anschließend auf $t$ Stellen zu runden. Es gilt dann

$$T \equiv bs(P \times Q)^*$$
$$\equiv PQ + F, \qquad (5.3)$$

$$\|F\|_\infty \leq n\|PQ\|_\infty \times 2^{-t}, \qquad (5.4)$$

wenn $PQ$ eine $n$-spaltige Matrix ist.

Ist $A$ eine e.g.U.s.b. Matrix und $b$ ein standardisierter e.g.b. Vektor, so erhält man

$$c \equiv bs(A \times b)^*$$
$$\equiv Ab + f, \qquad (5.5)$$

$$\|f\|_\infty \leq \|Ab\|_\infty \times 2^{-t}. \qquad (5.6)$$

---

\* $bs(\ldots)$ bedeutet, daß die Rechnung mit blockskalierender Arithmetik durchgeführt wird. Die Schreibweise wird nach den gleichen Regeln benutzt wie die Schreibweisen $gl(\ldots)$ oder $fe(\ldots)$. (Anm. d. Ü.).

### Gewöhnliche standardisierte blockskalierte Matrizen

**6.** Gelegentlich verwenden wir auch standardisierte e.g.b. Matrizen der Form $2^a B$ mit

$$\tfrac{1}{2} \leq \max |b_{ij}| < 1 \tag{6.1}$$

anstelle von (5.1). Ist dann $b$ ein standardisierter e.g.b. Vektor der Form $2^c d$ mit

$$\tfrac{1}{2} \leq \|d\|_\infty < 1, \tag{6.2}$$

so ist es im allgemeinen unmöglich, $Bd$ exakt und ohne Überlauf als d.g.b. Vektor zu berechnen. Ist aber bekannt, daß kein Überlauf auftreten kann, so kann man $Bd$ exakt berechnen, anschließend standardisieren und dann runden. Der berechnete Vektor genügt dann den Beziehungen (5.5) und (5.6). Diese Situation kommt häufig vor, wenn man während der Lösung eines linearen Gleichungssystems Residuen berechnet.

Andernfalls muß man $2^{-k} Bd$ berechnen, wobei $k$ so gewählt ist, daß $2^k > n \geq 2^{k-1}$; dabei müssen die Beiträge zu den Komponenten des Ergebnisses jeweils einzeln gerundet werden. Das Ergebnis doppelter Länge hat dann die Form $2^{-k} Bd + f$ mit

$$\|f\|_\infty \leq \tfrac{1}{2} n \times 2^{-2t}. \tag{6.3}$$

Schreibt man das Ergebnis in der Form $2^{-k}(Bd + 2^k f)$, so zeigt sich, daß der relative Fehler $\rho$ vor der Standardisierung gegeben ist durch

$$\rho = \frac{\|2^k f\|_\infty}{\|Bd\|_\infty} \leq \frac{n^2 \times 2^{-2t}}{\|Bd\|_\infty}, \tag{6.4}$$

da ja $2^k \leq 2n$. Ist $\|Bd\|_\infty \geq n^2 \times 2^{-t}$, so ist dieser Fehler kleiner als eine Einheit der $t$-ten Stelle. Die Standardisierung verursacht dann noch einen Fehler, der ebenfalls kleiner als eine Einheit der $t$-ten Stelle ist, so daß der relative Fehler des sich schließlich ergebenden e.g.b. Vektors fast ebenso klein ist wie im vorigen Fall.

Ist aber $\|Bd\|_\infty$ kleiner als $n^2 \times 2^{-t}$, so steigt natürlich der maximale relative Fehler. Er kann beliebig groß werden, da ja $Bd = 0$ sein könnte. Ist aber $\|Bd\|_\infty < 2^{-t}$, so verursacht die Standardisierung keinen Fehler mehr, und die Norm $2^{a+c+k} \|f\|_\infty$ des absoluten Fehlers bleibt immer unter $2^{a+c} \times n^2 \times 2^{-2t}$.

Der Fall, daß das Ergebnis einer Rechnung ein d.g.b. Vektor $v$ ist, den man zu einem standardisierten e.g.b. Vektor $\bar{v}$ runden muß, kommt häufig vor. Sind die ersten $t$ Stellen jeder Komponente mit 0 besetzt, so verursacht die Standardisierung keinen Fehler.

Andernfalls gilt

$$\bar{v} = v + e$$
$$\|e\|_\infty \leq 2^{-t} \|v\|_\infty . \Big\}  \quad (6.5)$$

Die Ungleichung

$$1 - 2^{-t} \leq \frac{\|\bar{v}\|_\infty}{\|v\|_\infty} \leq 1 + 2^{-t} \quad (6.6)$$

ist folglich immer richtig.

Addiert man zwei e.g.b. Vektoren $a$ und $b$, so verlaufen die Überlegungen ähnlich. Die berechnete Summe genügt den Beziehungen

$$c \equiv b\,s(a+b)$$
$$\equiv a + b + e, \quad (6.7)$$

$$\|e\|_\infty \leq 2^{-t} \times \max(\|a\|_\infty, \|b\|_\infty) \quad (6.8)$$

oder

$$\|e\|_\infty \leq 2^{-t} \times (\|a\|_\infty + \|b\|_\infty) . \quad (6.9)$$

Die Abschätzung (6.9) ist immer richtig; die schärfere Abschätzung (6.8) gilt nur, wenn kein Überlauf auftritt. Berechnen wir jedoch zunächst die Summe als d.g.b. Vektor und standardisieren und runden erst zum Schluß, so gilt

$$\|e\|_\infty \leq 2^{-t} \|a+b\|_\infty . \quad (6.10)$$

Der relative Fehler des Ergebnisses bleibt in diesem Fall auch dann klein, wenn Auslöschung auftritt.

## Orthogonalisierung von Vektoren

7. Sind zwei linear unabhängige Vektoren $x$ und $y$ gegeben, so kann man in dem von $x$ und $y$ aufgespannten Vektorraum einen Vektor $z$ angeben, der orthogonal zu $x$ ist. Schreiben wir

$$z = y - \alpha x \quad (7.1)$$

so ergibt sich

$$0 = x^T z = x^T y - \alpha x^T x , \quad (7.2)$$
$$\alpha = x^T y / x^T x . \quad (7.3)$$

Die Division ist stets durchführbar, da $x^T x$ positiv ist. Sind $x$ und $y$ tatsächlich linear unabhängig, so ist $z \neq 0$.

Die praktische Durchführung der Orthogonalisierung ist leider nicht ganz so einfach. Wir gehen darauf näher ein, wobei wir voraussetzen, daß einfach genaue blockskalierende Dezimalarithmetik benutzt wird, und daß $x$ und $y$ standardisierte Vektoren sind, deren maximale Komponenten Beträge zwischen 0.1 und 1.0 besitzen. Ist nun $y$ kein exaktes Vielfaches von $x$, so sind, *mathematisch* gesehen, die beiden Vektoren sicherlich unabhängig. Trotzdem kann die praktische Berechnung von $z$ nach obiger Rechenvorschrift ein äußerst unbefriedigendes Ergebnis zeitigen.

Arbeiten wir mit $t$ Stellen, so werden wir $x$ und $z$ als orthogonal bezeichnen, wenn der Winkel $\theta$ zwischen den beiden Vektoren die Beziehung

$$\left.\begin{aligned}\theta &= \frac{\pi}{2} + \varepsilon \\ \varepsilon &= O(2^{-t})\end{aligned}\right\} \quad (7.4)$$

erfüllt. Die zweite dieser Gleichungen ist mit Absicht etwas vage formuliert, da der für $\varepsilon$ zugelassene Bereich in gewisser Hinsicht von der Art der benutzten Arithmetik abhängt.

Gleichgültig, ob wir Festpunkt- oder Gleitpunktarithmetik benutzen, können wir nun aber nur erreichen, daß

$$x^T z = O(2^{-t}). \quad (7.5)$$

Das ist in der Tat unbefriedigend. Wie wir aus (2.6) entnehmen, garantiert dies nämlich nur dann, daß $z$ in etwa orthogonal zu $x$ ist, wenn $\|z\|_2$ *von der Größenordnung* 1 *ist*.

### Numerisches Beispiel

**8.** Ein einfaches Beispiel, ausgeführt mit einfach genauer blockskalierender Arithmetik möge diese Überlegungen noch klarer machen. Wir nehmen

$$x = \begin{bmatrix} 0.213625 \\ 0.314317 \\ 0.412135 \end{bmatrix}, \quad y = \begin{bmatrix} 0.174681 \\ 0.257023 \\ 0.336951 \end{bmatrix}. \quad (8.1)$$

Berechnet man innere Produkte akkumulierend, so gilt

$$\begin{aligned} fe(x^T y) &\equiv 0.256972 \\ fe(x^T x) &\equiv 0.314286, \end{aligned} \quad (8.2)$$

also

$$\alpha = 0.817637. \quad (8.3)$$

Demnach erhält man
$$z \equiv b\,s(y - \alpha x)$$
$$\equiv \begin{bmatrix} 0.132959 \\ 0.257911 \\ -0.258250 \end{bmatrix} \times 10^{-4}. \tag{8.4}$$

Daraus ergibt sich
$$fe(x^T z) = 0.303531 \times 10^{-6}, \tag{8.5}$$

was (7.5) bestätigt. Andererseits gilt aber

$$\left.\begin{array}{c} \cos\theta = 0.139\ldots \times 10^{-1} \\ \theta = \dfrac{\pi}{2} - \varepsilon, \end{array}\right\} \tag{8.6}$$

$$\varepsilon = O(10^{-2}), \tag{8.7}$$

so daß man $x$ und $z$ nicht als innerhalb der Rechengenauigkeit orthogonal bezeichnen kann.

9. Natürlich wird man nun fragen, was man in dieser Situation tun kann. Zunächst muß man darauf hinweisen, daß $x$ und $y$ keinen genau festgelegten zweidimensional Raum aufspannen, wenn sie nicht „exakte" Vektoren darstellen. Der Vektor $y$ ist fast ein Vielfaches von $x$. Sind nun die Komponenten von $x$ und $y$ gerundete Werte, so ist die zu $x$ orthogonale Richtung nicht genau festgelegt, da Änderungen bis zu $\frac{1}{2} \times 10^{-6}$ in den Komponenten von $x$ und $y$ Winkeländerungen der Ordnung $10^{-2}$ in der zu $x$ „orthogonalen" Richtung bewirken können.

Sind die Komponenten von $x$ und $y$ exakt, so können wir selbstverständlich den richtigen Vektor $z$ mit jeder gewünschten Genauigkeit bestimmen, indem wir mit entsprechend hoher Rechengenauigkeit arbeiten. In dem Beispiel im letzten Abschnitt gehen infolge der Auslöschung 4 Dezimalstellen verloren. Wollen wir also das zu $x$ orthogonale $z$ auf $k$ Stellen genau berechnen, so müssen wir die Rechnung mit $k+4$ Stellen durchführen. Zu Beginn der Rechnung ist uns gewöhnlich nicht bekannt, daß wir gerade 4 Stellen verlieren werden. Der Fall, daß $x$ und $y$ exakt sind, ist nicht besonders schwierig zu behandeln, und verdient auch kein besonderes praktisches Interesse.

Wir gehen daher jetzt über zu dem Fall, daß die Komponenten von $x$ und $y$ gerundet sind. Angenommen wir wiederholen die Orthogonalisierung mit $x$ und dem berechneten, durch (8.4) gegebenen $z$.

Zu diesem Zweck benennen wir jetzt $z$ und $\alpha$ aus Abschnitt 8 um in $z_1$ und $\alpha_1$, so daß

$$z_1 \equiv bs(y - \alpha_1 x). \tag{9.1}$$

Die Wiederholung der Orthogonalisierung liefert dann

$$z_2 \equiv bs(z_1 - \alpha_2 x), \tag{9.2}$$

wobei

$$\alpha_2 \equiv fe\left(\frac{x^T z_1}{x^T x}\right). \tag{9.3}$$

Nun ergab sich bereits oben, daß $x^T z_1 = O(10^{-t})$, weshalb auch $\alpha_2$ von der Größenordnung $10^{-t}$ sein wird. In der Tat ergibt sich für unser numerisches Beispiel aus (8.2) und (8.5)

$$\alpha_2 = 0.965780 \times 10^{-6}, \tag{9.4}$$

$$z_2 = \begin{bmatrix} 0.130896 \\ 0.254875 \\ -0.262230 \end{bmatrix} \times 10^{-4} \tag{9.5}$$

und

$$fe(x^T z_2) = 0.42325 \times 10^{-11}. \tag{9.6}$$

Der Vektor $z_2$ ist nun innerhalb der Rechengenauigkeit tatsächlich orthogonal zu $x$. Bezeichnet man den Winkel zwischen $x$ und $z_2$ mit $\theta_2$, so kann man leicht nachrechnen, daß

$$\theta_2 = \frac{\pi}{2} + \varepsilon_2 \tag{9.7}$$

$$\varepsilon_2 = O(10^{-6}).$$

Wie man sieht, unterscheiden sich die Komponenten von $z_1$ und $z_2$ nur um Beträge der Größenordnung $10^{-6}$. Mittels einer einfachen Fehlerrechnung hätte sich das vorhersagen lassen. Diese Differenz bedeutet jedoch eine relative Änderung um etwa ein Prozent. Es erweist sich nun als günstig, die $z_1$ und $z_2$ entsprechenden normalisierten Vektoren $w_1$ und $w_2$ einzuführen. Es gilt

$$w_1 = \begin{bmatrix} 0.132959 \\ 0.257911 \\ -0.258250 \end{bmatrix}, \quad w_2 = \begin{bmatrix} 0.130896 \\ 0.254875 \\ -0.262230 \end{bmatrix}. \tag{9.8}$$

Selbstverständlich schleppt diese „Normalisierung" keine zusätzlichen Rundungsfehler ein.

Nun sind aber $z_2$ bzw. $w_2$ in keiner Weise identisch mit den Vektoren, welche eine exakte Durchführung der Orthogonalisierung geliefert hätte. Das genaue $w$ stimmt in Wirklichkeit nur in den ersten beiden Dezimalen mit $w_1$ und $w_2$ überein. Da aber $x$ und $y$ nicht exakt gegeben waren, gibt es auch keinen Grund, weshalb man nach einem „richtigen" $w$ suchen sollte; insbesondere unterscheidet sich ja das exakte $w$ zu den gegebenen Vektoren $x$ und $y$ bereits in der dritten signifikanten Dezimale von dem richtigen $w$, das zu den richtigen (aber unbekannten) Vektoren $x$ und $y$ gehört.

Man kann nun fragen, ob es Gründe gibt, den berechneten Vektor $w_2$ dem berechneten Vektor $w_1$ vorzuziehen. Diese Frage läßt sich nicht allgemein beantworten, sondern nur unter Berücksichtigung der weiteren Verwendung von $w$. Die Eigenschaften von $w_2$ sind die folgenden:

(I)   $w_2$ ist ein normalisierter Vektor.
(II)  $w_2$ ist innerhalb der Rechengenauigkeit orthogonal zu $x$.
(III) $w_2$ genügt der Beziehung

$$w_2 \times 10^{-4} = z_2 = y - \alpha_1 x + e, \tag{9.9}$$

$$e_i = O(10^{-6}). \tag{9.10}$$

In (9.9) haben wir $\alpha_1$ und nicht $\alpha_1 + \alpha_2$ benutzt, was zunächst richtiger aussehen würde. Die Zahl $\alpha_2$ ist jedoch um den Faktor $10^{-6}$ kleiner als $\alpha_1$, so daß man $\alpha_2 x$ in den Fehlervektor $e$ einbeziehen kann. Außerdem ist die Summe $\alpha_1 + \alpha_2$ ungeeignet, da man 12 Dezimalstellen benötigt, um sie exakt wiederzugeben.

## Der allgemeine Fall

**10.** Unsere bisherigen Überlegungen sind nicht auf den speziellen betrachteten Fall beschränkt. Arbeiten wir mit $t$ Binärstellen, sind $x$ und $y$ normalisierte e. g. b. Vektoren, und hat der berechnete e. g. b. Vektor $z_1$ den Exponenten $-k$ ($k<t$), so genügt der Winkel $\theta_1$ zwischen $x$ und $z_1$ der Beziehung

$$\left.\begin{aligned}\theta_1 &= \frac{\pi}{2} + \varepsilon_1 \\ \varepsilon_1 &= O(2^{k-t}).\end{aligned}\right\} \tag{10.1}$$

Die Komponenten des Vektors $z_2$ werden sich von denen von $z_1$ nur um Beträge der Größenordnung $2^{-t}$ unterscheiden. Der Winkel $\theta_2$

zwischen $z_2$ und $x$ genügt jedoch der Beziehung

$$\theta_2 = \frac{\pi}{2} + \varepsilon_2 \tag{10.2}$$

$$\varepsilon_2 = O(2^{-t})$$

und $z_2$ selbst können wir in der Form

$$z_2 = 2^{-k} w_2 = y - \alpha_1 x + e, \tag{10.3}$$

$$e_i = O(2^{-t}) \tag{10.4}$$

schreiben.

Ist $k \geq t$, so sind sämtliche Stellen der Komponenten von $z_1$ „unechte" Stellen, d. h., sie stammen sämtlich aus der zweiten Hälfte des doppelt langen Produkts $\alpha_1 x$. Berechnen wir mit diesem $z_1$ ein $z_2$, so können wieder Stellen verloren gehen, so daß unter Umständen $z_2$ nochmals bezüglich $x$ orthogonalisiert werden muß. In der Praxis benötigt man aber selten mehr als 2 Orthogonalisierungsschritte, so daß man diesen Fall von der weiteren Betrachtung ausschließen kann. Indessen bleibt festzustellen, daß man im Fall $k \geq t$ jeden normalisierten e.g. b. Vektor, der innerhalb der Rechengenauigkeit orthogonal zu $x$ ist, als Vektor $w$ ansehen kann. Für jeden solchen Vektor gilt nämlich

$$2^{-t} w \equiv y - \alpha_1 x + e, \tag{10.5}$$

$$e_i = O(2^{-t}). \tag{10.6}$$

Bei Anwendungen muß man jeweils noch feststellen, ob der orthogonale Vektor $w$, der den Bedingungen (10.5) und (10.6) genügt, auch tatsächlich alle die im weiteren Rechengang erwarteten Eigenschaften aufweist. Überraschenderweise ist das bei vielen Aufgaben der Fall, obwohl doch der berechnete orthogonale Vektor sich in den letzten $k$ signifikanten Stellen von dem Vektor unterscheidet, der sich aus $x$ und $y$ bei exakter Rechnung ergeben würde, und obwohl im Fall $k \geq t$ diese beiden Vektoren überhaupt nichts mehr miteinander zu tun haben.

Die Tatsache, daß man wiederholt orthogonalisieren muß, darf man nicht als Folge der Akkumulation von Rundungsfehlern ansehen. Bei Verwendung blockskalierender Arithmetik tritt in Wirklichkeit überhaupt keine bedeutsame Fehlerakkumulation auf. Die Größen $x^T x$ und $x^T y$ werden exakt berechnet und dann gerundet, so daß das berechnete $\alpha_1$, eine gewöhnliche Gleitpunktzahl, einen relativen Fehler von höchstens 3 Einheiten der $t$-ten Binärstelle aufweist. Bei der Berechnung der Komponenten von $z_1$ tritt dann nur noch ein einziger weiterer Rundungsfehler auf. Tritt in allen Komponenten Auslöschung auf, so ist dieser kleiner als $\frac{1}{2} \times 2^{-t-k}$, wenn die maximale Komponente von $z_1$ einen Betrag zwischen $2^{-k}$ und $2^{-k-1}$ besitzt.

Bei Benutzung gewöhnlicher Gleitpunktarithmetik erhält man im wesentlichen das gleiche Ergebnis. Zwar kann hier die Akkumulation von Rundungsfehlern eine bedeutendere Rolle spielen, die Auslöschung hat aber auch hier die weitaus größere Bedeutung. Tritt keine Auslöschung auf, so ist die Wiederholung der Orthogonalisierung wertlos. Sie kann höchstens die bei der ersten Orthogonalisierung gemachten Rundungsfehler verstärken.

Diese Überlegungen erscheinen recht einleuchtend, wenn man sie im Zusammenhang mit einfachen Beispielen anstellt. Jedoch waren lange Zeit die mangelhafte Unterscheidung zwischen der Wirkung der Rundungsfehler und der Wirkung der Auslöschung, sowie eine unvollständige Kenntnis der Bedeutung der wiederholten Orthogonalisierung die Haupthindernisse für das Verständnis des Verfahrens von LANCZOS [15] zur Bestimmung von Eigenwerten.

Bisher haben wir nur die Orthogonalisierung von zwei Vektoren betrachtet. In ähnlicher Weise können wir aus $n$ linear unabhängigen Vektoren $x_1, x_2, \ldots, x_n$ $n$ paarweise orthogonale Vektoren $z_1, z_2, \ldots, z_n$ gewinnen, wobei

$$z_1 = x_1$$
$$z_r = x_r - \alpha_{r1} z_1 - \alpha_{r2} z_2 - \cdots - \alpha_{r,r-1} z_{r-1}.$$

Auch hier können wir die Orthogonalisierung von $z_r$ bezüglich aller vorangegangenen $z_i$ wiederholen, bevor wir zur Berechnung von $z_{r+1}$ übergehen.

## Die Lösung linearer Gleichungssysteme und die Invertierung von Matrizen

**11.** Zunächst untersuchen wir die Empfindlichkeit der Lösungen von
$$Ax = b \tag{11.1}$$
gegenüber Änderungen in $A$ oder $b$. Bezüglich Änderungen in $b$ ist die Aufgabe recht einfach. Ist nämlich

$$A(x+h) = b+k, \tag{11.2}$$

so folgt
$$Ah = k, \tag{11.3}$$
$$h = A^{-1} k, \tag{11.4}$$

also
$$\|h\| = \|A^{-1}k\| \leq \|A^{-1}\| \, \|k\|$$
$$\|h\|/\|k\| \leq \|A^{-1}\|. \quad (11.5)$$

Zur Bestimmung der relativen Änderung $\|h\|/\|x\|$ gehen wir so vor: Aus (11.1) folgt
$$\|b\| = \|Ax\| \leq \|A\| \, \|x\|, \quad (11.6)$$
$$\|x\| \geq \|b\| \, \|A\|^{-1}. \quad (11.7)$$

Daher gilt
$$\frac{\|h\|}{\|x\|} \leq \frac{\|A^{-1}\| \, \|k\|}{\|A\|^{-1}\|b\|} = \frac{\|A\| \, \|A^{-1}\| \, \|k\|}{\|b\|}. \quad (11.8)$$

$\|A\| \, \|A^{-1}\|$ kann man daher als Konditionszahl ansehen. Meistens benutzt man die Konditionszahl $\|A\|_2 \|A^{-1}\|_2$. Sie wird gewöhnlich mit $\kappa(A)$ bezeichnet und heißt *Spektralkonditionszahl*.

Ist $\|A\| \, \|A^{-1}\|$ sehr groß, so überschätzt (11.8) die relative Änderung meist sehr stark. Gewöhnlich ist $b$ so beschaffen, daß
$$\|x\| \gg \|b\| \, \|A\|^{-1}.$$
Es gibt aber Vektoren $b$ und $k$, für welche die Abschätzung (11.8) wirklichkeitsnah ist.

**12.** Wenden wir uns nun dem Einfluß von Änderungen in $A$ zu. Schreiben wir
$$(A+F)(x+h) = b, \quad (12.1)$$
so folgt
$$(A+F)h = -Fx. \quad (12.2)$$
Auch dann, wenn $A$ nicht singulär ist, was wir natürlich annehmen, kann $A+F$ singulär sein, solange keine Einschränkungen über $F$ gemacht sind. Aus der Identität
$$A+F = A(E+A^{-1}F) \quad (12.3)$$
ersieht man nun, daß $A+F$ nicht singulär ist, wenn das von $E+A^{-1}F$ gilt. Für alle Eigenwerte $\lambda_i$ von $A^{-1}F$ folgt nun aus (2.23)
$$\|A^{-1}F\| \geq |\lambda_i|. \quad (12.4)$$
Da aber die Eigenwerte von $E+A^{-1}F$ die Form $1+\lambda_i$ haben, ist die letztere Matrix nicht singulär, wenn
$$\|A^{-1}F\| < 1. \quad (12.5)$$
Nehmen wir an, daß diese Bedingungen erfüllt ist, und schreiben wir
$$A^{-1}F = G, \quad (12.6)$$

## Die Lösung linearer Gleichungssysteme

so gilt

$$h = -(A+F)^{-1} Fx$$
$$= -(E+G)^{-1} A^{-1} Fx. \qquad (12.7)$$

Mit der Bezeichnung

$$(E+G)^{-1} = H \qquad (12.8)$$

folgt

$$E = H + GH, \qquad (12.9)$$
$$1 \geq \|H\| - \|G\| \, \|H\|. \qquad (12.10)$$

Hier dürfen wir alle unsere Normen mit Ausnahme der Frobenius-Norm einsetzen. Wegen $\|G\| < 1$ gilt nun

$$\|H\| \leq \frac{1}{1 - \|G\|} \qquad (12.11)$$

Damit folgt aus (12.7)

$$h = -HA^{-1} Fx, \qquad (12.12)$$

$$\|h\| \leq \frac{\|A^{-1} F\| \, \|x\|}{1 - \|A^{-1} F\|}$$
$$\leq \frac{\|A^{-1}\| \, \|F\| \, \|x\|}{1 - \|A^{-1}\| \, \|F\|}, \qquad (12.13)$$

vorausgesetzt es ist

$$\|A^{-1}\| \, \|F\| < 1. \qquad (12.14)$$

Unsere Abschätzungen gelten zunächst nicht für die Frobenius-Norm, da wir in (12.10) von $\|E\| = 1$ Gebrauch gemacht haben. Da sie aber für die Norm $\| \; \|_2$ richtig sind, gilt das Ergebnis *a fortiori* auch für die Frobenius-Norm.

Die Abschätzung (12.13) kann man auch in der Form

$$\frac{\|h\|}{\|x\|} \leq \frac{\|A\| \, \|A^{-1}\| \, \dfrac{\|F\|}{\|A\|}}{1 - \|A\| \, \|A^{-1}\| \, \dfrac{\|F\|}{\|A\|}} \qquad (12.15)$$

schreiben. Damit wird der relative Fehler von $x$ ausgedrückt mittels des relativen Fehlers $\|F\|/\|A\|$ von $A$. Auch hier ist offenbar $\|A\| \, \|A^{-1}\|$ die bestimmende Größe.

### Das Runden der Elemente der Koeffizientenmatrix

**13.** Die Überlegungen des Abschnitts 12 können wir nun anwenden, um den Einfluß zu bestimmen, den das Runden der Elemente von $A$ auf $t$ signifikante Stelle hat. Es gilt

$$|f_{ij}| \le 2^{-t}|a_{ij}|, \tag{13.1}$$

$$\|F\|_F \le 2^{-t}\|A\|_F. \tag{13.2}$$

Nach (12.15) gilt daher

$$\frac{\|h\|_2}{\|x\|_2} \le \frac{2^{-t}\|A\|_F\|A^{-1}\|_F}{1-2^{-t}\|A\|_F\|A^{-1}\|_F}. \tag{13.3}$$

Wir können also nicht garantieren, daß $\|h\|_2/\|x\|_2$ klein ist, es sei denn $2^{-t}\|A\|_F\|A^{-1}\|_F$ ist erheblich kleiner als 1.

Benutzen wir die Norm $\|\ \|_2$, so folgt aus (2.20)

$$\|F\|_2 \le 2^{-t}n^{1/2}\|A\|_2, \tag{13.4}$$

und daraus erhalten wir

$$\frac{\|h\|_2}{\|x\|_2} \le \frac{2^{-t}\kappa(A)n^{1/2}}{1-2^{-t}\kappa(A)n^{1/2}}. \tag{13.5}$$

Hier muß nun

$$2^{-t}\kappa(A)n^{1/2} \ll 1 \tag{13.6}$$

gelten, damit der Fehler wesentlich kleiner als $x$ ist.

Bei Benutzung $t$-stelliger Gleitpunktarithmetik läßt dieses Ergebnis vermuten, daß man *im allgemeinen* keine auch nur näherungsweise richtige Lösung für ein Gleichungssystem angeben kann, wenn $\kappa(A) \ge n^{-1/2} \times 2^t$. Diese Vermutung ist in der Tat richtig. In diesem Fall ist es nicht einmal leicht, von einer einigermaßen genauen Inversen diese Tatsache überhaupt festzustellen.

Sei nämlich $X$ die Matrix, welche man durch Runden auf $t$ Stellen aus der exakten Inversen $A^{-1}$ erhält. Dann gilt entsprechend zu (13.2) und (13.4)

$$X = A^{-1} + F \tag{13.7}$$

mit

$$\left.\begin{array}{l}\|F\|_F \le 2^{-t}\|A^{-1}\|_F \\ \|F\|_2 \le 2^{-t}n^{1/2}\|A^{-1}\|_2.\end{array}\right\} \tag{13.8}$$

Daraus folgt aber

$$\begin{aligned}AX &= A(A^{-1}+F) \\ &= E + AF,\end{aligned} \tag{13.9}$$

wobei zum Beispiel
$$\|AF\|_2 \le \|A\|_2 \|F\|_2$$
$$\le \|A\|_2 \times 2^{-t} n^{1/2} \|A^{-1}\|_2 \quad (13.10)$$
$$= 2^{-t} n^{1/2} \kappa(A).$$

Ist also $\kappa(A) \ge n^{-1/2} \times 2^t$, so kann $AF$ eine Norm größer als 1 besitzen, und $AX$ ist folglich keineswegs eine Näherung für die Einheitsmatrix $E$, obwohl doch $X$ die auf $t$ Stellen genaue Inverse ist.

## Fehleruntersuchung beim Gaußschen Eliminationsverfahren

**14.** In [30] ist bereits eine recht ausführliche Fehleruntersuchung zum Gaußschen Eliminationsverfahren veröffentlicht. Die dort angestellten Überlegungen sollen hier nicht in voller Breite wiederholt werden. Es gibt jedoch eine Reihe von Folgerungen praktischer Art aus den dortigen Ergebnissen, die noch weitgehend unbekannt sind. Um diese zu erörtern, geben wir zunächst einen kurzen Überblick über die frühere Untersuchung.

Die Lösung eines Gleichungssystems und die Invertierung einer Matrix durch die Gauß-Elimination gründet sich auf die Dreieckszerlegung der Matrix. Bezeichnen wir das ursprüngliche Gleichungssystem mit

$$A^{(1)} x = b^{(1)}, \quad (14.1)$$

so verschafft man sich $n-1$ weitere zum ersten äquivalente Systeme

$$A^{(r)} x = b^{(r)}, \quad r = 2, \ldots, n, \quad (14.2)$$

wobei die letzte Matrix $A^{(n)}$ die Form einer oberen Dreiecksmatrix hat. Die Gestalt der einzelnen $A^{(r)}$ wird hinreichend klar sein, wenn wir, für den Fall $n=5$, die Matrix $A^{(3)}$ betrachten:

$$A^{(3)} = \begin{bmatrix} x & x & x & x & x \\ 0 & x & x & x & x \\ 0 & 0 & x & x & x \\ 0 & 0 & x & x & x \\ 0 & 0 & x & x & x \end{bmatrix}. \quad (14.3)$$

In den ersten $r-1$ Zeilen und Spalten besitzt $A^{(r)}$ bereits Dreiecksgestalt, während in der rechten unteren Ecke noch eine quadratische Matrix der Ordnung $n+1-r$ vorhanden ist, deren Elemente verschieden von 0 sein können. Aus $A^{(r)}$ erhält man $A^{(r+1)}$, indem man die $r$-te Zeile mit einem Faktor $m_{ir}$ multipliziert und von der $i$-ten Zeile abzieht. $i$ läuft dabei von $r+1$ bis $n$. Die Faktoren $m_{ir}$ lauten

$$m_{ir} = a_{ir}^{(r)}/a_{rr}^{(r)}. \tag{14.4}$$

Die $r$-te Zeile von $A^{(r)}$ heißt die *Pivotzeile*, und $a_{rr}^{(r)}$ heißt $r$-tes *Pivotelement* oder kurz $r$-ter *Pivot*.

Die an der rechten Seite $b^{(r)}$ vorzunehmenden Operationen lassen wir im Augenblick beiseite, da die Erzeugung von $A^{(n)}$ auch noch bei anderen Aufgaben eine Rolle spielt. Zum Beispiel stellt sie den wesentlichen Schritt dar bei der Berechnung von $\det(A^{(1)})$ und von $(A^{(1)})^{-1}$.

### Die rechnerischen Gleichungen

**15.** Unsere Überlegungen sind zunächst von der Art, daß sie sowohl den Fall der Gleitpunktarithmetik als auch den der Festpunktarithmetik erfassen. Betrachten wir die Änderungen, die am Element $a_{ij}$ vorgenommen werden, so sind die beiden Fälle $i \leq j$ und $i > j$ zu unterscheiden.

(I) $i \leq j$

Das Element wird bei jedem Schritt verändert, bis man $A^{(i)}$ erhalten hat. Danach bleibt es unverändert. Die Änderungen werden durch die Gleichungen

$$\left. \begin{array}{l} a_{ij}^{(2)} \equiv a_{ij}^{(1)} - m_{i1} a_{1j}^{(1)} + \varepsilon_{ij}^{(2)} \\ a_{ij}^{(3)} \equiv a_{ij}^{(2)} - m_{i2} a_{2j}^{(2)} + \varepsilon_{ij}^{(3)} \\ \cdots\cdots\cdots\cdots\cdots\cdots\cdots\cdots\cdots\cdots \\ a_{ij}^{(i)} \equiv a_{ij}^{(i-1)} - m_{i,i-1} a_{i-1,j}^{(i-1)} + \varepsilon_{ij}^{(i)} \end{array} \right\} \tag{15.1}$$

beschrieben. Hierbei bezeichnen alle $a_{ij}^{(k)}$ und $m_{ik}$ berechnete Werte. $\varepsilon_{ij}^{(k)}$ ist die Differenz zwischen dem berechneten $a_{ij}^{(k)}$ und dem exakten Wert, der sich ergibt, wenn man von den berechneten Werten $a_{ij}^{(k-1)}$, $m_{i,k-1}$ und $a_{k-1,j}^{(k-1)}$ ausgeht. Die Schranken für die $\varepsilon_{ij}^{(k)}$ hängen von der benutzten Arithmetik ab. Summieren wir die Gleichungen (15.1) auf, so ergibt sich

$$a_{ij}^{(i)} \equiv a_{ij}^{(1)} - m_{i1} a_{1j}^{(1)} - m_{i2} a_{2j}^{(2)} - \cdots - m_{i,i-1} a_{i-1,j}^{(i-1)} + f_{ij}, \tag{15.2}$$

$$f_{ij} \equiv \varepsilon_{ij}^{(2)} + \varepsilon_{ij}^{(3)} + \cdots + \varepsilon_{ij}^{(i)}. \tag{15.3}$$

Wie man sieht, treten in (15.2) keine Produkte von $\varepsilon_{ij}^{(k)}$ auf. Es kommen außer den $m_{ik}$ nur Elemente aus den bisherigen Pivotzeilen, sowie das entsprechende Element der ursprünglichen Matrix vor.

(II) $i > j$

Bis zur Berechnung von $A^{(j)}$ transformieren sich die Elemente wie eben unter (I) beschrieben. $a_{ij}^{(j)}$ wird dann zur Berechnung von $m_{ij}$ benutzt, und $a_{ij}^{(j+1)}$ bis $a_{ij}^{(n)}$ sind sämtlich gleich 0. Die berechneten Faktoren $m_{ij}$ genügen der Gleichung

$$m_{ij} \equiv \frac{a_{ij}^{(j)}}{a_{jj}^{(j)}} + \eta_{ij}. \tag{15.4}$$

$\eta_{ij}$ bezeichnet dabei den Rundungsfehler bei der Division. Die Gleichung (15.4) kann man in die Form

$$0 \equiv a_{ij}^{(j)} - m_{ij} a_{jj}^{(j)} + \varepsilon_{ij}^{(j+1)} \tag{15.5}$$

bringen mit

$$\varepsilon_{ij}^{(j+1)} \equiv a_{jj}^{(j)} \eta_{ij}. \tag{15.6}$$

Damit erhält man insgesamt folgende Gleichungen

$$\left.\begin{aligned} a_{ij}^{(2)} &\equiv a_{ij}^{(1)} - m_{i1} a_{1j}^{(1)} + \varepsilon_{ij}^{(2)} \\ a_{ij}^{(3)} &\equiv a_{ij}^{(2)} - m_{i2} a_{2j}^{(2)} + \varepsilon_{ij}^{(3)} \\ &\cdots\cdots\cdots\cdots\cdots\cdots\cdots\cdots \\ a_{ij}^{(j)} &\equiv a_{ij}^{(j-1)} - m_{i,j-1} a_{j-1,j}^{(j-1)} + \varepsilon_{ij}^{(j)} \\ 0 &\equiv a_{ij}^{(j)} - m_{ij} a_{jj}^{(j)} + \varepsilon_{ij}^{(j+1)}. \end{aligned}\right\} \tag{15.7}$$

Durch Aufsummieren ergibt sich

$$0 \equiv a_{ij}^{(1)} - m_{i1} a_{1j}^{(1)} - m_{i2} a_{2j}^{(2)} - \cdots - m_{ij} a_{jj}^{(j)} + f_{ij}, \tag{15.8}$$

mit

$$f_{ij} \equiv \varepsilon_{ij}^{(2)} + \varepsilon_{ij}^{(3)} + \cdots + \varepsilon_{ij}^{(j+1)}. \tag{15.9}$$

Schreiben wir in (15.2) und (15.8) alle Summanden, die einen Faktor $m_{ik}$ enthalten auf die linke Seite, so zeigt sich, daß die $n^2$ Gleichungen identisch sind mit der Matrizengleichung

$$LU \equiv A^{(1)} + F. \tag{15.10}$$

Dabei ist $L$ eine untere und $U$ eine obere Dreiecksmatrix. Diese Matrizen haben etwa für $n = 4$ folgendes Aussehen:

$$L = \begin{bmatrix} 1 & 0 & 0 & 0 \\ m_{21} & 1 & 0 & 0 \\ m_{31} & m_{32} & 1 & 0 \\ m_{41} & m_{42} & m_{43} & 1 \end{bmatrix}, \tag{15.11}$$

$$U = \begin{bmatrix} a_{11}^{(1)} & a_{12}^{(1)} & a_{13}^{(1)} & a_{14}^{(1)} \\ 0 & a_{22}^{(2)} & a_{23}^{(2)} & a_{24}^{(2)} \\ 0 & 0 & a_{33}^{(3)} & a_{34}^{(3)} \\ 0 & 0 & 0 & a_{44}^{(4)} \end{bmatrix}. \tag{15.12}$$

Das $(i,j)$-te Element von $F$ ergibt sich aus (15.3) bzw. (15.9), je nachdem, ob $i \leq j$ oder $i > j$. Im ersten Fall handelt es sich um die Summe von $i-1$ Rundungsfehlern, im zweiten Fall handelt es sich um die Summe von $j$ Fehlern, deren letzter von der Division herrührt, mit der $m_{ij}$ berechnet wird.

### Abschätzungen bei Gleitpunktarithmetik

**16.** Unsere bisherigen Überlegungen ergaben, daß die berechneten Matrizen $L$ und $U$ die exakte Dreieckszerlegung der Matrix $A + F$ darstellen. Dementsprechend bemühen wir uns nun um Abschätzungen für $F$. Unter Benutzung von Gleitpunktarithmetik ergibt sich das berechnete $a_{ij}^{(k)}$ wie folgt:

$$\begin{aligned} a_{ij}^{(k)} &\equiv gl(a_{ij}^{(k-1)} - m_{i,k-1} a_{k-1,j}^{(k-1)}) \\ &\equiv [a_{ij}^{(k-1)} - m_{i,k-1} a_{k-1,j}^{(k-1)}(1+\varepsilon_1)](1+\varepsilon_2). \end{aligned} \tag{16.1}$$

Hieraus folgt

$$\begin{aligned} \varepsilon_{ij}^{(k)} &\equiv a_{ij}^{(k)} - (a_{ij}^{(k-1)} - m_{i,k-1} a_{k-1,j}^{(k-1)}) \\ &\equiv a_{ij}^{(k)} - \left( \frac{a_{ij}^{(k)}}{1+\varepsilon_2} + m_{i,k-1} a_{k-1,j}^{(k-1)} \varepsilon_1 \right) \\ &\equiv \frac{a_{ij}^{(k)} \varepsilon_2}{1+\varepsilon_2} - m_{i,k-1} a_{k-1,j}^{(k-1)} \varepsilon_1. \end{aligned} \tag{16.2}$$

Dies gilt für alle interessierenden $\varepsilon_{ij}^{(k)}$ mit Ausnahme von $\varepsilon_{ij}^{(j+1)}$. Wollen wir also Abschätzungen für die $\varepsilon_{ij}^{(k)}$ angeben, so benötigen wir zunächst Schranken für die $m_{ik}$ und $a_{ij}^{(k)}$.

Führt man die Rechnung genau in der beschriebenen Form durch, so können die Faktoren $m_{ik}$ beliebig groß werden. Wie man aus (15.4) sieht, versagt die Rechenvorschrift sogar, wenn irgendein $a_{jj}^{(j)}$ verschwindet. Solange die verwendeten Matrizen keine speziellen Eigenschaften aufweisen, versucht man daher die Pivotzeilen, manchmal

Abschätzungen bei Gleitpunktarithmetik

auch die Pivotelemente selbst so zu wählen, daß

$$|m_{ij}| \leq 1. \tag{16.3}$$

Dies läßt sich auf zweierlei Weisen erreichen:
(I) Die Spalten werden in der natürlichen Reihenfolge eliminiert, beim $r$-ten Schritt wählt man aber die Pivotzeile so aus den verbliebenen $n+1-r$ Zeilen aus, daß sie das betragsgrößte Element der $r$-ten Spalte enthält. Dieses Verfahren nennen wir *Spaltenpivotsuche*.
(II) Im $r$-ten Schritt wählt man das betragsgrößte Element der gesamten verbliebenen $(n+1-r)$-zeiligen Matrix als Pivotelement. Dieses Verfahren heißt *vollständige* Pivotsuche.

Benutzt man Spaltenpivotsuche, so ergibt sich, daß die Ungleichung

$$|a_{ij}^{(1)}| \leq a \tag{16.4}$$

für alle Elemente von $A^{(1)}$ die Abschätzung

$$|a_{ij}^{(r)}| \leq 2^{r-1} a \tag{16.5}$$

für die Elemente von $A^{(r)}$ zur Folge hat. Die obere Schranke wird nur bei sehr speziellen Matrizen tatsächlich erreicht (vgl. [30]). In diesen Fällen wäre dann $2^{n-1}a$ der letzte Pivot. In der Praxis kommt ein derartiges Anwachsen des Pivots jedoch selten vor. Es ist schon sehr ungewöhnlich, wenn ein Element die Größenordnung $8a$ erreicht; ist die Matrix schlecht konditioniert, so ist im Gegenteil zu erwarten, daß die Elemente der $A^{(r)}$ bei steigendem $r$ kleiner werden. Außerdem gibt es eine Reihe wichtiger Klassen von Matrizen, bei denen von vornherein bekannt ist, daß die Elemente im Verlauf der Elimination noch nicht einmal so groß werden können, wie eben angenommen (vgl. [30]).

Für den Fall der vollständigen Pivotsuche wurde in [30] bewiesen, daß

$$|a_{rr}^{(r)}| < r^{1/2} (2^1 3^{1/2} 4^{1/3} \ldots r^{1/(r-1)})^{1/2} a. \tag{16.6}$$

Das Wachstum der Elemente ist also wesentlich stärker eingeschränkt als durch (16.5). Der Beweis von (16.6) zeigt überdies, daß die Schranke nicht erreicht werden kann. Der Beweis läßt darüber hinaus vermuten, daß (16.6) eine grobe Überschätzung darstellt. In der Tat wurde bisher noch keine Matrix gefunden, für die $|a_{rr}^{(r)}| > ra$.

Wir setzen diese Überlegungen im Augenblick nicht weiter fort, sondern nehmen jetzt nur an, daß

$$|m_{ij}| \leq 1. \tag{16.7}$$

Weiter bezeichnen wir mit $g$ das größte Element, das in irgendeiner der Matrizen $A^{(r)}$ auftritt. Außerdem ist es keine Beschränkung der

Allgemeinheit, wenn wir annehmen, daß

$$|a_{ij}^{(i)}| \leq 1, \qquad (16.8)$$

da dies stets durch Multiplikation mit geeigneten Skalenfaktoren ohne Rundungsfehler erreicht werden kann. Setzen wir schließlich voraus, daß $A^{(1)}$ die ursprüngliche Matrix nach entsprechender Vertauschung der Zeilen (bei vollständiger Pivotsuche auch der Spalten) bezeichnet, so ist (15.10) bei jeder Form der Pivotsuche richtig.

Aus (16.2) erhalten wir dann

$$|\varepsilon_{ij}^{(k)}| \leq \frac{g \times 2^{-t}}{1 - 2^{-t}} + g \times 2^{-t} \qquad (16.9)$$
$$< 2.01 g \times 2^{-t},$$

wenn etwa $t > 4$. Dies gilt für alle $\varepsilon_{ij}^{(k)}$ mit Ausnahme der $\varepsilon_{ij}^{(j+1)}$ im Fall $i > j$. Für diese müssen wir (15.4) und (15.6) verwenden und erhalten

$$m_{ij} \equiv g\, l\!\left(\frac{a_{ij}^{(j)}}{a_{jj}^{(j)}}\right) \equiv \frac{a_{ij}^{(j)}}{a_{jj}^{(j)}} (1 + \varepsilon), \qquad (16.10)$$

$$\eta_{ij} \equiv \frac{a_{ij}^{(j)}}{a_{jj}^{(j)}} \varepsilon, \qquad (16.11)$$

$$|\varepsilon_{ij}^{(j+1)}| \equiv |a_{jj}^{(j)} \frac{a_{ij}^{(j)}}{a_{jj}^{(j)}} \varepsilon| \equiv |a_{ij}^{(j)} \varepsilon| < g \times 2^{-t} < 2.01 g \times 2^{-t}. \qquad (16.12)$$

Wir brauchen also im folgenden diesen Fall nicht gesondert behandeln. Aus (15.3), (15.9), (16.9) und (16.12) erhalten wir nun

$$|F| \leq 2.01 g \times 2^{-t} \begin{bmatrix} 0 & 0 & 0 & \cdots & 0 & 0 \\ 1 & 1 & 1 & \cdots & 1 & 1 \\ 1 & 2 & 2 & \cdots & 2 & 2 \\ 1 & 2 & 3 & \cdots & 3 & 3 \\ \multicolumn{6}{c}{\dotfill} \\ 1 & 2 & 3 & \cdots & (n-1) & (n-1) \end{bmatrix} \qquad (16.13)$$

Nach unserer Überzeugung hat $g$ bei praktischen Aufgaben fast immer die Größenordnung 1 und ist daher ziemlich bedeutungslos, vorausgesetzt man benutzt Pivotsuche. Zeigen die Beträge der Elemente der $A^{(k)}$ eine fallende Tendenz, so ist die Abschätzung für $F$ viel zu grob. Gehen die Beträge bei jedem Eliminationsschritt um den Faktor 2 zurück, so ist

$$|\varepsilon_{ij}^{(k)}| \leq 2.01 \times 2^{-t} \times 2^{1-k} \qquad (16.14)$$

und

$$|f_{ij}| \leq 2.01 \times 2^{-t}(1 + 2^{-1} + 2^{-2} + \cdots + 2^{1-j}) \leq 2.01 \times 2^{-t} \times 2. \qquad (16.15)$$

Bei sehr schlecht konditionierten Matrizen kann dieser Faktor natürlich weitaus größer sein.

### Gaußsche Elimination mit Festpunktarithemik

**17.** Bei Verwendung von Festpunktarithmetik ist es wesentlich, daß man irgendeine Form von Pivotsuche betreibt, da man hier unbedingt sicherstellen muß, daß alle $|m_{ij}|$ kleiner als 1 sind. Hat man die ursprüngliche Matrix so skaliert, daß alle $a_{ij}^{(k)}$ der Bedingung

$$|a_{ij}^{(k)}| \leq 1 \qquad (17.1)$$

genügen, so befriedigen die $\varepsilon_{ij}^{(k)}$ die Ungleichung

$$|\varepsilon_{ij}^{(k)}| \leq \tfrac{1}{2} \times 2^{-t}. \qquad (17.2)$$

Skalieren wir die ursprüngliche Matrix so, daß

$$|a_{ij}^{(1)}| \leq \tfrac{1}{8}, \qquad (17.3)$$

so ist es, wie oben bemerkt, unwahrscheinlich, daß die Bedingung (17.1) verletzt wird. Für $|F|$ erhalten wir dann wieder die Abschätzung (16.13), mit dem Unterschied, daß der Faktor $2.01 g \times 2^{-t}$ zu ersetzen ist durch $\tfrac{1}{2} \times 2^{-t}$. Man beachte, daß kein Genauigkeitsgewinn der Art, wie er am Ende des letzten Abschnitts für Gleitpunktrechnung diskutiert wurde, zu erwarten ist, wenn die Beträge der Elemente der $A^{(k)}$ fallende Tendenz zeigen.

### Die Berechnung von Determinanten

**18.** Abgesehen vom Vorzeichen, welches von der Anzahl der Zeilen- bzw. Spaltenvertauschungen abhängt, haben $A^{(1)} + F$ und $A^{(n)}$ die gleiche Determinante. Daher gilt

$$|\det(A^{(1)} + F)| = |a_{11}^{(1)} a_{22}^{(2)} \ldots a_{nn}^{(n)}|. \qquad (18.1)$$

Zur Durchführung dieser Multiplikation muß man unbedingt Gleitpunktarithmetik verwenden. Daher gilt für die berechnete Determinante

III. Das Rechnen mit Matrizen

$$\det \equiv g\, l(a_{11}^{(1)} a_{22}^{(2)} \ldots a_{nn}^{(n)})$$
$$\equiv a_{11}^{(1)} a_{22}^{(2)} \ldots a_{nn}^{(n)} (1+\varepsilon), \tag{18.2}$$

$$(1-2^{-t})^{n-t} \le 1+\varepsilon \le (1+2^{-t})^{n-t}. \tag{18.3}$$

Abgesehen von dem Faktor $1+\varepsilon$, der verhältnismäßig unbedeutend ist, ist diese berechnete Determinante identisch mit der exakten Determinante von $A^{(1)}+F$. Besitzt $A^{(1)}$ die Eigenwerte $\lambda_1, \lambda_2, \ldots, \lambda_n$ und $A^{(1)}+F$ die Eigenwerte $\lambda_1', \lambda_2', \ldots, \lambda_n'$, so gilt

$$\text{exakte } \det(A^{(1)}) = \prod \lambda_i, \tag{18.4}$$
$$\text{berechnete } \det(A^{(1)}) \equiv (1+\varepsilon) \prod \lambda_i'. \tag{18.5}$$

Dieses Ergebnis ist wichtig bei der Bestimmung der Eigenwerte einer Matrix aus berechneten Werten von $\det(A-\lambda E)$.

### Die Auflösung eines gestaffelten Gleichungssystems bei Benutzung gewöhnlicher Gleitpunktarithmetik

**19.** Der Gaußsche Algorithmus bringt das lineare Gleichungssystem
$$A x = b \tag{19.1}$$
auf die Form
$$L U x = b, \tag{19.2}$$
wobei $L$ eine untere Dreiecksmatrix mit Einsen in der Hauptdiagonale und $U$ eine obere Dreiecksmatrix ist. Die berechneten Matrizen $L$ und $U$ genügen der Gleichung $LU \equiv A+F$. Könnten wir also (19.2) ohne weitere Rundungsfehler auflösen, so erhielten wir die Lösung des Systems
$$(A+F)x = b. \tag{19.3}$$
Die Gleichung (19.2) löst man nun in zwei Schritten:
$$L y = b, \tag{19.4}$$
$$U x = y. \tag{19.5}$$
In beiden Schritten hat man ein lineares Gleichungssystem aufzulösen, dessen Koeffizientenmatrix Dreiecksform besitzt. Uns interessiert daher der Fehler, der bei der Lösung solcher gestaffelter Gleichungssysteme auftritt. Daß die Hauptdiagonale von $L$ nur Einsen aufweist, spielt keine große Rolle. Die Überlegungen sind daher für den Fall der oberen Dreiecksmatrix und für den Fall der unteren Dreiecksmatrix im wesentlichen identisch. Wir untersuchen daher

Die Auflösung eines gestaffelten Gleichungssystems

den Fall einer unteren Dreiecksmatrix, bei der in der Hauptdiagonale nicht unbedingt Einsen stehen müssen.
Wir schreiben das System in der Form

$$\left.\begin{aligned} l_{11}x_1 &= b_1 \\ l_{21}x_1 + l_{22}x_2 &= b_2 \\ l_{31}x_1 + l_{32}x_2 + l_{33}x_3 &= b_3 \\ &\cdots\cdots\cdots\cdots\cdots \\ l_{n1}x_1 + l_{n2}x_2 + l_{n3}x_3 + \ldots l_{nn}x_n &= b_n. \end{aligned}\right\} \quad (19.6)$$

Die Unbekannten $x_1, x_2, \ldots, x_n$ werden nacheinander aus der ersten, zweiten, …, $n$-ten Gleichung des Systems berechnet. Zu dem Zeitpunkt, an dem man die Unbekannte $x_r$ aus der $r$-ten Gleichung berechnet, sind die Werte für $x_1, x_2, \ldots, x_{r-1}$ bereits bekannt.
Bei Benutzung von Gleitpunktarithmetik ergibt sich

$$x_r \equiv gl\left(\frac{-l_{r1}x_1 - l_{r2}x_2 - \ldots l_{r,r-1}x_{r-1} + b_r}{l_{rr}}\right), \quad (19.7)$$

$$x_r \equiv \frac{-l_{r1}x_1(1+E_{r1}) - l_{r2}x_2(1+E_{r2}) - \cdots - l_{r,r-1}x_{r-1}(1+E_{r,r-1}) + b_r(1+\varepsilon_r)}{l_{rr}(1+\eta_r)}. \quad (19.8)$$

Hierbei gilt

$$|\eta_r| \leq 2^{-t_1}, \quad |\varepsilon_r| \leq 2^{-t_1}, \quad (19.9)$$

$$|E_{ri}| \leq (r+2-i)2^{-t_1}, \quad (19.10)$$

wie sich in leichter Verallgemeinerung der Ergebnisse des Abschnitts 26 von Kapitel I ergibt, wenn man dort das letzte Produkt durch den einfachen Summanden $b_r$ ersetzt. Der Faktor $1+\eta_r$ beschreibt den Fehler, der bei der Division durch $l_{rr}$ entsteht.
Die Gleichung (19.8) läßt sich in die übersichtlichere Form

$$x_r \equiv \frac{-l_{r1}x_1\dfrac{1+E_{r1}}{1+\varepsilon_r} - l_{r2}x_2\dfrac{1+E_{r2}}{1+\varepsilon_r} - \cdots - l_{r,r-1}x_{r-1}\dfrac{1+E_{r,r-1}}{1+\varepsilon_r} + b_r}{l_{rr}\dfrac{1+\eta_r}{1+\varepsilon_r}} \quad (19.11)$$

bringen. Schreibt man dann

$$(1+E_{ri})/(1+\varepsilon_r) = 1+F_{ri}, \quad (19.12)$$

$$(1+\eta_r)/(1+\varepsilon_r) = 1+F_{rr}, \quad (19.13)$$

so entsteht aus (19.11)

$$l_{r1}x_1(1+F_{r1})+l_{r2}x_2(1+F_{r2})+ \cdots +l_{rr}x_r(1+F_{rr}) \equiv b_r. \quad (19.14)$$

Wegen $-2^{-t_1} \le \eta_r \le 2^{-t_1}$ und $-2^{-t_1} \le \varepsilon_r \le 2^{-t_1}$ gilt

$$|F_{rr}| \le 2 \times 2^{-t_1}. \quad (19.15)$$

Die Abschätzungen für die $F_{ri}$ lauten verschieden, je nachdem welche Art von Gleitpunktarithmetik man benutzt. Verwendet man die genauere Form (vgl. die Abschnitte 13–16 von Kapitel I), so zeigen die Gleichungen (26.7) und (26.8) von Kapitel I, daß der Faktor $1+\varepsilon_r$ explizit in jedem $1+E_{ri}$ vorkommt. Daraus folgt

$$|F_{ri}| \le (r+1-i) \times 2^{-t_1}. \quad (19.16)$$

Bei Verwendung der etwas ungenaueren Arithmetik (vgl. die Abschnitte 17–19 von Kapitel I) ist keiner der $r+2-i$ Faktoren von $1+E_{ri}$ identisch mit $1+\varepsilon_r$. Es ergibt sich

$$|F_{ri}| \le (r+3-i) \times 2^{-t_1}. \quad (19.17)$$

Da wir ausschließlich die erstere Form der Arithmetik benutzen wollten, die auch der ACE zu eigen ist, verwenden wir im folgenden die Abschätzung (19.16). Die Ergebnisse werden durch diese Festlegung nicht wesentlich beeinflußt.

Die Beziehungen (19.14), (19.15) und (19.16) zeigen, daß der berechnete Ergebnisvektor die Lösung eines Systems

$$(L+\delta L)x = b \quad (19.18)$$

darstellt. Etwa für den Fall $n=5$ läßt sich $\delta L$ folgendermaßen abschätzen:

$$|\delta L| \le 2^{-t_1} \begin{bmatrix} |l_{11}| & & & & \\ 2|l_{21}| & 2|l_{22}| & & & \\ 3|l_{31}| & 2|l_{32}| & 2|l_{33}| & & \\ 4|l_{41}| & 3|l_{42}| & 2|l_{43}| & 2|l_{44}| & \\ 5|l_{51}| & 4|l_{52}| & 3|l_{53}| & 2|l_{54}| & 2|l_{55}| \end{bmatrix}. \quad (19.19)$$

Wie man sieht, hängt die Matrix $\delta L$ von dem berechneten Vektor $x$ ab. Hingegen ist die Schranke für $|\delta L|$ von $x$ unabhängig.

Gilt für alle $l_{ij}, |l_{ij}| \le g$, so hat man

$$\|\delta L\|_\infty \le \tfrac{1}{2}(n^2+n+2)g \times 2^{-t_1}, \quad (19.20)$$

$$\|\delta L\|_1 \le \tfrac{1}{2}(n^2+n)g \times 2^{-t_1}, \quad (19.21)$$

$$\|\delta L\|_2 \le \|\delta L\|_F = \left[(3n-3) + \sum_{r=1}^{n} r(n-r+1)^2\right]^{1/2} g \times 2^{-t_1}$$

$$\le \frac{1}{\sqrt{12}}(n+2)^2 g \times 2^{-t_1}. \tag{19.22}$$

Für die Normen $\|\ \|_1, \|\ \|_\infty$ und $\|\ \|_F$ gilt außerdem

$$\|\delta L\| \le n \times 2^{-t_1} \|L\|. \tag{19.23}$$

## Die Genauigkeit der berechneten Lösung

**20.** Unter der Annahme, daß alle Elemente von $L$ und $b$ so skaliert sind, daß ihr Betrag unter 1 liegt, können wir mit $g=1$ arbeiten und erhalten

$$b - Lx = \delta Lx, \tag{20.1}$$

$$\|b - Lx\|_\infty \le \tfrac{1}{2}(n^2 + n + 2)2^{-t_1}\|x\|_\infty. \tag{20.2}$$

Die linke Seite von (20.1) bezeichnet den Residuenvektor. (20.2) liefert folglich eine Abschätzung für das maximale Element des Residuenvektors mittels des maximalen Elements des Vektors $x$. Man sieht, daß die Schranke für dieses Residuum linear von $\|x\|_\infty$ abhängt. Der Residuenvektor ist daher notwendigerweise klein, wenn $\|x\|_\infty$ von der Größenordnung 1 ist, gleichgültig ob $x$ eine genaue oder ungenaue Lösung des Gleichungssystems ist.

Der Faktor $\tfrac{1}{2}(n^2 + n + 2)$ ist fast immer viel zu groß. Selbst wenn man ihn durch seine Quadratwurzel ersetzt, überschätzt man noch die tatsächlichen Residuen. Das ist nicht besonders überraschend, wenn man sich daran erinnert, daß die oberen Grenzen für die $(1 + E_{ri})$ nur in sehr speziellen Fällen erreicht werden.

Zu Vergleichszwecken betrachten wir jetzt noch den Residuenvektor, der sich ergibt, wenn man die *exakte* Lösung von

$$Lx = b \tag{20.3}$$

auf $t$ Binärstellen rundet. Wir bezeichnen die exakte Lösung mit $z$ und die gerundete Lösung mit $u$, so daß

$$\begin{aligned} u_i &= z_i(1 + \varepsilon_i) \\ |\varepsilon_i| &\le 2^{-t}. \end{aligned} \tag{20.4}$$

Mit $w_i = z_i \varepsilon_i$ ergibt sich

$$b - Lu = -Lw. \tag{20.5}$$

Mit dieser Lösung können wir daher nur garantieren, daß

$$\|b - Lu\|_\infty \le n \times 2^{-t} \|z\|_\infty. \tag{20.6}$$

Vorausgesetzt, die berechnete Lösung $x$ ist nicht hoffnungslos ungenau, so sind $\|x\|_\infty$ und $\|z\|_\infty$ ungefähr gleich. Die Schranke für die Residuen bei Verwendung von $x$ ist also nur um den Faktor $\tfrac{1}{2}n$ größer als die Schranke bei Verwendung der gerundeten exakten Lösung $u$.

Mit (19.23) erhalten wir aus (12.15)

$$\frac{\|x-z\|}{\|z\|} \leq \frac{\|L\|\,\|L^{-1}\|\,\dfrac{\|\delta L\|}{\|L\|}}{1-\|L\|\,\|L^{-1}\|\,\dfrac{\|\delta L\|}{\|L\|}}$$

$$\leq \frac{n\times 2^{-t_1}\|L\|\,\|L^{-1}\|}{1-n\times 2^{-t_1}\|L\|\,\|L^{-1}\|} \qquad (20.7)$$

für alle Normen mit Ausnahme von $\|\ \|_2$. Wieder spielt die Konditionszahl $\|L\|\,\|L^{-1}\|$ eine wichtige Rolle, was zu erwarten war. *Daß der relative Fehler der berechneten Lösung klein ist, ist nur gesichert, wenn*

$$n\times 2^{-t_1}\|L\|\,\|L^{-1}\| \ll 1. \qquad (20.8)$$

*In diesem Fall kann man die rechte Seite von* (20.7) *näherungsweise ersetzen durch* $n\times 2^{-t_1}\|L\|\,\|L^{-1}\|$. Um so bemerkenswerter ist es, daß sich in der Praxis in vielen Fällen der relative Fehler als unabhängig von $\|L\|\,\|L^{-1}\|$ erweist. Diese wichtige Tatsache werden wir später wieder aufgreifen.

## Die Lösung gestaffelter Gleichungssysteme unter Benutzung von Gleitpunktarithmetik mit akkumulierender Multiplikation

**21.** Die bisherigen Ergebnisse sind zwar keineswegs unbefriedigend; wir können jedoch weit bessere Resultate erzielen, wenn wir innere Produkte durch akkumulierende Multiplikation berechnen können. Es ergibt sich dann

$$x_r \equiv gl_2\left(\frac{-l_{r1}x_1 - l_{r2}x_2 - \cdots - l_{r,r-1}x_{r-1} + b_r}{l_{rr}}\right), \qquad (21.1)$$

und die berechnete Lösung genügt einer Gleichung

$$(L+\delta L)x = b. \qquad (21.2)$$

(21.3) gibt die Abschätzung für $|\delta L|$ im Fall $n=5$ wieder:

$$|\delta L| \leq \tfrac{3}{2} 2^{-2t_2} \begin{bmatrix} |l_{11}| & & & & \\ 4|l_{21}| & |l_{22}| & & & \\ 5|l_{31}| & 4|l_{32}| & |l_{33}| & & \\ 6|l_{41}| & 5|l_{42}| & 4|l_{43}| & |l_{44}| & \\ 7|l_{51}| & 6|l_{52}| & 5|l_{53}| & 4|l_{54}| & |l_{55}| \end{bmatrix} + 2^{-t_1} \begin{bmatrix} |l_{11}| \\ |l_{22}| \\ |l_{33}| \\ |l_{44}| \\ |l_{55}| \end{bmatrix}$$

(21.3)

Um diese Abschätzung zu erhalten, haben wir ähnlich wie in Abschnitt 19 die Beziehung (32.11) aus Kapitel I zu verallgemeinern. Der Beziehung (20.2) entspricht hier die Abschätzung

$$\|b - Lx\|_\infty \leq 2^{-t_1}[1 + \tfrac{3}{2}(n^2 + 5n - 4)2^{-2t_2 + t_1}]\|x\|_\infty. \quad (21.4)$$

Ist $n^2 \times 2^{-t} \ll 1$, so kann man den zweiten Summanden in der Klammer vernachlässigen. *Man sieht, daß in diesem Fall das maximale Residuum einen kleineren Wert hat, als er der richtig gerundeten exakten Lösung entsprechen würde.* Das ist nicht besonders überraschend, da die Gleichung (21.1) *sicherstellt*, daß die berechnete Lösung ein sehr kleines Residuum liefert.

Den Fall der Verwendung von Festpunktarithmetik haben wir in [30] ziemlich ausführlich behandelt. Wir wollen hier diese Überlegungen nicht wiederholen. Sie erfordern einigen Aufwand, besonders da man gewöhnlich skalieren muß, wenn man gestaffelte Gleichungssysteme mit Festpunktarithmetik löst.

## Die Invertierung einer Dreiecksmatrix

**22.** Bei der Invertierung einer Dreiecksmatrix handelt es sich um einen Spezialfall der Auflösung linearer Gleichungssysteme. Man hat das System

$$Lx = b \quad (22.1)$$

zu lösen, wobei die rechte Seite $b$ nacheinander sämtliche Spalten der Einheitsmatrix durchläuft. Bezeichnen wir die $r$-te Spalte der Einheitsmatrix mit $e_r$, so genügt die berechnete Lösung $x_r$ des Systems $Lx = e_r$ der Gleichung

$$(L + \delta L)x_r = e_r. \quad (22.2)$$

Nun verschwinden offensichtlich die ersten $r-1$ Komponenten von $x_r$, so daß wir zur Lösung von $Lx = e_r$ in Wirklichkeit nur die

Dreiecksmatrix in der rechten unteren Ecke von $L$ benutzen. Dementsprechend ergibt sich für $|\delta L_r|$ eine Abschätzung der Art, wie sie (22.3) für den Fall $n=6, r=3$ zeigt:

$$|\delta L_3| \leq 2^{-t_1} \begin{bmatrix} 0 & & & & & \\ 0 & 0 & & & & \\ 0 & 0 & |l_{33}| & & & \\ 0 & 0 & 2|l_{43}| & 2|l_{44}| & & \\ 0 & 0 & 3|l_{53}| & 2|l_{54}| & 2|l_{55}| & \\ 0 & 0 & 4|l_{63}| & 3|l_{64}| & 2|l_{65}| & 2|l_{66}| \end{bmatrix} = K_r. \qquad (22.3)$$

Es ist nicht ganz einfach, diese Abschätzungen für die einzelnen $\delta L_r$ wirklich vorteilhaft zu verwerten. Selbstverständlich gilt aber

$$|\delta L_r| \leq K_1, \quad r=1,2,\ldots,n, \qquad (22.4)$$

wobei $K_1$ eine Matrix ist, wie sie auf der rechten Seite von (19.19) vorkommt. Für einige der $|\delta L_r|$ ist damit der Fehler zweifellos bei weitem überschätzt.

Insgesamt genügt die berechnete Inverse der Gleichung

$$E - LX = F \qquad (22.5)$$

mit

$$|F| \leq K_1 |X|. \qquad (22.6)$$

Folglich gilt

$$\|F\| \leq \|K_1\| \|X\| \qquad (22.7)$$

für alle unsere Normen mit Ausnahme von $\| \ \|_2$, da für die anderen Normen

$$\| |X| \| = \|X\|. \qquad (22.8)$$

gilt.

Nach (19.23) gilt daher

$$\|F\| \leq n \times 2^{-t_1} \|L\| \|X\|. \qquad (22.9)$$

Diese Ungleichung gestattet es, eine Schranke für den relativen Fehler der Inversen anzugeben, welche die Konditionszahl von $L$ benutzt. Aus (22.5) ergibt sich nämlich

$$L^{-1} - X = L^{-1} F, \qquad (22.10)$$

$$\|X\| - \|L^{-1}\| \leq \|L^{-1} - X\| = \|L^{-1} F\| \leq \|L^{-1}\| n \times 2^{-t_1} \|L\| \|X\|, \qquad (22.11)$$

$$\|X\| (1 - n \times 2^{-t_1} \|L\| \|L^{-1}\|) \leq \|L^{-1}\|. \qquad (22.12)$$

Ebenso erhält man

$$\|X\|(1+n\times 2^{-t_1}\|L\|\,\|L^{-1}\|)\geq \|L^{-1}\|. \quad (22.13)$$

Mit (22.9), (22.10) und (22.12) erhält man daher

$$\|L^{-1}-X\| \leq \frac{\|L^{-1}\|\,n\times 2^{-t_1}\|L\|\,\|L^{-1}\|}{1-n\times 2^{-t_1}\|L\|\,\|L^{-1}\|}$$

$$\frac{\|L^{-1}-X\|}{\|L^{-1}\|} \leq \frac{n\times 2^{-t_1}\|L\|\,\|L^{-1}\|}{1-n\times 2^{-t_1}\|L\|\,\|L^{-1}\|}. \quad (22.14)$$

Wie man sieht, hat diese Abschätzung genau die gleiche Form wie die Abschätzung (20.7). Dementsprechend kann man auch hier die rechte Seite durch $n\times 2^{-t}\|L\|\,\|L^{-1}\|$ ersetzen, wenn dieser Ausdruck wesentlich kleiner als 1 ist.

## Die Genauigkeit der Lösung eines gestaffelten Gleichungssystems

**23.** Ist die Matrix $L$ schlecht konditioniert, so daß $\|L\|\,\|L^{-1}\| \gg 1$, so ergibt sich in der Praxis fast immer, daß die Lösung von $Lx=b$ (oder die berechnete Inverse) weitaus genauer ist, als dies nach (20.7) oder (22.14) zu erwarten ist. Diese Tatsache kann man beispielsweise an folgendem Gleichungssystem beobachten:

$$\begin{aligned}
0.9143\times 10^{-4}x_1 &= 0.6524 \\
0.8762x_1 + 0.7156\times 10^{-4}x_2 &= 0.3127 \\
0.7943x_1 + 0.8143x_2 + 0.9504\times 10^{-4}x_3 &= 0.4186 \\
0.8017x_1 + 0.6123x_2 + 0.7165x_3 + 0.7123\times 10^{-4}x_4 &= 0.7853.
\end{aligned} \quad (23.1)$$

Benutzt man Gleitpunktarithmetik mit 4 Dezimalstellen, so ergibt sich folgende Lösung:

$$x^T = (0.7136\times 10^4, -0.8738\times 10^8, 0.7485\times 10^{12}, -0.7528\times 10^{16}). \quad (23.2)$$

Die auf 4 Dezimalstellen gerundete exakte Lösung lautet hingegen

$$z^T = (0.7136\times 10^4, -0.8736\times 10^8, 0.7485\times 10^{12}, -0.7528\times 10^{16}). \quad (23.3)$$

Für den relativen Fehler gilt folglich

$$\frac{\|x-L^{-1}b\|}{\|L^{-1}b\|} \leq O(10^{-4}). \quad (23.4)$$

Nun ist offenbar $\|L\| = O(1)$ und $\|L^{-1}\| = O(10^{16})$. $\kappa(L)$ hat daher die Größenordnung $10^{16}$ und $n \times 10^{-4} \|L\| \|L^{-1}\| = O(10^{12})$. Trotz dieser sehr großen Konditionszahl liegen die Fehler der berechneten Lösung nur in der letzten mitgeführten Stelle. Es ist allerdings zu berücksichtigen, daß die *Minimalkondition* von $L$, wie sie F. L. BAUER [34] definiert, in diesem Fall erheblich kleiner ist als $\kappa(L)$.

Man könnte nun meinen, unser Beispiel sei zu speziell gewählt; wir haben jedoch in [30] bewiesen, daß für große Klassen von Matrizen

$$\frac{\|x - L^{-1}b\|}{\|L^{-1}b\|} \leq f(n) \times 2^{-t} \tag{23.5}$$

gilt, wobei $f(n)$ eine einfache Funktion der Matrizenordnung ist, die zwar von der Art der verwendeten Arithmetik, nicht aber von $\|L\| \|L^{-1}\|$ abhängt. Das Ergebnis läßt sich auch in der Form

$$x - L^{-1}b = s, \tag{23.6}$$

$$\|s\| \leq f(n) \times 2^{-t} \|L^{-1}b\| \tag{23.7}$$

wiedergeben.

**24.** Bei der Invertierung von Dreiecksmatrizen hat man ein ähnliches Ergebnis. In praktisch allen interessierenden Fällen erhält man

$$X - L^{-1} = S, \tag{24.1}$$

$$\|S\| \leq f(n) \times 2^{-t} \|L^{-1}\|. \tag{24.2}$$

*Der relative Fehler der berechneten Inversen ist also fast immer klein.* Aus (24.1) ergibt sich weiter

$$\left.\begin{array}{l} LX - E = LS \\ \|LX - E\| \leq \|L\| \|S\| \leq f(n) \times 2^{-t} \|L\| \|L^{-1}\|, \end{array}\right\} \tag{24.3}$$

$$\left.\begin{array}{l} XL - E = SL \\ \|XL - E\| \leq \|S\| \|L\| \leq f(n) \times 2^{-t} \|L\| \|L^{-1}\|. \end{array}\right\} \tag{24.4}$$

Der Leser sei eindringlich auf die Bedeutung dieser beiden Beziehungen hingewiesen. *In allen Fällen, in denen sie richtig sind, ist sicher, daß $X$ ebenso gut als Linksinverse wie als Rechtsinverse geeignet ist.* Unsere grundlegenden Überlegungen in Abschnitt 22 sicherten lediglich, daß

$$\begin{aligned} \|LX - E\| &\leq n \times 2^{-t} \|L\| \|X\| \\ &\leq \frac{n \times 2^{-t} \|L\| \|L^{-1}\|}{1 - n \times 2^{-t} \|L\| \|L^{-1}\|}, \end{aligned} \tag{24.5}$$

gaben aber keinen Hinweis auf eine entsprechende Abschätzung für $\|XL-E\|$. Tatsächlich wissen wir im allgemeinen auch nur, daß

$$XL - E = L^{-1}FL, \tag{24.6}$$

$$\begin{aligned}\|XL-E\| &\le \frac{\|L^{-1}\| n \times 2^{-t} \|L\| \|L^{-1}\| \|L\|}{1 - n \times 2^{-t} \|L\| \|L^{-1}\|} \\ &= \frac{n \times 2^{-t}(\|L\| \|L^{-1}\|)^2}{1 - n \times 2^{-t} \|L\| \|L^{-1}\|}.\end{aligned} \tag{24.7}$$

Dieses Ergebnis lautet übersichtlicher:
*Gilt*

$$LX - E = F, \quad \text{also} \quad \|LX - E\| = \|F\|, \tag{24.8}$$

*so gilt auch*

$$XL - E = L^{-1}FL, \quad \text{also} \quad \|XL - E\| \le \|L^{-1}\| \|L\| \|F\|. \tag{24.9}$$

*Verwendet man X als Linksinverse, so kann das Residuum um den Faktor $\|L\| \|L^{-1}\|$ größer sein als im Fall der Verwendung als Rechtsinverse.* Das beschriebene Verfahren zur Invertierung einer Dreiecksmatrix garantiert, daß $LX - E$ so klein wird, wie das überhaupt möglich ist, wenn man die Größe der Komponenten von $X$ berücksichtigt. Unsere Folgerung besagt nun, daß das berechnete $X$ *fast immer* ein ebenso kleines Residuum $XL - E$ liefert.

## Die Auflösung eines beliebigen Gleichungssystems

**25.** Wir haben die Auflösung des allgemeinen Systems

$$Ax = b \tag{25.1}$$

bereits zurückgeführt auf die Lösung von

$$LUx = b, \tag{25.2}$$

wobei die berechneten Matrizen $L$ und $U$ der Beziehung

$$LU \equiv A + F \tag{25.3}$$

genügen. Die gesuchte Lösung erhält man nun, indem man zwei gestaffelte Gleichungssysteme löst. Die Durchführung der Rechnung liefert dann

$$(L + \delta L)y \equiv b, \tag{25.4}$$

$$(U + \delta U)x \equiv y. \tag{25.5}$$

Hierbei genügen $\delta L$ und $\delta U$ den Abschätzungen, die wir in den letzten Abschnitten herleiteten. $x$ genügt daher dem Gleichungssystem

$$(L+\delta L)(U+\delta U)x \equiv (L+\delta L)y \equiv b, \tag{25.6}$$

$$(A+F+L\delta U+\delta L U+\delta L \delta U)x \equiv b, \tag{25.7}$$

d. h. $x$ ist die exakte Lösung eines gegenüber dem ursprünglichen System geänderten Systems. Die Änderungen der Matrix $A$ sind Funktionen von $x$, die abgeleiteten Schranken für diese Änderungen sind jedoch von $x$ unabhängig.

Wurde Pivotsuche betrieben, so ist $|l_{ij}| \le 1$ für alle $i$ und $j$. Ist weiter $g$ das Maximum der Komponenten aller $|A^{(r)}|$, so ist $g$ auch eine Schranke für die Elemente von $U$. Bei Benutzung von Gleitpunktarithmetik gilt daher nach (16.13) und (19.19)

$$\|F\|_\infty \le 2.01 g \times 2^{-t_1}(\tfrac{1}{2}n+1)(n-1), \tag{25.8}$$

$$\|\delta L\|_\infty \le \tfrac{1}{2}(n^2+n+2)2^{-t_1}, \tag{25.9}$$

$$\|\delta U\|_\infty \le \tfrac{1}{2}g(n^2+n+2)2^{-t_1}, \tag{25.10}$$

$$\|L\|_\infty \le n, \tag{25.11}$$

$$\|U\|_\infty \le g n. \tag{25.12}$$

Schreiben wir nun (25.7) in der Form

$$(A+K)x \equiv b, \tag{25.13}$$

so können wir $\|K\|_\infty$ abschätzen, und zwar beträgt die Schranke für hinreichend großes $n$ im wesentlichen

$$g \times 2^{-t_1}(2.005 n^2 + n^3 + \tfrac{1}{4}n^4 \times 2^{-t_1}). \tag{25.14}$$

Ist $n \times 2^{-t} \ll 1$, so ist der letzte Summand in der Klammer ohne Bedeutung. Für das Residuum erhält man dann im wesentlichen folgende Abschätzung:

$$\|b-Ax\|_\infty \le g \times 2^{-t_1}(2.005 n^2 + n^3)\|x\|_\infty. \tag{25.15}$$

In diesem Ausdruck überwiegt das Glied $g \times 2^{-t_1} n^3 \|x\|_\infty$, welches von Fehlern bei der Lösung der gestaffelten Systeme herrührt. Nun hatten wir früher (Abschnitt 20) betont, daß die Schranken bei der Lösung solcher gestaffelter Systeme nur unter ganz außergewöhnlichen Bedingungen erreicht werden. In unserem Fall wird sogar die Ersetzung des Ausdrucks $(2.005 n^2 + n^3)$ durch seine Quadratwurzel nicht verhindern, daß der sich ergebende Wert größer ist, als gemeinhin zu erwarten ist. Nach unserer Erfahrung wird bereits der Wert $g \times 2^{-t_1} n \|x\|_\infty$ selten übertroffen.

**26.** Wir wenden uns nun der *Genauigkeit* der berechneten Lösung zu, die ja nur indirekt etwas mit der Größe der Residuen zu tun hat. Wegen

$$LU \equiv A + F \tag{26.1}$$

erhalten wir die Lösung von $(A+F)x=b$ und nicht die Lösung von $Ax=b$, selbst dann, wenn wir unter Benutzung der berechneten Matrizen $L$ und $U$ das System

$$LUx = b \tag{26.2}$$

exakt lösen würden.

Wir haben bereits betont, daß die Genauigkeit der berechneten Lösung eines Systems mit schlecht konditionierter Dreiecksmatrix im allgemeinen wesentlich größer ist, als man nach der Größe der Residuen annehmen würde. Nun lösen wir nacheinander die beiden gestaffelten Systeme

$$\left.\begin{array}{l} Ly = b, \\ Ux = y. \end{array}\right\} \tag{26.3}$$

Wenn auch hier das berechnete $x$ sehr nahe an der exakten Lösung von $LUx=b$ liegt (natürlich bei Verwendung der berechneten Matrizen $L$ und $U$), so bedeutet das, daß $x$ sehr nahe an der exakten Lösung von $(A+F)x=b$ liegt. Der Fehler der berechneten Lösung $x$ rührt dann im wesentlichen von der Fehlermatrix $F$ her.

Für den Augenblick nehmen wir an, daß die berechnete Lösung $x$ *jedes* gestaffelten Systems

$$Lx = b \tag{26.4}$$

der Bedingung

$$\frac{\|x - L^{-1}b\|}{\|L^{-1}b\|} \leq f(n) \times 2^{-t} \tag{26.5}$$

genügt. Wie wir in Abschnitt 23 ausführten, ist diese Annahme nur für gewisse Klassen von Dreiecksmatrizen streng bewiesen. In der Praxis ergab sich jedoch, daß sie fast immer erfüllt ist. Unter dieser Annahme vergleichen wir nun die berechnete Lösung von $LUx=b$ mit $(LU)^{-1}b$.

Nach Annahme gilt für die Vektoren $y$ und $x$ aus (25.4) und (25.5)

$$\left.\begin{array}{l} y - L^{-1}b \equiv e \\ \|e\| \leq f(n) \times 2^{-t}\|L^{-1}b\|, \end{array}\right\} \tag{26.6}$$

$$\left.\begin{array}{l} x - U^{-1}y \equiv h \\ \|h\| \leq f(n) \times 2^{-t}\|U^{-1}y\|. \end{array}\right\} \tag{26.7}$$

Folglich ist

$$x = U^{-1}L^{-1}b + U^{-1}e + h, \tag{26.8}$$

und hieraus erhält man

$$\begin{aligned}\|x-(LU)^{-1}b\| &= \|U^{-1}e+h\| \\ &\leq \|U^{-1}\|\,\|e\| + \|h\| \\ &\leq \|U^{-1}\|f(n)\times 2^{-t}\|L^{-1}b\| + f(n)\times 2^{-t}\|U^{-1}\|\,\|y\| \\ &\leq f(n)\times 2^{-t}\|U^{-1}\|\,\|L^{-1}b\| \\ &\quad + f(n)\times 2^{-t}\|U^{-1}\|\,(1+f(n)\times 2^{-t})\|L^{-1}b\| \\ &= f(n)\times 2^{-t}(2+f(n)\times 2^{-t})\,\|U^{-1}\|\,\|L^{-1}b\|.\end{aligned}$$
(26.9)

*Sind also* $\|(LU)^{-1}b\|$ *und* $\|U^{-1}\|\,\|L^{-1}b\|$ *von der gleichen Größenordnung, so gilt*

$$\frac{\|x-(LU)^{-1}b\|}{\|(LU)^{-1}b\|} = g(n)\times 2^{-t}, \tag{26.10}$$

wobei $g(n)$, ebenso wie $f(n)$, eine einfache Funktion von $n$ ist. Diese zusätzliche Bedingung ist in der Praxis gewöhnlich dann erfüllt, wenn man Pivotsuche benutzt hat, und wenn $\|(LU)^{-1}b\|$ in etwa die gleiche Größenordnung aufweist wie $\|(LU)^{-1}\|\,\|b\|$. Für den letzteren Fall muß $b$ so beschaffen sein, daß es vollständig die gute oder schlechte Kondition von $LU$ widerspiegelt. Hat eine rechte Seite $b$ diese Eigenschaft, so wird die Genauigkeit der berechneten Lösung im wesentlichen von der Fehlermatrix $F$ bestimmt.

Wenn auch die zuletzt angestellten Überlegungen auf etwas einseitigen Annahmen beruhen, so kann doch ihre Bedeutung für die praktische Anwendung nicht genug betont werden. Das Beispiel in den Abschnitten 29 und 30 wird dies treffend erläutern.

### Die Invertierung beliebiger Matrizen

**27.** Wir wenden nun die Ergebnisse des letzten Abschnitts auf die Invertierung von Matrizen an. In diesem Fall haben wir die Systeme

$$LUx_r = e_r, \quad r=1,2,\ldots,n \tag{27.1}$$

nach den $n$ Vektoren $x_r$ aufzulösen. Diese stellen dann die Spalten der inversen Matrix dar. Jedes berechnete $x_r$ genügt einer Gleichung

der Form
$$(A+F+L\delta U_r+\delta L_r U+\delta L_r \delta U_r)\,x_r \equiv e_r, \qquad (27.2)$$
wobei zwar die Störungen $\delta L_r$ und $\delta U_r$ für jedes $r$ anders sein können, die Schranken für diese Störmatrizen aber alle identisch sind. Bezeichnen wir also die berechnete Gesamtlösung mit $X$, so liefern die früher abgeleiteten Abschätzungen

$$AX - E = F, \qquad (27.3)$$
mit
$$\|F\|_\infty \le \|x\|_\infty g \times 2^{-t_1}(2.005\,n^2 + n^3 + \tfrac{1}{4}n^4 \times 2^{-t}). \qquad (27.4)$$

Für die Normen $\|\ \|_1$ und $\|\ \|_F$ gilt im wesentlichen die gleiche Abschätzung, für die Norm $\|\ \|_2$ ist das Ergebnis etwas schwächer. In den Abschätzungen für den Beitrag aus der Lösung der gestaffelten Systeme kommen nämlich Ausdrücke der Form $\|\,|\delta L|\,\|\,\|\,|X|\,\|$ vor. Nun haben wir zwar $\|\,|\delta L|\,\|$ direkt abgeschätzt, $\|\,|X|\,\|_2$ müßten wir jedoch durch $n^{1/2}\|X\|_2$ abschätzen. Dadurch wird in (27.4) aus dem Summanden $n^3$ ein Summand $n^{7/2}$, wenn wir die Norm $\|\ \|_2$ benutzen. Im vorigen Abschnitt gab es diese Schwierigkeit nicht, da für Vektoren $\|\,|x|\,\|_2 = \|x\|_2$.

## Rechts- und Linksinverse

**28.** Die bisherige Abschätzung galt der Differenz $AX-E$ und qualifizierte $X$ als Rechtsinverse von $A$. Ausgehend von der Gleichung $AX-E=F$ weiß man zunächst nur, daß $\|XA-E\| \le \|A\|\,\|A^{-1}\|\,\|F\|$. Es liegt nahe zu fragen, ob in der Praxis tatsächlich das Residuum um den Faktor $\|A\|\,\|A^{-1}\|$ größer ist, wenn man $X$ als Linksinverse benutzt. Dies interessiert namentlich dann, wenn $A$ schlecht konditioniert ist. Die Antwort lautet, daß man im allgemeinen diesen Faktor nicht antreffen wird. *Bei Benutzung des von uns beschriebenen Verfahrens* zeigt sich fast immer, daß $AX-E$ und $XA-E$ gleiche Größenordnung aufweisen, auch dann, wenn $A$ schlecht konditioniert ist. (Man vergleiche die Beispiele in den Abschnitten 29 und 30.)

Dieses Ergebnis läßt sich aus dem entsprechenden Ergebnis bei der Invertierung von Dreiecksmatrizen ableiten. Wenn bei der Invertierung der Dreiecksmatrizen keine Fehler auftreten würden, so wäre $(A+F)^{-1}$ die berechnete Inverse. Die zur Inversen $(A+F)^{-1}$ gehörigen Residuenmatrizen $G$ und $H$ lauten aber

$$E - (A+F)^{-1}A, \qquad (28.1)$$
$$E - A(A+F)^{-1}, \qquad (28.2)$$

d. h.
$$G = E - (E + A^{-1}F)^{-1}, \quad (28.3)$$
$$H = E - (E + FA^{-1})^{-1}. \quad (28.4)$$

Daraus ergibt sich

$$\|G\| \le \frac{\|A^{-1}\|\,\|F\|}{1 - \|A^{-1}\|\,\|F\|}, \quad (28.5)$$

$$\|H\| \le \frac{\|A^{-1}\|\,\|F\|}{1 - \|A^{-1}\|\,\|F\|}. \quad (28.6)$$

Man erhält also die gleiche Abschätzung für die Residuenmatrix, ob man nun $X$ als Rechtsinverse oder als Linksinverse benutzt.

Betrachtet man nun die bei der Invertierung der Dreiecksmatrizen gemachten Fehler, so kann man erwarten, daß die berechnete Inverse einer Beziehung

$$\frac{\|x - (A+F)^{-1}\|}{\|(A+F)^{-1}\|} \le 2^{-t} g(n) \quad (28.7)$$

genügt, wobei $g(n)$ eine einfache Funktion von $n$ ist. Nach den Bemerkungen am Ende von Abschnitt 26 ist diese Abschätzung in der Tat richtig, wenn $\|(LU)^{-1}E\|$ die gleiche Größenordnung hat wie $\|(LU)^{-1}\|\,\|E\|$. Das aber trifft immer zu, d. h. eine Spalte von $(LU)^{-1}$ spiegelt immer die Kondition von $LU$ wider. (Auch hierzu vergleiche man das Beispiel im nächsten Abschnitt.) (28.7) kann man in der Form

$$x = (A+F)^{-1} + y, \quad (28.8)$$
$$\|y\| \le 2^{-t} g(n) \|(A+F)^{-1}\| \quad (28.9)$$

schreiben. Bei Benutzung von $X$ als Linksinverser bzw. Rechtsinverser erhält man die Residuen $G - YA$ bzw. $-AY + H$, und es ist wiederum kein Grund zu sehen, weshalb sich im ersten Fall ein größeres Residuum ergeben sollte als im zweiten.

### Numerisches Beispiel

**29.** Ein einfaches numerisches Beispiel möge die Ergebnisse, die wir gerade erhielten, verdeutlichen und ihre Bedeutung unterstreichen. Wir betrachten die Auflösung eines Gleichungssystems mit 3 Unbekannten, wozu wir Gleitpunktarithmetik mit 6 Dezimalstellen benutzen. Gleichzeitig bestimmen wir die Inverse der Koeffizientenmatrix. $L$ und $U$ bezeichnen in Tabelle 6 stets die rechnerisch ermittelten Dreiecksmatrizen.

## Numerisches Beispiel

### Tabelle 6.

$$A = \begin{bmatrix} 0.932165 & 0.443126 & 0.417632 \\ 0.712345 & 0.915312 & 0.887652 \\ 0.632165 & 0.514217 & 0.493909 \end{bmatrix}, \; b_1 = \begin{bmatrix} 0.876132 \\ 0.815327 \\ 0.912345 \end{bmatrix}, \; b_2 = \begin{bmatrix} 0.876132 \\ 0.815327 \\ 0.648206 \end{bmatrix}$$

$$L \equiv \begin{bmatrix} 1.000000 & & \\ 0.764183 & 1.000000 & \\ 0.678169 & 0.370573 & 1.000000 \end{bmatrix}, \; U \equiv \begin{bmatrix} 0.932165 & 0.443126 & 0.417632 \\ & 0.576683 & 0.568505 \\ & & 0.110000 \times 10^{-4} \end{bmatrix}$$

$$LU \equiv \begin{bmatrix} 0.932165 & 0.443126 & 0.417632 \\ 0.712344\,646195 & 0.915312\,356058 & 0.887652\,274656 \\ 0.632165\,405885 & 0.514217\,465653 & 0.493908\,679173 \end{bmatrix}.$$

Es gilt also $LU \equiv A + F$ mit $|F_{ij}| \leq \frac{1}{2} 10^{-6}$.

Berechnete Lösung von $Ly = b_1$ $\equiv \begin{bmatrix} 0.876132 \\ 0.145802 \\ 0.264149 \end{bmatrix}$

Berechnete Lösung von $Ux = y$ $\equiv \begin{bmatrix} 0.495702 \times 10^3 \\ -0.236728 \times 10^5 \\ 0.240135 \times 10^5 \end{bmatrix}.$

Exakte Lösung von $LUx = b_1$ $\equiv \begin{bmatrix} 0.495688\ldots \times 10^3 \\ -0.236730\ldots \times 10^5 \\ 0.240135\ldots \times 10^5 \end{bmatrix}.$

Die berechnete Lösung von $LUx = b_1$ genügt der Beziehung

$$\|\text{Fehler}\| / \|x\| = O(10^{-6}).$$

$A \times$ berechnete Lösung $= \begin{bmatrix} 0.848914\,03 \\ 0.744229\,59 \\ 0.893028\,73 \end{bmatrix}$, Residuenvektor $= \begin{bmatrix} 0.027217\,97 \\ 0.071097\,41 \\ 0.019316\,27 \end{bmatrix}.$

Auf 6 Stellen gerundete exakte Lösung von $Ax = b_1$ $= \begin{bmatrix} 0.464479 \times 10^3 \\ -0.221797 \times 10^5 \\ 0.224990 \times 10^5 \end{bmatrix},$ Residuenvektor $= \begin{bmatrix} 0.004439\,165 \\ 0.009252\,145 \\ 0.005181\,865 \end{bmatrix}.$

III. Das Rechnen mit Matrizen

$X =$ berechnete Inverse von $LU$

$$\begin{bmatrix} -0.738281 \times 10^3 & -0.695049 \times 10^3 & 0.187349 \times 10^4 \\ 0.353969 \times 10^5 & 0.332125 \times 10^5 & -0.896199 \times 10^5 \\ -0.359075 \times 10^5 & -0.336885 \times 10^5 & 0.909091 \times 10^5 \end{bmatrix}$$

$Y =$ gerundete exakte Inverse von $LU$

$$\begin{bmatrix} -0.738278 \times 10^3 & -0.695073 \times 10^3 & 0.187345 \times 10^4 \\ 0.353970 \times 10^5 & 0.332124 \times 10^5 & -0.896199 \times 10^5 \\ -0.359076 \times 10^5 & -0.336885 \times 10^5 & 0.909091 \times 10^5 \end{bmatrix}$$

$Z =$ gerundete exakte Inverse von $A$

$$\begin{bmatrix} -0.691606 \times 10^3 & -0.651287 \times 10^3 & 0.175529 \times 10^4 \\ 0.331643 \times 10^5 & 0.311177 \times 10^5 & -0.839673 \times 10^5 \\ -0.336427 \times 10^5 & -0.315636 \times 10^5 & 0.851751 \times 10^5 \end{bmatrix}$$

$AX$ exakt

$$\begin{bmatrix} 0.965961\,035 & 0.026291\,915 & 0.043249\,650 \\ -0.067636\,145 & 1.020718\,095 & 0.045758\,450 \\ -0.065098\,565 & -0.006885\,085 & 1.101359\,450 \end{bmatrix}.$$

$XA$ exakt

$$\begin{bmatrix} 1.040417\,580 & 0.042210\,636 & 0.042166\,870 \\ -0.054482\,500 & 1.010391\,100 & -0.054998\,300 \\ 0.001931\,500 & -0.030482\,300 & 1.037229\,900 \end{bmatrix}$$

Die Differenzen $AX-E$ und $XA-E$ haben also die gleiche Größenordnung. Daß die Differenzen kleiner sein würden, war nicht zu erwarten.

$$\left.\begin{matrix}\text{Berechnete}\\\text{Lösung}\\\text{von } Ly=b_2\end{matrix}\right\} \equiv \begin{bmatrix} 0.876132 \\ 0.145802 \\ 0.100000 \times 10^{-4} \end{bmatrix}, \qquad \left.\begin{matrix}\text{Berechnete}\\\text{Lösung}\\\text{von } Ux=y\end{matrix}\right\} \equiv \begin{bmatrix} 0.838436 \\ -0.643371 \\ 0.909091 \end{bmatrix}.$$

$$A \times \text{berechnete Lösung} \Big\} = \begin{bmatrix} 0.876131\ 768706 \\ 0.815326\ 940000 \\ 0.648205\ 815152 \end{bmatrix}, \quad \text{Residuenvektor} = \begin{bmatrix} 0.231294 \\ 0.060000 \\ 0.184848 \end{bmatrix} \times 10^{-6}.$$

$$\text{Exakte Lösung von } Ax = b_2 \Big\} = \begin{bmatrix} 0.838561 \\ -0.649354 \\ 0.915160 \end{bmatrix}, \quad \text{Residuenvektor} = \begin{bmatrix} 0.324919 \\ 0.168583 \\ 0.190813 \end{bmatrix} \times 10^{-6}.$$

Die berechnete Lösung und die gerundete exakte Lösung verursachen also einen Residuenvektor gleicher Größenordnung.

## Bemerkungen zu diesem Beispiel

**30.** Die Konditionszahl der Matrix hat die Größenordnung $10^5$, da offensichtlich $\|A\| = O(1)$ und $\|A^{-1}\| = O(10^5)$. Da eine Akkumulation von Rundungsfehlern bei einer Matrix der Ordnung 3 nicht in Betracht kommt, darf man erwarten, daß die berechnete Inverse einen relativen Fehler von ungefähr $10^5 \times 10^{-6}$ besitzt. Diese Schätzung trifft auf das Ergebnis zu. Hinsichtlich der Lösung mit $b_1$ als rechter Seite ist zu sagen, daß der Fehler im wesentlichen von dem Fehler $F$ herrührt, der bei der Dreieckszerlegung entstand. Obwohl $U$ schlecht konditioniert ist, ($U$ hat die Konditionszahl $O(10^5)$,) hat der relative Fehler der berechneten Lösung nur die Ordnung $10^{-6}$. Das unterstützt unsere Behauptung am Ende von Abschnitt 26.

In Anbetracht der Größe der Komponenten von $x$ kann man nicht erwarten, daß das Residuum $b - Ax$ kleiner ausfällt. Die letzte Stelle der Komponenten von $x$ hat den Stellenwert 0.1, weshalb man Residuen, die erheblich kleiner sind als 0.1, nicht erwarten darf. In der Tat ergibt sich, daß *die Residuen der auf 6 signifikante Stellen gerundeten, exakten Lösung in etwa die gleiche Größe haben wie die Residuen der berechneten Lösung.* Trotzdem weist die berechnete Lösung in einigen Komponenten absolute Fehler der Größe 1500 auf. Ein Vektor, bei dem Fehler dieser Größenordnung völlig *willkürlich* auftreten würden, hätte Residuen der Ordnung 1 000, d.h. etwa um den Faktor $10^5$ größere Residuen. Unser Lösungsverfahren verteilt aber die Fehler gerade so, daß möglichst kleine Residuen entstehen. Man beachte weiter, daß die zur rechten Seite $b_1$ gehörige berechnete Lösung und die entsprechende exakte Lösung sich ziemlich genau wie 1.06731 zu 1 verhalten. Das aber ist auch der Quotient des berechneten und des exakten $u_{33}$ (vgl. Abschnitt 53). Diesen Quotienten wird man für alle rechten Seiten erhalten, für die $\|x\|/\|b\|$ und $\|A^{-1}\|$ die gleiche Größenordnung haben. Wäre $A$ noch schlechter konditioniert, so wären noch mehr Stellen in den Quotienten entsprechender Komponenten der exakten und der berechneten Lösung identisch.

Bei der Berechnung der Inversen gelten ähnliche Bemerkungen. Auch hier verdirbt im wesentlichen die Matrix $F$ das Ergebnis, während die berechnete Inverse von $LU$ keinen großen relativen Fehler gegenüber der exakten Inversen von $LU$ besitzt. Betrachtet man wieder den Stellenwert der letzten Stellen der Inversen, so sieht man, daß die Residuenmatrix $AX-E$ gar nicht viel kleiner ausfallen könnte, als sie in Wirklichkeit ist. Wären die relativen Fehler von $X$ willkürlich verteilt bei gleicher Größenordnung, so wäre die Residuenmatrix um den Faktor $10^5$ größer. Die Residuen der berechneten Inversen $X$ und der gerundeten exakten Inversen haben etwa die gleiche Größenordnung. Das aber hatten wir mit unserer Fehleruntersuchung vorhergesagt.

*Die Residuenmatrizen $XA-E$ und $AX-E$ haben gleiche Größenordnung*, erstere ist also nicht um den Faktor $\|A\|\,\|A^{-1}\|$ größer. Das folgt nicht aus unseren Überlegungen, sondern ergibt sich aus der außergewöhnlichen Genauigkeit, welche die berechnete Inverse der meisten Dreiecksmatrizen aufweist. Das Lösungsverfahren garantiert unmittelbar, daß $AX-E$ klein wird; die Größe von $XA-E$ hängt jedoch unter anderem auch von den Eigenschaften der auftretenden Matrizen ab. Ist es für praktische Anwendungen von besonderer Bedeutung, daß $XA-E$ klein wird, so ist es sicherer, wenn man die Matrix $A^T$ invertiert und das Ergebnis wieder transponiert. Im Beispiel ist die berechnete und die exakte Inverse wieder fast proportional mit dem oben erwähnten Proportionalitätsfaktor 1.06731.

Die rechte Seite $b_1$ hat die Eigenschaft, daß $\|(LU)^{-1}b_1\|$, $\|(LU)^{-1}\|\,\|b_1\|$ und $\|U^{-1}\|\,\|L^{-1}\|$ alle die gleiche Größenordnung aufweisen. Hingegen ist $b_2$ so gewählt, daß $\|(LU)^{-1}b_2\|$ beträchtlich kleiner ist als $\|(LU)^{-1}\|\,\|b_2\|$. Die berechnete Lösung hat die Größenordnung 1, was man von $\|(LU)^{-1}\|\,\|b_2\|$ nicht behaupten kann. Entsprechend ist der relative Fehler der berechneten Lösung recht beträchtlich. Andererseits ist der Residuenvektor sehr klein. Da wir gezeigt haben, daß die Normen des Residuenvektors und der Lösung direkt proportional sind, ist das nicht weiter verwunderlich. Wenn die Matrix schlecht konditioniert ist, darf man also nicht von der Größe des Residuenvektors auf die Genauigkeit der Lösung schließen. Jedoch entspricht die berechnete Lösung des Systems der exakten Lösung eines Systems mit einer rechten Seite $b_2'$, die sich

## Bemerkungen zu diesem Beispiel

um weniger als eine Einheit der letzten signifikanten Stelle von $b_2$ unterscheidet. In der Ausdrucksweise des Abschnitts 26 heißt das, daß die rechte Seite $b_1$ die Kondition der Koeffizientenmatrix widerspiegelt, $b_2$ aber nicht.

Wie man sieht, gibt es rechte Seiten, bei denen sich die schlechte Kondition weder durch die „Größe" des Lösungsvektors noch durch die Größe der Residuen bemerkbar macht. Invertiert man aber die gesamte Matrix, so macht sich die Kondition immer bemerkbar. Ist $\|AX-E\|$ hinreichend klein, so ist auch der relative Fehler von $X$ klein. Ist umgekehrt $X$ die Inverse einer normalisierten Matrix und ist die Norm von $X$ nicht zu groß, so ist, wie sich in Abschnitt 27 ergab, auch die Norm $\|AX-E\|$ klein. Auch wenn wir in unserem Beispiel nicht die Inverse berechnet hätten, sondern nur das System mit $b_2$ gelöst hätten, hätte uns das Kleinwerden von $u_{33}$ auf die schlechte Kondition von $A$ hingewiesen.

Nehmen wir allerdings die Matrix $A - \lambda E$ der Ordnung 21 mit

$$A = \begin{bmatrix} 10 & & & & & & \\ 1 & 9 & 1 & & & & \\ & 1 & 8 & & & & \\ & & & \cdot & \cdot & \cdot & \\ & & & & \cdot & \cdot & \cdot \\ & & & & & \cdot & \cdot & \cdot \\ & & & & & 1 & -9 & 1 \\ & & & & & & 1 & -10 \end{bmatrix}, \quad \lambda = 10.7461942 \qquad (30.1)$$

und benutzen den Einheitsvektor $e_{21}$ (die letzte Spalte der Einheitsmatrix) als rechte Seite, so ergeben sich bei Spaltenpivotsuche keine kleinen Pivots. Arbeiten wir mit 9 Dezimalstellen, so hat die berechnete Lösung die Größenordnung 1, und die Residuen liegen in der Größenordnung $10^{-8}$. Es sind also keine Anzeichen schlechter Kondition zu sehen. Trotzdem ist $A - \lambda E$ fast singulär, und von der berechneten Lösung ist nicht einmal die erste signifikante Stelle richtig. Die Berechnung der gesamten Inversen bringt selbstverständlich die schlechte Kondition zum Vorschein. Bei *vollständiger* Pivotsuche hätte sich die schlechte Kondition während der Zerlegung in Dreiecksmatrizen gezeigt. Dieses nicht unerwartete Ergebnis hat sich nach der Erfahrung des Verfassers als allgemein richtig erwiesen.

## Die Zerlegung in Dreiecksmatrizen mit dem verkürzten Gaußschen Algorithmus

**31.** Wir sahen, daß bei schlecht konditionierten Matrizen $A$ der Fehler $F$ eine überragende Rolle spielt, was die Genauigkeit der berechneten Inversen betrifft. Folglich wäre ein Verfahren vorteilhaft, welches $F$ minimalisiert. Abgesehen von Rundungsfehlern, erzeugt die Gaußsche Elimination Dreiecksmatrizen $L$ und $U$, welche der Gleichung

$$LU = A \qquad (31.1)$$

genügen. Nun kann man die Komponenten von $L$ und $U$ direkt aus dieser Matrixgleichung gewinnen. Elementweise ausgeschrieben lautet (31.1) nämlich

$$l_{i1}u_{1j} + l_{i2}u_{2j} + \cdots + l_{i,i-1}u_{i-1,j} + u_{ij} = a_{ij} \quad \text{falls} \quad j \geq i, \quad (31.2)$$

$$l_{i1}u_{1i} + l_{i2}u_{2i} + \cdots + l_{ij}u_{ji} = a_{ij} \quad \text{falls} \quad i > j. \quad (31.3)$$

Aus den Gleichungen (31.2) lassen sich die Elemente von $U$ berechnen, und aus (31.3) kann man die Komponenten von $L$ bestimmen, wenn man folgende Reihenfolge benutzt:

$$\left.\begin{array}{l} u_{11} \to u_{12} \to u_{13} \cdots \to u_{1n} \\ l_{21} \to u_{22} \to u_{23} \cdots \to u_{2n} \\ l_{31} \to l_{32} \to u_{33} \cdots \to u_{3n} \\ \cdots\cdots\cdots\cdots\cdots\cdots\cdots\cdots \\ l_{n1} \to l_{n2} \to l_{n3} \cdots \to u_{nn} \end{array}\right\}. \qquad (31.4)$$

Die Elemente $u_{ij}$ und $l_{ij}$ ergeben sich aus den Gleichungen

$$u_{ij} = a_{ij} - l_{i1}u_{1j} - \cdots - l_{i,i-1}u_{i-1,j}, \qquad (31.5)$$

und

$$l_{ij} = (a_{ij} - l_{i1}u_{1j} - \cdots - l_{i,j-1}u_{j-1,j})/u_{jj}, \qquad (31.6)$$

in denen nur vorgegebene oder vorher berechnete Größen vorkommen. Kann man die inneren Produkte durch akkumulierende Multiplikation berechnen und anschließend das doppelt lange Ergebnis als Zähler bei der Division benutzen, so macht man bei jeder Komponente genau einen Rundungsfehler.

Die Durchführung der Rechnung in der eben beschriebenen Weise ist äquivalent zum Gaußschen Eliminationsverfahren *ohne Pivotsuche*. Dementsprechend können die Elemente $u_{ij}$ und $l_{ij}$ beliebig groß werden. Das Verfahren läßt sich aber leicht so abändern, daß man in den Genuß der Vorteile der Spaltenpivotsuche kommt.

In diesem Fall ergeben sich abgesehen von Rundungsfehlern genau die gleichen Matrizen $L$ und $U$ wie beim Gaußschen Algorithmus mit Spaltenpivotsuche.

### Die Zerlegung in Dreiecksmatrizen mit Spaltenpivotsuche

**32.** Nach den Änderungen, welche die Spaltenpivotsuche betreffen, hat der verkürzte Gaußsche Algorithmus folgendes Aussehen:
Es sind insgesamt $n$ Schritte durchzuführen, wobei der $r$-te Schritt die Bestimmung der $r$-ten Spalte von $L$ und $r$-ten Zeile von $U$ enthält. (32.1) zeigt innerhalb der Klammern die Situation zu Beginn des $r$-ten Schrittes für den Fall $n=5, r=3$.

$$\begin{matrix} \\ \\ s_3 \\ s_4 \\ s_5 \end{matrix} \begin{bmatrix} u_{11} & u_{12} & u_{13} & u_{14} & u_{15} \\ l_{21} & u_{22} & u_{23} & u_{24} & u_{25} \\ l_{31} & l_{32} & a_{33} & a_{34} & a_{35} \\ l_{41} & l_{42} & a_{43} & a_{44} & a_{45} \\ l_{51} & l_{52} & a_{53} & a_{54} & a_{55} \end{bmatrix} \qquad (32.1)$$

Die hier auftretenden Elemente $a_{ij}$ sind die unveränderten Komponenten der ursprünglichen Matrix. Es könnten lediglich einige Zeilen vertauscht sein, wie man jetzt gleich aus der Beschreibung des $r$-ten Schrittes sehen wird. Zuerst berechnet man die $n+1-r$ Größen $s_r, s_{r+1}, \ldots, s_n$ aus den Gleichungen

$$s_t = a_{tr} - l_{t1} u_{1r} - l_{t2} u_{2r} - \cdots - l_{t,r-1} u_{r-1,r}, \quad t=r, r+1, \ldots, n. \qquad (32.2)$$

Einerseits ist $s_t$ der $r$-te Pivot, wenn man die $t$-te Zahl als $r$-te Pivotzeile wählen würde; andererseits durchlaufen bei beliebiger Wahl der $r$-ten Pivotzeile die $s_t$ die sämtlichen Zähler von (31.6). Ist nun $s_{p_r}$ dasjenige Element unter den $s_t$ mit dem größten Betrag, so wählt man $s_{p_r}$ als $r$-ten Pivot und vertauscht entsprechend die $r$-te und $p_r$-te Zeile der Matrix (32.1) miteinander, einschließlich der Elemente $s_r$ und $s_{p_r}$. Gleichzeitig ändert man die Bezeichnung so, daß alle Elemente die ihrer neuen Position zukommenden Indizes tragen. Damit erhält man

$$\left.\begin{aligned} u_{rr} &= s_r \\ u_{rt} &= a_{rt} - l_{r1} u_{1t} - l_{r2} u_{2t} - \cdots - l_{r,r-1} u_{r-1,t}, \quad t=r+1, \cdots, n \end{aligned}\right\} \qquad (32.3)$$

$$l_{tr} = s_t / u_{rr}, \quad t=r+1, r+2, \ldots n. \qquad (32.4)$$

Offenbar gilt für alle $l_{ij}$ $|l_{ij}| \le 1$.

Um nun tatsächlich irgendeinen Nutzen aus dieser direkten Bestimmung von $L$ und $U$ zu ziehen, muß man die vorkommenden inneren Produkte in irgendeiner Weise akkumulieren. Benutzt man nur die gewöhnliche Gleitpunktarithmetik, so ist das Verfahren, auch was die Rundungsfehler betrifft, identisch mit der Gaußschen Elimination mit Spaltenpivotsuche. Übrigens gelten alle früheren Bemerkungen bezüglich des Größenwachstums der Komponenten von $U$ auch bei Anwendung dieses neuen Verfahrens.

Waren die Komponenten der ursprünglichen Matrix schon so skaliert, daß alle Elemente von $|U|$ kleiner als 1 werden, so ergibt sich genau wie im Fall der akkumulierenden Festpunktmultiplikation

$$LU = A + F \tag{32.5}$$

mit einer Abschätzung für $F$, die für den Fall $n=5$

$$|F| \leq \tfrac{1}{2} \times 2^{-t} \begin{bmatrix} 0 & 0 & 0 & 0 & 0 \\ |u_{11}| & 1 & 1 & 1 & 1 \\ |u_{11}| & |u_{22}| & 1 & 1 & 1 \\ |u_{11}| & |u_{22}| & |u_{33}| & 1 & 1 \\ |u_{11}| & |u_{22}| & |u_{33}| & |u_{44}| & 1 \end{bmatrix} \tag{32.6}$$

lautet.

Nach Annahme kann man alle $|u_{rr}|$ durch 1 ersetzen und erhält dann

$$\|F\| < (n/2) \times 2^{-t}. \tag{32.7}$$

Die Abschätzung (32.6) zeigt deutlich die mangelnde Symmetrie der Berechnung von $L$ und $U$. Bisher hatten wir die Diagonalelemente von $L$ auf 1 normiert. Genausogut könnten wir jedoch für $l_{rr}$ und $u_{rr}$ jedes beliebige Wertepaar nehmen, das der Beziehung

$$l_{rr} u_{rr} = a_{rr} - l_{r1} u_{1r} - l_{r2} u_{2r} - \cdots - l_{r,r-1} u_{r-1,r} \tag{32.8}$$

genügt. Da der Ausdruck auf der rechten Seite negativ sein könnte, ist es im allgemeinen unmöglich die Wahl $l_{rr} = u_{rr}$ zu treffen. Wir können allerdings

$$l_{rr} = |u_{rr}| \tag{32.9}$$

wählen. Dann ist $l_{rr}$ positiv und $u_{rr}$ hat das Vorzeichen der rechten Seite von (32.8) Damit gilt

$$LU = A + F, \tag{32.10}$$

wobei für $n=4$

$$|F| \le \tfrac{1}{2} \times 2^{-t} \times \begin{bmatrix} 2|u_{11}| & |u_{11}| & |u_{11}| & |u_{11}| \\ |u_{11}| & 2|u_{22}| & |u_{22}| & |u_{22}| \\ |u_{11}| & |u_{22}| & 2|u_{33}| & |u_{33}| \\ |u_{11}| & |u_{22}| & |u_{33}| & 2|u_{44}| \end{bmatrix}. \qquad (32.11)$$

Diese Art des Vorgehen liefert für gewöhnlich eine ausgewogenere Fehlermatrix. Ist $A$ schlecht konditioniert, so werden außerdem die späteren $|u_{rr}|$ meist wesentlich kleiner als 1. Die Norm der Fehlermatrix kann daher beträchtlich unter $(n/2) \times 2^{-t}$ sinken.

Nun ist es ziemlich belanglos, ob $l_{rr}$ exakt gleich $|u_{rr}|$ ist. Man könnte daher die Benutzung der Quadratwurzel vermeiden, etwa indem man für $l_{rr}$ die Potenz von 2 wählt, welche der Wurzel aus dem Betrag der rechten Seite von (32.8) am nächsten liegt. Damit könnte man zugleich die Division durch $l_{rr}$ durch eine Verschiebung ersetzen.

## Positiv definite Matrizen

**33.** Ist die Matrix positiv definit und symmetrisch, so kann man bekanntlich [30] $A$ auf die Form $LL^T$ bringen, wobei die Dreiecksmatrix $L$ reelle Komponenten hat. Diese Zerlegung geht zurück auf CHOLESKY. Durch Vergleich der Diagonalelemente in der Gleichung

$$LL^T = A \qquad (33.1)$$

erhält man

$$l_{i1}^2 + l_{i2}^2 + \cdots + l_{ii}^2 = a_{ii}, \quad i = 1, 2, \ldots, n. \qquad (33.2)$$

Sind also alle Komponenten von $|A|$ kleiner als 1, so gilt das auch für die Elemente von $L$, und die Rechnung kann mit Festpunktarithmetik durchgeführt werden. *Man beachte, daß bei diesem Verfahren keine Pivotsuche notwendig ist.* Die im letzten Abschnitt angegebene Methode ist eine Verallgemeinerung dieses Verfahrens auf den Fall unsymmetrischer Matrizen. Die berechnete Matrix $L$ genügt der Gleichung

$$LL^T = A + F \qquad (33.3)$$

wobei für $F$ die Abschätzung (32.11) gilt, die ebenfalls symmetrisch ist. Es besteht allerdings die Gefahr, daß die Definitheit durch Rundungsfehler verloren geht. Das kann dann nicht vorkommen, wenn $A+F$ ebenfalls positiv definit ist. Aus Abschnitt 12 ersieht man, daß hierfür die Bedingung $\|A^{-1}\| \|F\| < 1$ ausreicht, die wiederum erfüllt ist, wenn

$$\|A^{-1}\| < 2^{t+1}/(n+1). \tag{33.4}$$

Ganz entsprechend beweist man, daß die berechneten $|l_{ij}|$ sicher alle kleiner als 1 sind, wenn

$$|a_{ij}| \leq 1 - 2^{-t}. \tag{33.5}$$

(Vgl. die ausführlichere Behandlung in [30].)

Die Cholesky-Zerlegung ist also auch ohne Pivotsuche stabil. Ist $A$ symmetrisch, aber nicht positiv definit, so kann man immer noch die am Ende des letzten Abschnitts angegebene Methode verwenden. Benutzt man dabei keine Pivotsuche, so sieht man leicht, daß sich $U$ nur durch die Vorzeichen einiger Zeilen von $L^T$ unterscheidet. *Die Stabilität des positiv definiten Falles ist jedoch nicht mehr gewährleistet; ohne Pivotsuche kann die Inverse auch bei gut konditionierten Matrizen sehr ungenau werden.* Man sieht das am Beispiel der gut konditionierten Matrix

$$\begin{bmatrix} 0.00000\ 003 & 0.96512\ 714 \\ 0.96512\ 714 & 0.00000\ 003 \end{bmatrix}. \tag{33.6}$$

### Numerisches Beispiel

**34.** In Tabelle 7 geben wir die Berechnung der Inversen einer schlecht konditionierten Matrix wieder. Die Matrix lautet

$$A = \frac{50 \times 10!}{10^8} \begin{bmatrix} \frac{1}{2} & \frac{1}{3} & \frac{1}{4} & \frac{1}{5} & \frac{1}{6} \\ \frac{1}{3} & \frac{1}{4} & \frac{1}{5} & \frac{1}{6} & \frac{1}{7} \\ \frac{1}{4} & \frac{1}{5} & \frac{1}{6} & \frac{1}{7} & \frac{1}{8} \\ \frac{1}{5} & \frac{1}{6} & \frac{1}{7} & \frac{1}{8} & \frac{1}{9} \\ \frac{1}{6} & \frac{1}{7} & \frac{1}{8} & \frac{1}{9} & \frac{1}{10} \end{bmatrix}.$$

Wegen des angegebenen Skalenfaktors läßt sich die Eingangsmatrix ohne Rundungsfehler wiedergeben. Die Multiplikation mit diesem konstanten Faktor ändert die Kondition der Matrix nicht.

## Tabelle 7

$$A = \begin{bmatrix} 0.9072\,0000 & 0.6048\,0000 & 0.4536\,0000 & 0.3628\,8000 & 0.3024\,0000 \\ 0.6048\,0000 & 0.4536\,0000 & 0.3628\,8000 & 0.3024\,0000 & 0.2592\,0000 \\ 0.4536\,0000 & 0.3628\,0000 & 0.3024\,0000 & 0.2592\,0000 & 0.2268\,0000 \\ 0.3628\,8000 & 0.3024\,0000 & 0.2592\,0000 & 0.2268\,0000 & 0.2016\,0000 \\ 0.3024\,0000 & 0.2592\,0000 & 0.2268\,0000 & 0.2016\,0000 & 0.1814\,4000 \end{bmatrix}$$

$$L = \begin{bmatrix} 0.9524\,7047 & & & & \\ 0.6349\,8032 & 0.2244\,9943 & & & \\ 0.4762\,3524 & 0.2693\,9933 & 0.0549\,9088 & & \\ 0.3809\,8819 & 0.2693\,9934 & 0.0942\,7011 & 0.0136\,0665 & \\ 0.3174\,9016 & 0.2565\,7079 & 0.1178\,3769 & 0.0302\,3706 & 0.0033\,8039 \end{bmatrix}$$

Obere Hälfte von $(A - LL^T) \times 10^8$ (exakt)

$$\begin{bmatrix} 0.3777\,9791 & -0.3831\,1504 & -0.2873\,3628 & -0.0393\,7493 & -0.1915\,5752 \\ & -0.0857\,6273 & -0.1117\,8587 & -0.1074\,7970 & 0.0496\,6991 \\ & & 0.0294\,5191 & -0.0106\,8546 & 0.0260\,9237 \\ & & & 0.0124\,4537 & 0.0018\,6161 \\ & & & & 0.0003\,4185 \end{bmatrix}$$

$L^{-1}$

$$\begin{bmatrix} 1.049\,9013 & & & & \\ -2.969\,5696 & 4.454\,3543 & & & \\ 5.455\,4511 & -21.821\,802 & 18.18\,4834 & & \\ -8.399\,2677 & 62.994\,461 & -125.98\,886 & 73.49\,3476 & \\ 11.739\,135 & -140.869\,44 & 493.04\,186 & -657.38\,764 & 295.8\,2385 \end{bmatrix}$$

Obere Hälfte der berechneten Matrix $A^{-1}$

$$X = \begin{bmatrix} 248.0\,3757 & -231\,5.0680 & 69\,45.3056 & -83\,34.4536 & 34\,72.7161 \\ & 2430\,8.534 & -777\,87.957 & 972\,35.511 & -416\,72.540 \\ & & 2592\,94.16 & -3333\,78.98 & 1458\,53.54 \\ & & & 4375\,59.80 & -1944\,70.94 \\ & & & & 875\,11.750 \end{bmatrix}$$

Gerundete obere Hälfte der exakten Inversen von $A$

$$\begin{bmatrix} 248.0\ 1587 & -231\ 4.8148 & 69\ 44.4444 & -83\ 33.3333 & 34\ 72.2222 \\ & 2430\ 5.556 & -777\ 77.778 & 972\ 22.222 & -416\ 66.667 \\ & & 2592\ 59.26 & -3333\ 33.33 & 1458\ 33.33 \\ & & & 4375\ 00.00 & -1944\ 44.44 \\ & & & & 875\ 00.00 \end{bmatrix}$$

$$AX = \begin{bmatrix} 1.00000\ 3536 & 0.00051\ 408 & 0.00205\ 632 & 0.00338\ 688 & 0.00009\ 072 \\ 0.00001\ 8144 & 1.00021\ 824 & 0.00232\ 848 & 0.00186\ 192 & 0.00049\ 248 \\ 0.00001\ 7712 & 0.00015\ 552 & 1.00202\ 4 & 0.00149\ 472 & 0.00045\ 576 \\ 0.00001\ 10016 & 0.00018\ 216 & 0.00157\ 1328 & 1.00152\ 4032 & 0.00029\ 8368 \\ 0.00000\ 9072 & 0.00016\ 2 & 0.00137\ 664 & 0.00134\ 496 & 1.00026\ 864 \end{bmatrix}$$

**Anmerkungen zur Lösung**

**35.** An diesem Beispiel lassen sich die meisten Ergebnisse unserer Überlegungen der letzten Abschnitte aufzeigen. $LL^T$ liegt außergewöhnlich nahe bei $A$. Das war zu erwarten, da die Diagonalelemente von $L$ fast alle wesentlich kleiner als 1 sind. Viele Komponenten von $A - LL^T$ sind beträchtlich kleiner als eine Einheit der achten Dezimalstelle, obwohl nur mit akkumulierender Multiplikation mit 8 Dezimalen gearbeitet wurde.

$L$ ist zwar schlecht konditioniert, trotzdem traten keine nennenswerten Rundungsfehler bei der Berechnung der Inversen von $L$ auf. In der Tat unterscheidet sich die berechnete Inverse von $L$ von der exakten Inversen von $L$ nur in der letzten mitgeführten Dezimalen. Entsprechend stimmt die berechnete Matrix $A^{-1}$ recht genau mit der exakten Inversen von $LL^T$ überein. Es erweist sich also als sehr vorteilhaft, daß $A - LL^T$ so klein ist.

Der maximale Fehler in den Komponenten von $A^{-1}$ beträgt 59.80 und tritt beim Element (4,4) auf. Es ist recht aufschlußreich, diesen Fehler mit dem Fehler zu vergleichen, der sich ergibt, wenn man etwa das Element $a_{44}$ um $10^{-8}$ ändert; in diesem Fall ändert sich das Element (4,4) von $A^{-1}$ um etwa 1476. *Mit anderen Worten: Sämtliche während der Berechnung der Inversen gemachten Rundungsfehler bewirken nur $\frac{1}{30}$ des Fehlers, den eine Änderung einer der Komponenten von $A$ um eine Einheit der achten Dezimalstelle verursachen würde.*

Da die berechnete Matrix $X$ symmetrisch ist, gilt $(AX - E)^T = XA - E$. Obwohl einige Elemente Fehler der Größenordnung 50 aufweisen, sind diese Fehler doch so korreliert, daß die Residuen um den Faktor $10^5$ kleiner sind als bei einer Matrix, die Fehler gleicher Größenordnung in zufälliger Verteilung aufweisen würde. Die Residuen sind fast ebenso klein wie bei der gerundeten exakten Inversen.

## Die Residuen bei Gleichungsauflösung mit blockskalierender Arithmetik

**36.** Die letzten Abschnitte zeigten die großen Vorteile, die eine direkte Zerlegung in Dreiecksmatrizen bietet, wenn man Spaltenpivotsuche benutzt und innere Produkte akkumuliert. Im folgenden setzen wir daher voraus, daß dieses Verfahren angewandt wird, und untersuchen die Auflösung des gestaffelten Gleichungssystems unter der Voraussetzung, daß mit blockskalierender Arithmetik gearbeitet wird. Weiter nehmen wir an, daß in der Hauptdiagonalen der Dreiecksmatrix $L$ Einsen stehen, so daß die enge Verwandtschaft mit der Gaußschen Elimination erhalten bleibt.

Wir bezeichnen die berechnete Lösung von

$$Ax = b \qquad (36.1)$$

mit $y \times 2^k$, wobei $y$ ein gemäß der Bedingung (6.2) standardisierter, blockskalierter Vektor ist. Wie in [30] bewiesen wurde, genügt das berechnete Produkt $LU$ den Beziehungen

$$LU \equiv A + F, \quad |f_{ij}| \leq \tfrac{1}{2} \times 2^{-t} \qquad (36.2)$$
$$(A+F) y \times 2^k \equiv b + f, \quad |f_i| \leq \tfrac{1}{2} i \times 2^{k-t} \qquad (36.3)$$

vorausgesetzt, daß alle Elemente von $U$ kleiner als 1 sind, und daß die gesamte Rückwärtseinsetzung unter Benutzung von ein und demselben Skalenfaktor $2^k$ durchgeführt wird.

Daraus folgt

$$(A + F + F_1) y \times 2^k \equiv b, \qquad (36.4)$$

wobei $F_1 y \times 2^k$ mit dem Vektor $-f$ aus (36.3) übereinstimmt. Damit gilt

und

$$\|F_1\|_\infty \leq n \times 2^{-t} \qquad (36.5)$$

$$\|F + F_1\|_\infty \leq \frac{3n}{2} \times 2^{-t} \qquad (36.6)$$

Dafür kann man dann schreiben

$$A y \times 2^k = b + g, \tag{36.7}$$

$$\|g\|_\infty \leq \frac{3n}{2} \|y \times 2^k\|_\infty \times 2^{-t}. \tag{36.8}$$

Die Schranke für den Fehler $F_1$ ist zwar doppelt so groß wie die für $F$. In den Abschnitten 26 und 30 ergab sich jedoch, daß $F$ hinsichtlich der Genauigkeit von $y \times 2^k$ die bedeutendere Rolle spielt. Hingegen tritt der Einfluß von $F_1$ bei der Bestimmung der Residuen zutage, wie (36.8) zeigt. Diese Überlegungen bilden die Grundlage der Untersuchung der nächsten Abschnitte, die hier erstmalig veröffentlicht wird. *In den Abschnitten 37 bis 45 wird nur die Norm $\|\ \|_\infty$ benutzt.*

### Iterative Verbesserung der Lösung

**37.** Wenn die Matrix $A$ schlecht konditioniert ist, könnte die berechnete Lösung $x^{(1)}$ des Systems $Ax = b$ nicht hinreichend genau sein. Zwar ließe sich eine genauere Lösung gewinnen, wenn man mit höherer Genauigkeit rechnet, aber das ist manchmal nicht durchführbar. In jedem Fall wäre es vorteilhaft, wenn man Angaben über die Genauigkeit der Lösung besitzen würde.

Zu allen diesen Zwecken entwickeln wir nun ein Verfahren zur Bestimmung einer Folge von Vektoren $x^{(1)}, x^{(2)}, \ldots$, die unter gewissen Bedingungen gegen die exakte Lösung konvergieren. Dabei setzen wir voraus, daß $x^{(1)}$ mit einer Rechenvorschrift ermittelt wurde, für die die Abschätzungen des Abschnitts 36 gelten. Demnach sind wir im Besitz einer unteren Dreiecksmatrix $L$ und einer oberen Dreiecksmatrix $U$, derart daß

$$LU \equiv A + F. \tag{37.1}$$

Hierbei und im folgenden bezeichnen $A$ und $b$ die Matrix und die rechte Seite nach den Zeilenvertauschungen, die zur Ermittlung von $L$ und $U$ vorgenommen wurden.

Nun definieren wir Vektoren $r^{(s)}$ und $x^{(s)}$ durch

$$r^{(s)} = b - A x^{(s)}, \tag{37.2}$$

$$x^{(s+1)} = x^{(s)} + (LU)^{-1} r^{(s)}. \tag{37.3}$$

$r^{(s)}$ ist also der Residuenvektor zu $x^{(s)}$. *Falls diese Folgen von Vektoren ohne weitere Rundungsfehler bestimmt werden könnten*, hätten wir

## Iterative Verbesserung der Lösung

$$x^{(s+1)} = x^{(s)} + (LU)^{-1}(b - Ax^{(s)})$$
$$= x^{(s)} + (LU)^{-1}(Ax - Ax^{(s)}), \quad (37.4)$$

$$x^{(s+1)} - x = x^{(s)} - x + (LU)^{-1} A(x - x^{(s)})$$
$$= [E - (LU)^{-1} A](x^{(s)} - x) \quad (37.5)$$
$$= [E - (LU)^{-1} A]^s (x^{(1)} - x). \quad (37.6)$$

In gleicher Weise folgt

$$r^{(s+1)} = A(x - x^{(s+1)}) = A[E - (LU)^{-1} A]^s (x - x^{(1)}), \quad (37.7)$$
$$r^{(s+1)} = [E - A(LU)^{-1}] r^{(s)}. \quad (37.8)$$

Wäre $F = 0$, so hätte man nach einer Iteration $x^{(s)} = x$ und $r^{(s)} = 0$. Aus den Gleichungen (37.6) und (37.7) folgt, daß die Konvergenz gesichert ist, falls

$$[E - (A+F)^{-1} A]^s \to 0 \quad \text{für} \quad s \to \infty. \quad (37.9)$$

Mit den Bezeichnungen

$$\left. \begin{array}{r} (A+F)^{-1} A = E - G \\ A^{-1}(A+F) = E - H \end{array} \right\} \quad (37.10)$$

gilt aber

$$\left. \begin{array}{l} \|G\| \le \|F\| \|A^{-1}\| / (1 - \|F\| \|A^{-1}\|) \\ \|H\| \le \|F\| \|A^{-1}\| / (1 - \|F\| \|A^{-1}\|). \end{array} \right\} \quad (37.11)$$

Das Verfahren konvergiert demnach, wenn

$$\|F\| \|A^{-1}\| < \tfrac{1}{2}, \quad (37.12)$$

oder nach den Ergebnissen des letzten Abschnitts, wenn

$$\|A^{-1}\| < 2^t / n. \quad (37.13)$$

Natürlich kann das Verfahren auch konvergieren, wenn $\|A^{-1}\|$ nicht dieser Abschätzung genügt, aber dann müssen $A, F$ und $b$ ganz speziell miteinander zusammenhängen. Daß irgendeine Bedingung der Form (37.13) notwendig ist, ist klar, da $A + F$ sogar singulär sein könnte, wenn $\|A^{-1}\|$ zu groß ist.

Ist (37.13) erfüllt, so kann man statt (37.12) schreiben

$$\|F\| \|A^{-1}\| < 2^{-p} \quad \text{mit} \quad p > 1. \quad (37.14)$$

Aus (37.5), (37.8) und (37.11) ergibt sich dann

$$\|x^{(s+1)} - x\| \le [2^{-p}/(1 - 2^{-p})] \|x^{(s)} - x\|, \quad (37.15)$$
$$\|x^{(s+1)}\| \le [2^{-p}/(1 - 2^{-p})] \|r^{(s)}\|. \quad (37.16)$$

Mit jedem Iterationsschritt wird also der Fehler und das Residuum um den Faktor $2^{-p}/(1-2^{-p})$ kleiner. Wenn $p$ wesentlich größer als 2 ist, gewinnt man daher mit jedem Schritt mindestens $p$ Binärstellen an Genauigkeit.

### Die praktische Durchführung des Verfahrens

**38.** Wir wenden uns nun der praktischen Durchführung des Verfahrens mittels blockskalierender Arithmetik zu. Im allgemeinen konvergiert das Verfahren nicht, wenn die Bedingung (37.13) verletzt ist. Um aber eine vernünftige Konvergenzgeschwindigkeit beim exakten Iterationsverfahren zu erzielen, nehmen wir an, daß folgende schärfere Bedingung erfüllt ist:

$$\|A^{-1}\| < 0.1 \times 2^{t-1}/n. \tag{38.1}$$

Da nach (36.4) und (36.6) $x^{(1)}$ die exakte Lösung von

$$(A+F+F_1)x^{(1)}=b, \quad \|F+F_1\|_\infty \leq \tfrac{3}{2}n \times 2^{-t} \tag{38.2}$$

ist, folgt aus (12.13)

$$\frac{\|x-x^{(1)}\|}{\|x\|} \leq \frac{\|A^{-1}\| \times \dfrac{3n}{2} \times 2^{-t}}{1-\|A^{-1}\| \times \dfrac{3n}{2} \times 2^{-t}}$$

$$< \frac{0.075}{1-0.075} < 0.082, \tag{38.3}$$

$$0.918 \|x\| \leq \|x^{(1)}\| \leq 1.082 \|x\|. \tag{38.4}$$

$x^{(1)}$ und $x$ haben also bereits die gleiche Größenordnung. Zusätzlich zeigen wir jetzt noch, daß auch das Residuum zu $x^{(1)}$ bereits etwa die gleiche Größe aufweist wie das Residuum zur richtig gerundeten e.g.b. Lösung $\bar{x}$. Wir wissen nämlich, daß

$$\|b-Ax^{(1)}\| \leq \frac{3n}{2} \|x^{(1)}\| \times 2^{-t}, \tag{38.5}$$

und aus (20.6) folgt

$$\|b-A\bar{x}\| \leq n \|\bar{x}\| \times 2^{-t}, \tag{38.6}$$

wobei sich $\|x\|, \|x^{(1)}\|$ und $\|\bar{x}\|$ höchstens um einen Faktor $1 \pm 0.09$ unterscheiden. Sind also die Rundungsfehler bei $x^{(1)}$ auch nur etwas günstiger verteilt, als es der Abschätzung entsprechen würde, so könnte das Residuum zu $x^{(1)}$ sogar kleiner sein als das zu $\bar{x}$. In diesem

Fall kann das Residuum $r^{(s)}$ natürlich nicht bei jedem Iterationsschritt um den Faktor $2^{-p}$ kleiner werden, wie es der Abschätzung (37.16) entsprechen würde. Stattdessen wird es ungefähr seinen ursprünglichen Betrag behalten. Es könnte ebensogut größer wie kleiner werden.

Trotzdem ist es verhältnismäßig einfach, den Rechengang so einzurichten, *daß die Folge der berechneten $x^{(s)}$ gegen $\bar{x}$ konvergiert, und zwar mit ungefähr der gleichen Konvergenzgeschwindigkeit, wie sie den theoretischen Überlegungen des letzten Abschnitts entsprechen würde.* Der Rechengang hätte dann folgendermaßen auszusehen:

Wir bezeichnen die im $s$-ten Schritt errechnete Lösung mit $x^{(s)}$ und schreiben

$$\left.\begin{array}{l} x^{(s)} = 2^k y^{(s)}, \\ \bar{x} \phantom{{}^{(s)}} = 2^k \bar{y} \end{array}\right\} \tag{38.7}$$

Unter der Annahme, daß das Verfahren tatsächlich konvergiert, bleibt der Exponent $k$ während der Iteration konstant und ist identisch mit dem Exponenten von $\bar{x}$. (Liegt die maximale Komponente von $\bar{y}$ in der Gegend von $\frac{1}{2}$ oder 1, so könnte $k$ gelegentlich um 1 größer oder kleiner werden. Das spielt hier aber keine Rolle.) Eine Iteration besteht dann aus folgenden Einzelschritten:

(I) Man berechne den exakten d.g.b. Vektor $r^{(s)}$ nach der Vorschrift

$$r^{(s)} = b - A x^{(s)}. \tag{38.8}$$

$r^{(s)}$ wird ein nicht standardisierter Vektor sein. Gilt (38.1), so tritt erhebliche Auslöschung auf, gewöhnlich von etwa $t$ Stellen. In der Tat folgt aus (38.5), daß die Residuen zu $x^{(1)}$ der Ungleichung

$$\|r^{(1)}\| \leq \frac{3n}{2} \|x^{(1)}\| \times 2^{-t} \tag{38.9}$$

genügen. Weiter unten wird sich zeigen, daß für die folgenden $r^{(s)}$ eine ähnliche Abschätzung gilt.

(II) Man konvertiere $r^{(s)}$ in einen standardisierten e.g.b. Vektor $\bar{r}^{(s)}$. Dieser Vektor genügt dann der Beziehung

$$\bar{r}^{(s)} \equiv r^{(s)} + g^{(s)}, \tag{38.10}$$

$$\|g^{(s)}\| \leq 2^{-t} \|r^{(s)}\|. \tag{38.11}$$

(III) Man löse unter Benutzung der vorhandenen Matrizen $L$ und $U$ das System $LUx = \bar{r}^{(s)}$. Die sich ergebende Lösung $\delta^{(s)}$ genügt der Beziehung

$$(A + F + F_1)\delta^{(s)} \equiv \bar{r}^{(s)}. \tag{38.12}$$

$F_1$ lautet hierbei zwar für jedes $s$ anders, genügt aber immer der Ungleichung (36.5).

(IV) Man berechne $x^{(s+1)}$, indem man $\delta^{(s)}$ und $x^{(s)}$ mit einfach genauer blockskalierender Arithemtik addiert. Es gilt dann

$$x^{(s+1)} \equiv bs(x^{(s)} + \delta^{(s)})$$
$$= x^{(s)} + \delta^{(s)} + h^{(s)}, \qquad (38.13)$$

$$\|h^{(s)}\| \leq 2^{-t} \|x^{(s)}\|, \qquad (38.14)$$

falls $\|\delta^{(s)}\| \leq \|x^{(s)}\|$. (Der nachfolgende Beweis rechtfertigt diese Annahme.)

## Untersuchung der praktischen Rechenvorschrift

**39.** Aus (38.10) bis (38.13) folgt

$$\begin{aligned}x^{(s+1)} &= x^{(s)} + (A+F+F_1)^{-1}(r^{(s)} + g^{(s)}) + h^{(s)} \\ &= x^{(s)} + (A+F+F_1)^{-1}(Ax - Ax^{(s)} + g^{(s)}) + h^{(s)},\end{aligned} \qquad (39.1)$$

also

$$\begin{aligned}x^{(s+1)} - x &= [E - (A+F+F_1)^{-1}A](x^{(s)} - x) + \\ &\quad + (A+F+F_1)^{-1} g^{(s)} + h^{(s)}.\end{aligned} \qquad (39.2)$$

Mit der Bezeichnung

$$E - (A+F+F_1)^{-1} A = P \qquad (39.3)$$

und mittels (38.11), (38.8) und (38.14) folgt

$$\begin{aligned}\|x^{(s+1)} - x\| &\leq \|P\| \|x^{(s)} - x\| + \|(A+F+F_1)^{-1}\| \times \\ &\quad \times 2^{-t} \|A\| \|x^{(s)} - x\| + 2^{-t} \|x^{(s)}\| \\ &\leq [\|P\| + 2^{-t} \|A\| \|(A+F+F_1)^{-1}\| + 2^{-t}] \times \\ &\quad \times \|x^{(s)} - x\| + 2^{-t} \|x\| \\ &= \beta \|x^{(s)} - x\| + 2^{-t} \|x\|,\end{aligned} \qquad (39.4)$$

wobei $\beta$ den Ausdruck in eckigen Klammern bezeichnet. Also gilt

$$\|x^{(s+1)} - x\| \leq \beta^s \|x^{(1)} - x\| + 2^{-t} \|x\|/(1 - \beta). \qquad (39.5)$$

Ist $\beta < 1$, so konvergiert der erste Summand gegen 0. Wegen $\|A\| \leq n$ gilt

## Untersuchung der praktischen Rechenvorschrift

$$\beta = \|P\| + 2^{-t}\|A\| \|(A+F+F_1)^{-1}\| + 2^{-t}$$

$$\leq \frac{\|A^{-1}\| \|F+F_1\| + n \times 2^{-t}\|A^{-1}\|}{1 - \|A^{-1}\| \|F+F_1\|} + 2^{-t}$$

$$\leq \frac{\frac{5}{2}n \times 2^{-t}\|A^{-1}\|}{1 - \frac{3}{2}n \times 2^{-t}\|A^{-1}\|} + 2^{-t} \quad (39.6)$$

$$< 0.14.$$

Die erste Abschätzung kommt mittels (37.11) und (39.3) zustande, der Rest folgt aus den Annahmen (38.1) und (38.2). Die Norm von $x^{(s+1)} - x$ nimmt also ständig ab. Die Konvergenzgeschwindigkeit wird im wesentlichen durch $\frac{5}{2}n \times 2^{-t}\|A^{-1}\|$ begrenzt. Wir haben allerdings nicht bewiesen, daß $x^{(s+1)} - x$ gegen 0 konvergiert, und das ist in Wirklichkeit auch nicht der Fall. Da zur Wiedergabe von $x^{(s)}$ nur $t$ Stellen zur Verfügung stehen, kann man bestenfalls erwarten, daß $x^{(s)}$ gegen $\bar{x}$ konvergiert. Diese Tatsache verursacht den Summanden $2^{-t}\|x\|/(1-\beta)$ in (39.5).

Wir beweisen nun, daß sämtliche Komponenten von $x^{(s)}$ mit großer Wahrscheinlichkeit gegen die Komponenten von $\bar{x}$ konvergieren, auch wenn man Rundungsfehler berücksichtigt. Dazu benötigen wir, daß $\|A^{-1}\|$ wesentlich unter der in (38.1) angegebenen Schranke bleibt.

(39.5) und (39.6) garantieren, daß $\|x^{(s)} - x\|$ schließlich kleiner als $1.2 \times 2^{-t}\|x\|$ wird. Betrachten wir nun, was eine weitere Iteration in diesem Stadium bewirkt. Nach (38.12) und (38.10) ergibt sich für das berechnete $\delta^{(s)}$

$$\begin{aligned}\delta^{(s)} &\equiv (A+F+F_1)^{-1}(r^{(s)}+g^{(s)}) \\ &= A^{-1}r^{(s)} + [(A+F+F_1)^{-1} - A^{-1}]r^{(s)} + (A+F+F_1)^{-1}g^{(s)} \\ &= (x-x^{(s)}) + j \end{aligned} \quad (39.7)$$

bei entsprechend definiertem $j$.
Mit

$$\alpha = \|A^{-1}\| \|F+F_1\| \quad (39.8)$$

folgt aus (38.11), (37.11) und (39.3)

$$\|j\| \leq \|[(A+F+F_1)^{-1} - A^{-1}]A(x-x^{(s)})\| +$$
$$+ \|(A+F+F_1)^{-1}\| 2^{-t} \|A(x-x^{(s)})\|$$
$$\leq \frac{\alpha}{1-\alpha} \|x-x^{(s)}\| + \frac{n \times 2^{-t} \|A^{-1}\|}{1-\alpha} \|x-x^{(s)}\| \qquad (39.9)$$
$$\leq \frac{\frac{5}{2} n \times 2^{-t} \|A^{-1}\|}{1 - \frac{3n}{2} \times 2^{-t} \|A^{-1}\|} \times 1.2 \times 2^{-t} \|x\|.$$

Ist also $n \times 2^{-t} \|A^{-1}\| \ll 1$, so folgt

$$\|j\| \ll 2^{-t} \|x\|, \qquad (39.10)$$

also etwa

$$\|j\| < 2^{-t-q} \|x\|.$$

Nach (39.7) gilt aber

$$x^{(s)} + \delta^{(s)} = x + j, \qquad (39.11)$$

und dies zeigt, daß sich die linke Seite erst ab der $(t+q)$-ten Stelle von $x$ unterscheiden kann. Da sich $x^{(s+1)}$ aus $x^{(s)} + \delta^{(s)}$ durch Rundung ergibt, unterscheidet sich $x^{(s+1)}$ von $\bar{x}$ höchstens für den Fall, daß der Rundungsfehler fast genau $\frac{1}{2} \times 2^{-t}$ beträgt.

Daß die $r^{(s)}$ nicht beliebig klein werden, rührt einzig und allein von den Rundungsfehlern her, die sich bei der Addition von $\delta^{(s)}$ zu $x^{(s)}$ ergeben. Tatsächlich ist das Residuum zu $x^{(s)} + \delta^{(s)}$ beträchtlich kleiner als das Residuum zu $x^{(s)}$; das Residuum zu $x^{(s+1)}$ enthält aber leider auch das Glied $A h^{(s)}$, und $h^{(s)}$ genügt nur der Abschätzung (38.14). Nach (38.4) gilt daher nur

$$\|A h^{(s)}\| \leq n \times 2^{-t} \|x^{(s)}\| \leq 1.082 \times n \|x\|. \qquad (39.12)$$

Abgesehen davon, daß sich das Ergebnis durch die statistische Mittelung noch geringfügig verbessert, gibt (39.12) einen recht genauen Anhaltspunkt für die Größe der $r^{(s)}$.

### Bemerkungen zur Genauigkeit der Lösung

**40.** Aus den Überlegungen des letzten Abschnitts folgt, daß die Rechenvorschrift vernünftig arbeitet, solange $n \times 2^{-t} \|A^{-1}\|$ unter einem bestimmten kritischen Wert bleibt. Das gilt auch dann noch, wenn man nicht blockskalierende Arithmetik, sondern irgendeine andere, etwas ungenauere Arithmetik verwendet. Zwar könnten sich in diesem Fall etwas höhere Schranken für die Residuen ergeben, die Genauigkeitssteigerung ist jedoch gewöhnlich größer, als man erwarten würde. Dies rührt in der Hauptsache daher, daß der grundlegende Schritt in der Iteration die Auflösung eines gestaffelten Gleichungssystems ist; wie erinnerlich, liegen die berechneten Lösungen solcher Gleichungssysteme meist beträchtlich näher an der wahren Lösung, als die allgemeine Theorie erwarten läßt. Die $r^{(s)}$ muß man allerdings immer mit höherer Genauigkeit berechnen. *Benutzt man zum Beispiel gewöhnliche Gleitpunktarithmetik, so muß man entweder zur Berechnung der Residuen doppelte Genauigkeit verwenden, oder man nimmt in Kauf, daß der richtige Wert der Residuen und der bei ihrer Berechnung gemachte Fehler vergleichbare Größe besitzen.*

In der praktischen Anwendung des Iterationsverfahrens ist gewöhnlich $\|A^{-1}\|$ unbekannt. Angenommen wir hätten dann die oben beschriebene Rechenvorschrift benutzt und hätten gefunden, daß bei jedem Iterationsschritt weitere $p$ Stellen „zum Stehen kommen". Ist dann sicher, daß alle Stellen, die sich nicht mehr ändern, richtig sind? Hat insbesondere $x^{(s)} + \delta^{(s)}$ $(p+t)$ richtige Stellen, wenn man das letzte $x^{(s)}$ erreicht hat? Leider muß man diese Fragen mit „nein" beantworten. Ist $\frac{5}{2}n \times 2^{-t}\|A^{-1}\| < 2^{-p}$, so weiß man, daß jeder Iterationsschritt mindestens $p$ richtige Stellen bringen muß. Es bleibt jedoch die Möglichkeit, daß $\frac{5}{2}n \times 2^{-t}\|A^{-1}\| > 1$ gilt, und daß trotzdem die Iterierten gegenüber ihren Vorgängern an Genauigkeit zu gewinnen *scheinen*. Es ist aber kaum glaubhaft, daß dieser Fall tatsächlich vorkommt, ohne sich durch irgendwelche Nebeneffekte bemerkbar zu machen, und es ist noch unwahrscheinlicher, daß er gleich bei mehreren rechten Seiten auftritt. In der Praxis darf man nach unserer Ansicht die durch weitere Iterationen nicht mehr geänderten Stellen als richtig ansehen, es sei denn man hat eine sehr ausgefallene Koeffizientenmatrix.

Es ist recht interessant die Anwendung der Iteration auf das Beispiel am Ende von Abschnitt 30 zu verfolgen. Es zeigt sich, daß die zweite Iterierte mit der ersten nicht einmal in der ersten signifikanten Stelle übereinstimmt, womit bewiesen ist, daß die erste Iterierte völlig unbrauchbar ist. Außerdem beweist dies, daß $\frac{5}{2}n\|A^{-1}\| > 2^t$, womit die schlechte Kondition der Matrix offensichtlich wird.

## Die Verwendung einer Schätzung für $\|A^{-1}\|$

**41.** Wie es scheint, ist es unmöglich, eine gute Abschätzung der Genauigkeit der Lösung zu geben, ohne daß man irgendwelche Kenntnisse über $\|A^{-1}\|$ besitzt. Hat man eine korrekte Abschätzung für $\|A^{-1}\|$ von der Form

$$2^{p-1} \le \|A^{-1}\| < 2^p, \tag{41.1}$$

und gilt $\tfrac{5}{2}n \times 2^{-t}\|A^{-1}\| < 1$, so ist sicher, daß das Iterationsverfahren gegen die gerundete exakte Lösung $\bar{x}$ konvergiert, und daß keine Komponente des am Ende gewonnenen Vektors $x^{(s)}$ einen Fehler von mehr als einer Einheit der letzten Stelle aufweist.

Nun gilt

$$\bar{x} = 2^k \bar{y} = 2^k(y+f), \tag{41.2}$$

mit

$$\|f\| \le \tfrac{1}{2} 2^{-t}. \tag{41.3}$$

Berechnet man also das Residuum $r$ exakt, was sich ja mittels akkumulierender Multiplikation erreichen läßt, so folgt

$$\begin{aligned} r &= A(x-\bar{x}) \\ &= 2^k A f \end{aligned}, \tag{41.4}$$

$$\|r\| \le 2^k \times \frac{n}{2} \times 2^{-t}. \tag{41.5}$$

Damit hat man

$$x - \bar{x} = A^{-1} r, \tag{41.6}$$

$$\|x-\bar{x}\| \le \|A^{-1}\| \times 2^k \times \frac{n}{2} \times 2^{-t}. \tag{41.7}$$

Das bedeutet, daß man selbst dann, wenn $\bar{x}$ die gerundete exakte Lösung ist, dies nicht allein mittels der Residuen beweisen kann. Man kann nur zeigen, daß

$$\|x-\bar{x}\|/\|\bar{x}\| \le n\|A^{-1}\| \times 2^{-t}, \tag{41.8}$$

und das ist eine recht schwache Aussage, wenn $\|A^{-1}\| \gg 1$. Will man mehr erreichen, so braucht man *eine Näherung für die inverse Matrix und eine Abschätzung für deren Fehler.*

### Abschätzung der berechneten Inversen

**42.** Benutzt man blockskalierende Arithmetik zur Invertierung einer Matrix nach der in Abschnitt 36 beschriebenen Methode, so erhält man die Spalten der Inversen in Form blockskalierter Vektoren. Bezeichnet man die $r$-te Spalte der Inversen mit $x_r$, und gilt

$$x_r = 2^{k_r} y_r, \tag{42.1}$$

so folgt

$$(A+F+F_r)x_r = e_r \qquad (42.2)$$

mit

$$\left.\begin{array}{l}\|F\| \leq \dfrac{n}{2} \times 2^{-t} \\ \|F_r\| \leq n \times 2^{-t} *.\end{array}\right\} \qquad (42.3)$$

Die berechnete Inverse genügt daher der Gleichung

$$E - AX = FX + G_1 = G \qquad (42.4)$$

wobei $G_1$ die Matrix $(F_1 x_1, F_2 x_2, \ldots, F_n x_n)$ darstellt. Daher ist

$$\|G\| \leq (n^2 + \tfrac{1}{2}n) \times 2^{-t} \|X\|. \qquad (42.5)$$

Also hat man

$$A^{-1} - X = A^{-1} G, \qquad (42.6)$$

$$\left.\begin{array}{l}(n^2 + \tfrac{1}{2}n) \times 2^{-t} \|A^{-1}\| \|X\| \geq \|A^{-1}\| - \|X\|, \\ (n^2 + \tfrac{1}{2}n) \times 2^{-t} \|A^{-1}\| \|X\| \geq \|X\| - \|A^{-1}\|,\end{array}\right\} \qquad (42.7)$$

und

$$\frac{\|A^{-1}\|}{1 + (n^2 + \tfrac{1}{2}n) \times 2^{-t} \|A^{-1}\|} \leq \|X\| \leq \frac{\|A^{-1}\|}{1 - (n^2 + \tfrac{1}{2}n) \times 2^{-t} \|A^{-1}\|}, \qquad (42.8)$$

falls

$$(n^2 + \tfrac{1}{2}n) \times 2^{-t} \|A^{-1}\| < 1. \qquad (42.9)$$

Es scheint nicht möglich zu sein, den Faktor $(n^2 + \tfrac{1}{2}n)$, der in einigen der obigen Ungleichungen vorkommt, herunterzusetzen, obwohl sich in der Praxis herausstellt, daß er zu einer beträchtlichen Überschätzung der tatsächlichen Gegebenheiten führt.

Hat man $X$ berechnet, so weiß man auch ohne Berechnung von $G$, daß $X$ der Beziehung (42.5) genügt. Man kann allerdings $G$ leicht exakt berechnen, indem man innere Produkte akkumuliert. Dann braucht man sich nicht mit der Abschätzung (42.8) zufriedengeben, welche die statistische Mittelung der Rundungsfehler nicht berücksichtigt. Die berechnete Matrix $G$ liefert sofort eine strenge und im allgemeinen auch vernünftige Abschätzung für die Genauigkeit der

---

* Man beachte, daß zwar für alle $r$ die Ungleichung $\|F_r\| \leq n \times 2^{-t}$ gilt. Es gibt aber keine von $r$ unabhängige Matrix $K$ mit $|F_r| \leq |K|$ und $\||K|\| \leq n \times 2^{-t}$. Dies steht im Gegensatz zu der im Abschnitt 27 behandelten Situation.

berechneten Inversen $X$, wie sich aus

$$\frac{\|X - A^{-1}\|}{\|A^{-1}\|} \leq \|G\| \tag{42.10}$$

ergibt.

Invertiert man $A^T$ mit dem gleichen Verfahren, so genügt die Inverse $Y$ den Beziehungen

$$E - A^T Y = H, \tag{42.11}$$

$$\|H\| \leq (n^2 + \tfrac{1}{2}n) \times 2^{-t} \|Y\| \tag{42.12}$$

und

$$E - Y^T A = H^T. \tag{42.13}$$

Es zeigt sich also, daß man die Linksinverse $Y^T$ in der gleichen Weise abschätzen kann wie die Rechtsinverse $X$.

### Die Verwendung einer genäherten Inversen zur Gleichungsauflösung

**43.** Wir behandeln jetzt den Fall, daß man die genäherte Inverse $Y^T$ zur Auflösung des Systems $Ax = b$ heranzieht. Es ist sinnvoll hierzu die Bezeichnungen zu wechseln. In Zukunft nennen wir $Y^T$ bzw. $H^T X$ bzw. $G$. Es gilt dann

$$\left.\begin{array}{l} E - XA = G \\ \|G\| \leq (n^2 + \tfrac{1}{2}n) \times 2^{-t} \|X\|, \end{array}\right\} \tag{43.1}$$

$$\|X\| \leq \|A^{-1}\| / [1 - (n^2 + \tfrac{1}{2}n) \times 2^{-t} \|A^{-1}\|]. \tag{43.2}$$

Wir nehmen an, daß zum Beispiel

$$(n^2 + \tfrac{1}{2}n) \times 2^{-t} \|A^{-1}\| \leq 0.1,$$

da sonst $X$ nicht einmal näherungsweise eine Inverse von $A$ wäre. Damit gilt dann

$$\|G\| \leq \frac{2n^2 + n}{1.8} \times 2^{-t} \|A^{-1}\|. \tag{43.3}$$

Als erste Näherung für die Lösung ergibt sich

$$\begin{aligned} x^{(1)} &= Xb \\ &= XAx \\ &= (E - G)x. \end{aligned} \tag{43.4}$$

Die Verwendung einer genäherten Inversen zur Gleichungsauflösung 165

Für diese Näherung gilt

$$\|x^{(1)} - x\| \le \|G\| \|x\|, \tag{43.5}$$

$$\frac{\|x^{(1)} - x\|}{\|x\|} \le \frac{2n^2 + n}{1.8} \times 2^{-t} \|A^{-1}\|. \tag{43.6}$$

Zumindest theoretisch lägen die Verhältnisse weit ungünstiger, wenn $E - AX = G$ gelten würde. Praktisch gesehen gibt es jedoch kaum einen Unterschied, sofern man ein Eliminationsverfahren benutzt hat, da dann $E - AX$ und $E - XA$ im wesentlichen die gleiche Größenordnung besitzen (vgl. Abschnitt 30).

Die Beziehung (43.5) ist besonders aufschlußreich, wenn $A$ schlecht konditioniert ist und die rechte Seite $b$ einen normalisierten Vektor darstellt, für den die Lösung $x$ von der Größenordnung 1 ist. Es gilt dann

$$\|A^{-1} - X\| = \|GA^{-1}\|$$

$$\le \frac{2n^2 + n}{1.8} \times 2^{-t} \|A^{-1}\|^2. \tag{43.7}$$

Diese Abschätzung ist gewöhnlich recht realistisch, zumindest was den Faktor $\|A^{-1}\|^2$ betrifft. Gilt etwa

$$\|A^{-1}\| = 2^k, \tag{43.8}$$

so hat man

$$\|A^{-1} - X\| \le \frac{2n^2 + n}{1.8} \times 2^{2k-t}. \tag{43.9}$$

$X$ kann also absolute Fehler der Größenordnung $n^2 \times 2^{2k-t}$ aufweisen. Anderseits hat $Xb$ den Fehler $Gx$. Ist nun $\|x\|$ von der Größenordnung 1, so folgt

$$\|Gx\| \le \|G\|$$

$$\le \frac{2n^2 + n}{1.8} \times 2^{k-t}. \tag{43.10}$$

Mit anderen Worten: *Die absoluten Fehler von $X$ hängen gegenseitig so voneinander ab, daß $Xb$ beträchtlich kleinere Fehler aufweist als $X$, obwohl $b$ von der Ordnung 1 ist.*

Die Schranke (43.6) für den relativen Fehler von $x^{(1)}$ beträgt etwa das $n$-fache der Schranke (38.3) für den Fehler, den man bei direkter Auflösung von $Ax = b$ erhält. (Nach den Bemerkungen im Abschnitt

42 ist anzunehmen, daß das Verhältnis in Wirklichkeit günstiger ist.)

*Die Fehler von $x^{(1)}$ sind jedoch nicht so verteilt, daß man einen ähnlich günstigen Wert für das Verhältnis von $\|b-Ax^{(1)}\|$ zur Norm des Residuums der gerundeten exakten Lösung erhält.* Es gilt nämlich

$$r^{(1)} = b - Ax^{(1)}$$
$$= (E - AX)b \qquad (43.11)$$
$$= AGx.$$

Im Gegensatz zu (38.6) folgt hieraus nur

$$\|r^{(1)}\| \leq \|A\|\,\|G\|\,\|x\|$$
$$\leq \frac{2n^3 + n^2}{1.8} \times 2^{-t} \|A^{-1}\|\,\|x\|. \qquad (43.12)$$

Da andererseits $E - XA$ und $E - AX$ gewöhnlich die gleiche Größenordnung haben, hat man

$$r^{(1)} = (E - AX)b, \qquad (43.13)$$

$$\|r^{(1)}\| \leq \|E - AX\|\,\|b\|$$
$$\leq O(\|E - XA\|\,\|b\|)$$
$$= \|G\|\,\|b\| \qquad (43.14)$$
$$\leq (n^2 + \tfrac{1}{2}n) \times 2^{-t} \|A^{-1}\|\,\|b\| / [1 - (n^2 + \tfrac{1}{2}n) \times 2^{-t} \|A^{-1}\|].$$

Der Leser mache sich den Unterschied zwischen diesem Ergebnis und (38.9) klar. Bedeutsamer als die Gegenwart des Faktors $n^2 + \tfrac{1}{2}n$ in (43.14), (verglichen mit $\tfrac{3}{2}n$ in (38.9),) ist die Ersetzung des Faktors $\|x^{(1)}\|$ in (38.9) durch $\|A^{-1}\|\,\|b\|$.

Gibt die rechte Seite $b$ die Kondition wirklichkeitsgetreu wieder, d.h. gilt

$$\|A^{-1}b\| = O(\|A^{-1}\|\,\|b\|), \qquad (43.15)$$

so wird das Residuum, gleichgültig wie genau $x^{(1)}$ ist, einen irreführend kleinen Wert haben, ebenso wie bei dem in Abschnitt 38 angegebenen Iterationsverfahren. Haben aber $\|A^{-1}b\|$ und $\|b\|$ die gleiche Größenordnung, so liefert das Residuum (43.14) ein realistisches Maß für die Genauigkeit der Lösung, während die Lösungsmethode aus Abschnitt 38 immer noch zu irreführend kleinen Residuen Anlaß gibt. Diese Feststellungen werden durch das Beispiel in Abschnitt 45 noch unterstrichen.

## Ein Iterationsverfahren, welches die genäherte Inverse benutzt

**44.** Unter Verwendung der Näherung $X$ für die Inverse aus dem vorigen Abschnitt läßt sich wieder ein Iterationsverfahren angeben, welches eine Folge von Näherungen $x^{(1)}, x^{(2)}, \ldots$ für die Lösung des Systems $Ax = b$ liefert. Dazu verfährt man ähnlich wie in den Abschnitten 37 ff. Die Rechenvorschrift lautet folgendermaßen:
(I) Man berechne $x^{(1)}$ aus der Gleichung

$$x^{(1)} = b s(X b). \tag{44.1}$$

(II) Man berechne das exakte Residuum $r^{(s)}$ aus der Gleichung

$$r^{(s)} = b - A x^{(s)}. \tag{44.2}$$

$r^{(s)}$ ist ein nicht standardisierter d.g.b. Vektor.
(III) Man standardisiere und runde $r^{(s)}$, um den standardisierten e.g.b. Vektor $\bar{r}^{(s)}$ zu erhalten.
(IV) Man berechne $\delta^{(s)}$ aus

$$\delta^{(s)} = b s(X \bar{r}^{(s)}). \tag{44.3}$$

(V) Man berechne $x^{(s+1)}$ aus der Beziehung

$$x^{(s+1)} = b s(x^{(s)} + \delta^{(s)}). \tag{44.4}$$

Abgesehen von den während der Iteration auftretenden Rundungsfehlern gilt

$$x^{(s+1)} = x^{(s)} + X(b - A x^{(s)}), \tag{44.5}$$

$$\begin{aligned} x^{(s+1)} - x &= (E - X A)(x^{(s)} - x) \\ &= (E - X A)^s (x^{(1)} - x), \end{aligned} \tag{44.6}$$

$$\begin{aligned} r^{(s+1)} &= (E - A X) r^{(s)} \\ &= (E - A X)^s r^{(1)} \\ &= A(E - X A)^s (x - x^{(1)}). \end{aligned} \tag{44.7}$$

Das Verhalten von $x^{(s)}$ wird durch Rundungsfehler nicht wesentlich beeinflußt. Dagegen hängen die Residuen $r^{(s)}$ in der Praxis vom Quotienten $\|A^{-1} b\| / \|A^{-1}\| \|b\|$ ab, wie im letzten Abschnitt erwähnt. Das unterschiedliche Verhalten der Residuen wird das Beispiel im nächsten Abschnitt deutlich machen.

### Numerisches Beispiel

**45.** Es werden Beispiele für die Anwendung der Iterationsverfahren aus Abschnitt 38 und 44 durchgerechnet. Dazu wird die bereits in Tabelle 6 benutzte dreireihige Matrix verwendet. Die Ergebnisse sind in Tabelle 8 zusammengestellt.
Angegeben ist die Lösung von

$$Ax = b$$

für 2 verschiedene rechte Seiten $b_1$ und $b_2$. Diese genügen den Bedingungen

$$\frac{\|A^{-1}b_1\|}{\|A^{-1}\|\,\|b_1\|} = O(1)$$

$$\frac{\|A^{-1}b_2\|}{\|A^{-1}\|\,\|b_2\|} = O\left(\frac{1}{\|A^{-1}\|}\right).$$

Es wird mit 8 Dezimalstellen und blockskalierender Arithmetik gearbeitet.

Bei Anwendung des Iterationsverfahrens aus Abschnitt 38 zeigt sich, daß man bei beiden rechten Seiten mit jedem Iterationsschritt ungefähr 3 Dezimalstellen Genauigkeit gewinnt. (Bei Verwendung von $b_1$ ist die erste berechnete Näherung außergewöhnlich genau, wenn man bedenkt, daß $A$ eine Konditionszahl der Größenordnung $10^5$ besitzt. Dies hat seine Ursache in dem außerordentlich niedrigen Rundungsfehler des letzten Pivots von $U$. Der exakte Wert beträgt 0.00001 17405..., und der berechnete Wert lautet 0.00001 174. Bei Verwendung von $b_2$ tritt eine solche außergewöhnliche Genauigkeit nicht auf. Das Ergebnis wird durch den ungünstigen Rundungsfehler verdorben, den die letzte Komponente der berechneten Lösung von $Ly = b_2$ trägt. Hier lautet der exakte Wert 0.00001 07444..., verglichen mit dem berechneten Wert 0.00001 075.)

Bei Verwendung von $b_1$ stimmen die zweite und dritte Iterierte vollständig überein, während bei $b_2$ die dritte und vierte Näherung identisch sind. Wie erwartet, pflanzt sich die rein zufällig aufgetretene hohe Genauigkeit der Anfangsnäherung bei $b_1$ in den folgenden Näherungen fort.

Bezüglich der Residuen sieht man, daß sie zu Anfang etwa ebenso groß sind wie bei der sich zuletzt ergebenden Lösung. Bei Verwendung von $b_1$ verbleiben sie in der Größenordnung $10^{-3}$ und bei $b_2$ in der Größenordnung $10^{-8}$.

Wenden wir uns nun dem Verfahren aus Abschnitt 44 zu. Zur Berechnung der Matrix $X$ wurde die Matrix $A^T$ mittels Dreieckszerlegung invertiert und das Ergebnis transponiert. Dieses Vorgehen sicherte, daß $E - XA$ so klein wie möglich wird; wie gewöhnlich ist aber $E - AX$ ebenso klein.

Wieder sind für $b_1$ die zweite und dritte, und für $b_2$ die dritte und vierte Iterierte identisch. Die Genauigkeit erhöht sich bei jeder Iteration um 3 Dezimalstellen, solange das bei achtstelliger Arithmetik möglich ist. Die außergewöhnliche Genauigkeit bei Verwendung von $b_1$ hat den gleichen Grund wie beim vorigen Verfahren, obwohl hier $A^T$ und nicht $A$ in Dreiecksmatrizen zerlegt wurde.

Die Residuen zeigen nun für die beiden rechten Seiten unterschiedliches Verhalten. Bei $b_1$ haben sie für jede Iterierte ungefähr die gleiche Größe; tatsächlich sind die Residuen für die Anfangsnäherung sogar etwas kleiner als die Residuen der weiteren Näherungen. Bei $b_2$ hingegen spiegeln die Änderungen der Residuen das Anwachsen der Genauigkeit wieder. Sie sinken von etwa $10^{-3}$ auf etwa $10^{-8}$.

In allen 4 Fällen wurde nach Erreichen der endgültigen Lösung noch eine weitere Iteration durchgeführt. Diese ist notwendig, um zu beweisen, daß man tatsächlich die Grenzgenauigkeit erreicht hat. Bei diesen zusätzlichen Iterationen betreffen die Verbesserungen $\delta_r$ in allen 4 Fällen erst die Stellen nach der achten; übrigens ist $x_r + \delta_r$ sogar auf 11 signifikante Stellen genau, und man kann nachrechnen, daß beide Verfahren in der letzten Iteration Größen $\delta_r$ liefern, welche in diesen 3 zusätzlichen Stellen übereinstimmen. Wollte man also die Genauigkeit der Lösung erhöhen, so müßte man die Summen $x_r + \delta_r$ bilden und davon mehr als 8 Stellen behalten.

Tabelle 8

| $A$ | | | $b_1$ | $b_2$ |
|---|---|---|---|---|
| 0.93216 500 | 0.44312 600 | 0.41763 200 | 0.87613 200 | 0.87613 200 |
| 0.71234 500 | 0.91531 200 | 0.88765 200 | 0.81532 700 | 0.81532 700 |
| 0.63216 500 | 0.51421 700 | 0.49390 900 | 0.91234 500 | 0.64820 600 |

**Erstes Verfahren**

| $L$ | | | $U$ | | |
|---|---|---|---|---|---|
| 1.00000 000 | | | 0.93216 500 | 0.44312 600 | 0.41763 200 |
| 0.76418 338 | 1.00000 000 | | | 0.57668 248 | 0.56850 457 |
| 0.67816 856 | 0.37057 286 | 1.00000 000 | | | 0.00001 174 |

170     III. Das Rechnen mit Matrizen

*Ergebnisse für $b_1$*

| Erste Iterierte | Zweite Iterierte | Dritte Iterierte |
|---|---|---|
| $\begin{bmatrix} 464.499 \\ -22180.655 \\ 22499.979 \end{bmatrix}$ | $\begin{bmatrix} 464.479 \\ -22179.679 \\ 22498.989 \end{bmatrix}$ | $\begin{bmatrix} 464.479 \\ -22179.679 \\ 22498.989 \end{bmatrix}$ |

| Erstes Residuum | Zweites Residuum |
|---|---|
| $\begin{bmatrix} 0.11946\ 7 \\ 0.11689\ 7 \\ 0.07888\ 9 \end{bmatrix} \times 10^{-3}$ | $\begin{bmatrix} -0.27252\ 9 \\ -0.20523\ 5 \\ -0.18369\ 3 \end{bmatrix} \times 10^{-3}$ |

| Erste Verbesserung | Zweite Verbesserung | |
|---|---|---|
| $\begin{bmatrix} -0.02028\ 552 \\ 0.97555\ 852 \\ -0.98954\ 685 \end{bmatrix}$ | $\begin{bmatrix} -0.28462\ 289 \\ -0.48430\ 146 \\ 0.49659\ 284 \end{bmatrix} \times 10^{-3}$ | verbessert die zweite Näherung nicht mehr |

*Ergebnisse für $b_2$*

| Erste Näherung | Zweite Näherung | Dritte Näherung | Vierte Näherung |
|---|---|---|---|
| $\begin{bmatrix} 0.83857\ 198 \\ -0.64985\ 977 \\ 0.91567\ 291 \end{bmatrix}$ | $\begin{bmatrix} 0.83856\ 142 \\ -0.64935\ 439 \\ 0.91516\ 025 \end{bmatrix}$ | $\begin{bmatrix} 0.83856\ 142 \\ -0.64935\ 441 \\ 0.91516\ 028 \end{bmatrix}$ | $\begin{bmatrix} 0.83856\ 142 \\ -0.64935\ 441 \\ 0.91516\ 028 \end{bmatrix}$ |

| Erstes Residuum | Zweites Residuum | Drittes Residuum |
|---|---|---|
| $\begin{bmatrix} 0.19552 \\ -0.12021\ 8 \\ -0.56918 \end{bmatrix} \times 10^{-8}$ | $\begin{bmatrix} 0.18208\ 4 \\ 0.44567\ 8 \\ 0.23710\ 8 \end{bmatrix} \times 10^{-8}$ | $\begin{bmatrix} -0.18456 \\ -0.38665\ 4 \\ -0.21618\ 5 \end{bmatrix} \times 10^{-8}$ |

| Erste Verbesserung | Zweite Verbesserung | Dritte Verbesserung |
|---|---|---|
| $\begin{bmatrix} -0.01056\ 048 \\ 0.50538\ 087 \\ -0.51265\ 549 \end{bmatrix} \times 10^{-3}$ | $\begin{bmatrix} -0.00015\ 969 \\ -0.21353\ 731 \\ 0.27052\ 811 \end{bmatrix} \times 10^{-7}$ | $\begin{bmatrix} -0.00161\ 451 \\ -0.13453\ 335 \\ -0.29557\ 070 \end{bmatrix} \times 10^{-8}$ |

verbessert die dritte Näherung nicht mehr

## Zweites Verfahren

*Zerlegung von $A^T$*

L

$$\begin{bmatrix} 1.00000\ 000 & & \\ 0.47537\ 292 & 1.00000\ 000 & \\ 0.44802\ 369 & 0.98581\ 903 & 1.00000\ 000 \end{bmatrix}$$

U

$$\begin{bmatrix} 0.93216\ 500 & 0.71234\ 500 & 0.63216\ 500 \\ & 0.57668\ 248 & 0.21370\ 288 \\ & & 0.00001\ 174 \end{bmatrix}$$

*Aus L und U berechnete Inverse X von A*

$$\begin{bmatrix} -696.636 & -651.315 & 1755.365 \\ 33165.770 & 31119.092 & -83970.957 \\ -33644.203 & -31564.980 & 85178.876 \end{bmatrix}$$

*Ergebnisse für $b_1$*

Erste Näherung
$$\begin{bmatrix} 464.499 \\ -22180.654 \\ 22499.978 \end{bmatrix}$$

Zweite Näherung
$$\begin{bmatrix} 464.479 \\ -22179.679 \\ 22498.989 \end{bmatrix}$$

Dritte Näherung
$$\begin{bmatrix} 464.479 \\ -22179.679 \\ 22498.989 \end{bmatrix}$$

Erstes Residuum
$$\begin{bmatrix} 0.93973 \\ 0.89237 \\ 0.58581 \end{bmatrix} \times 10^{-4}$$

Zweites Residuum
$$\begin{bmatrix} -0.27252\ 9 \\ -0.20523\ 5 \\ -0.18369\ 3 \end{bmatrix} \times 10^{-3}$$

Erste Verbesserung
$$\begin{bmatrix} -0.02028\ 547 \\ 0.97455\ 868 \\ -0.98854\ 707 \end{bmatrix}$$

Zweite Verbesserung
$$\begin{bmatrix} -0.28476\ 148 \\ -0.48397\ 475 \\ 0.49640\ 062 \end{bmatrix} \times 10^{-3}$$

verbessert die zweite Näherung nicht mehr

*Ergebnisse für $b_2$*

Erste Näherung
$$\begin{bmatrix} 0.83898\ 823 \\ -0.64982\ 842 \\ 0.91518\ 520 \end{bmatrix}$$

Zweite Näherung
$$\begin{bmatrix} 0.83856\ 130 \\ -0.64935\ 394 \\ 0.91515\ 988 \end{bmatrix}$$

Dritte Näherung
$$\begin{bmatrix} 0.83856\ 142 \\ -0.64935\ 441 \\ 0.91516\ 028 \end{bmatrix}$$

Vierte Näherung
$$\begin{bmatrix} 0.83856\ 142 \\ -0.64935\ 441 \\ 0.91516\ 028 \end{bmatrix}$$

| Erstes Residuum | Zweites Residuum | Drittes Residuum |
|---|---|---|
| $\begin{bmatrix} -0.19822\,042 \\ 0.10770\,692 \\ -0.03838\,072 \end{bmatrix} \times 10^{-3}$ | $\begin{bmatrix} 0.68797\,78 \\ 0.06479\,02 \\ 0.29579\,56 \end{bmatrix} \times 10^{-7}$ | $\begin{bmatrix} -0.18456\,0 \\ -0.38665\,4 \\ -0.21618\,5 \end{bmatrix} \times 10^{-8}$ |

| Erste Verbesserung | Zweite Verbesserung | Dritte Verbesserung |
|---|---|---|
| $\begin{bmatrix} -0.42692\,676 \\ 0.47448\,224 \\ -0.02531\,611 \end{bmatrix} \times 10^{-3}$ | $\begin{bmatrix} 0.12002\,006 \\ -0.47139\,340 \\ 0.39706\,039 \end{bmatrix} \times 10^{-6}$ | $\begin{bmatrix} -0.00169\,236 \\ -0.13457\,032 \\ -0.29542\,546 \end{bmatrix} \times 10^{-8}$ |

verbessert die dritte Näherung nicht mehr

## Die Empfindlichkeit der Eigenwerte einer Matrix

**46.** Eine erschöpfende Behandlung des Eigenwertproblems würde den Rahmen dieses Buches sprengen. Wir beschränken uns daher auf zwei Beispiele (in den Abschnitten 46 bis 54 bzw. 55 bis 58), und erläutern an diesen die wesentlichen Eigenschaften der Fehleruntersuchung bei dieser Aufgabe.

Zunächst untersuchen wir die Empfindlichkeit, mit der die Eigenwerte auf Änderungen der Matrixelemente reagieren. Wir beschränken uns auf den Fall einer Matrix, welche durch eine Ähnlichkeitstransformation auf Diagonalgestalt gebracht werden kann. Es gibt dann eine nichtsinguläre Matrix $P$, so daß

$$P^{-1}AP = \text{diag}(\lambda_i).^* \tag{46.1}$$

$P$ ist nicht eindeutig bestimmt, da offenbar für jede nichtsinguläre Diagonalmatrix $D$

$$\begin{aligned} D^{-1}P^{-1}APD &= D^{-1}\text{diag}(\lambda_i)D \\ &= \text{diag}(\lambda_i). \end{aligned} \tag{46.2}$$

Besitzt $A$ mehrfache Eigenwerte, so ist die Klasse der möglichen Matrizen $P$ noch größer.

Sei nun $\lambda$ ein Eigenwert der Matrix $A+F$. Dann gibt es einen nichtverschwindenden Vektor $x$ mit

$$\begin{aligned} (A+F)x &= \lambda x \\ (\lambda E - A)x &= Fx. \end{aligned} \tag{46.3}$$

---

* diag $(\lambda_i)$ bezeichnet eine Diagonalmatrix, deren $i$-tes Diagonalelement $\lambda_i$ lautet (Anm. d. Ü.).

Nun ist entweder
(I) $\lambda$ auch ein Eigenwert von $A$,
oder
(II) $\lambda$ ist kein Eigenwert von $A$. In diesem Fall weiß man aus (46.3), daß
$$P^{-1}(\lambda E - A)P(P^{-1}x) = (P^{-1}FP)P^{-1}x, \qquad (46.4)$$
also
$$[\operatorname{diag}(\lambda - \lambda_i)] P^{-1}x = (P^{-1}FP)P^{-1}x. \qquad (46.5)$$

Nun ist aber $\lambda$ verschieden von allen $\lambda_i$ und folglich $\operatorname{diag}(\lambda - \lambda_i)$ nichtsingulär. Daher gilt

$$P^{-1}x = [\operatorname{diag}(\lambda - \lambda_i)^{-1}](P^{-1}FP)P^{-1}x, \qquad (46.6)$$

$$\|P^{-1}x\| \le \|\operatorname{diag}(\lambda - \lambda_i)^{-1}\| \, \|P^{-1}FP\| \, \|P^{-1}x\|$$
$$1 \le \|\operatorname{diag}(\lambda - \lambda_i)^{-1}\| \, \|P^{-1}FP\|. \qquad (46.7)$$

Da für die Normen $\| \ \|_p$ $(p = 1, 2, \infty)$

$$\|\operatorname{diag}(\lambda - \lambda_i)^{-1}\|_p = \max \frac{1}{|\lambda - \lambda_i|} \qquad (46.8)$$

gilt, hat man

$$\min |\lambda - \lambda_i| \le \|P^{-1}\| \, \|F\| \, \|P\|. \qquad (46.9)$$

Im Fall (I) gilt $\min|\lambda - \lambda_i| = 0$. Die Beziehung (46.9) ist daher immer richtig. Die Eigenwerte von $A + F$ liegen folglich alle in mindestens einem der durch (46.9) beschriebenen Kreise. Aus (2.10) entnimmt man, daß $\|P\| \, \|P^{-1}\|$ nie kleiner als 1 sein kann. 1 ist daher die beste Konditionszahl für das Eigenwertproblem, die man überhaupt erreichen kann. Die Beziehung (46.9) fanden als erste BAUER und FIKE [2].

Die Spalten der Matrix $P$ stellen $n$ linear unabhängige Eigenvektoren von $A$ dar; andererseits zeigt (46.9), daß $\|P\| \, \|P^{-1}\|$ die Empfindlichkeit der Eigenwerte gegen Änderungen von $A$ widerspiegelt. Da man aber bei der Wahl von $P$ einige Freiheit hat, kann man $\min(\|P\| \, \|P^{-1}\|)$, bezogen auf alle zulässigen $P$, als Konditionszahl ansehen. *Übrigens gilt (46.9) unabhängig davon, ob $\|F\|$ klein ist verglichen mit $\|A\|$ oder nicht.*

Ist $A$ eine Hermitesche Matrix, so kann man $P$ als unitäre Matrix wählen und erhält

$$\min|\lambda - \lambda_i| \le \|F\|_2, \qquad (46.10)$$

da für unitäres $P \|P\|_2 = 1$ (vgl. Abschnitt 2). Die Kondition der Aufgabe, die Eigenwerte einer Hermiteschen Matrix zu bestimmen, ist daher immer sehr gut, gleichgültig wie nahe die Eigenwerte beieinanderliegen.

Wird $A$ in eine ähnliche Matrix $HAH^{-1}$ transformiert, so transformiert sich die Matrix der Eigenvektoren in $HP$. Ist $H$ unitär, so gilt $\|HP\|_2 = \|P\|_2$; die Kondition der Eigenwerte und Eigenvektoren wird also durch eine unitäre Transformation nicht verändert. Ist die Transformationsmatrix $H$ nicht unitär, so kann sich die Kondition sowohl verbessern als auch verschlechtern. Wird aber $A$ in eine reelle Diagonalmatrix transformiert, so kann sich die Kondition *hinsichtlich des Eigenwertproblems* nicht verschlechtert haben, da eine reelle Diagonalmatrix Hermitesch und folglich sehr gut konditioniert ist.

Obwohl unitäre Transformationen die Kondition der Eigenwerte und Eigenvektoren nicht verbessern können, besitzen sie doch eine Reihe von Vorzügen. Ist beispielsweise die Kondition von $A$ bereits schlecht, so wird sich das ziemlich sicher unangenehm auswirken; es ist daher wertvoll, wenn man sich gegen eine weitere Verschlechterung der Kondition schützen kann. Ein weiterer Vorzug unitärer Transformation besteht darin, daß sie früher gemachte Fehler nicht vergrößern. Wendet man etwa eine Folge unitärer Transformationen an, und macht man bei jedem Schritt Fehler, so hat man

$$A_{r+1} = R_r A_r R_r^H + F_r, \tag{46.11}$$

wobei $R_r$ unitär ist, und $F_r$ den im $r$-ten Schritt begangenen Fehler bezeichnet. Daher gilt

$$A_f = P_1 A_1 P_1^H + (P_2 F_1 P_2^H + P_3 F_2 P_3^H + \cdots + P_{f-1} F_{f-2} P_{f-1}^H + F_{f-1}), \tag{46.12}$$

wobei $P_r = R_{f-1} R_{f-2} \ldots R_r$ unitär ist. Die Spektralnorm des Klammerausdrucks auf der rechten Seite von (46.12) ist aber sicher kleiner als die Summe der Spektralnormen der $F_r$. Die Einzelfehler gehen also höchstens additiv in den Gesamtfehler ein.

Mit Hilfe von Stetigkeitsbetrachtungen lassen sich weitere Kenntnisse über die Veränderung der Eigenwerte erwerben. Untersucht man nämlich die Matrizen $A + kF$ mit $0 \leq k \leq 1$, und bezeichnet man die zugehörigen Eigenwerte mit $\lambda_i(k)$, so ist $\lambda_i(k) = \lambda_i$ für $k = 0$, und für die übrigen Werte von $k$ liegt jeder Eigenwert von $A + kF$ in mindestens einer der Kreisscheiben

$$|\lambda_i - \lambda| \leq k \|P\| \|F\| \|P^{-1}\|. \tag{46.13}$$

Bilden $s$ der Kreisscheiben (46.9) ein zusammenhängendes Gebiet, welches isoliert von den restlichen Kreisscheiben liegt, so folgt aus der Stetigkeit der $\lambda_i(k)$, daß in diesem Gebiet genau $s$ Eigenwerte von $A+F$ liegen. Speziell enthält die Kreisscheibe mit $\lambda_i$ als Mittelpunkt genau einen Eigenwert, wenn sie isoliert von allen übrigen Kreisscheiben liegt.

### Die Empfindlichkeit eines einzelnen Eigenwertes

**47.** Die Abschätzung (46.9) liefert allgemeine Kenntnisse über die Empfindlichkeit von Eigenwerten. Einige von ihnen könnten aber weniger empfindlich auf Störungen reagieren als andere. Wir wollen nun untersuchen, welche Faktoren Einfluß auf die Empfindlichkeit der einzelnen Eigenwerte haben. Dazu gehen wir wieder von der Beziehung

$$P^{-1}(A+F)P = \mathrm{diag}(\lambda_i) + P^{-1}FP \qquad (47.1)$$

aus. Die Spalten von $P$ sind die Eigenvektoren von $A$ und die Zeilen von $P^{-1}$ sind die Eigenvektoren von $A^T$. Wir bezeichnen diese Vektoren mit $u_i$ bzw. $v_i$. Die beiden Systeme bilden bekanntlich einen biorthogonalen Satz von Vektoren. Zweckmäßigerweise normalisiert man die Vektoren so, daß

$$\|u_i\|_2 = \|v_i\|_2 = 1. \qquad (47.2)$$

In diesem Fall kann man die $u_i$ als Spalten von $P$ nehmen. Die Zeilen von $P^{-1}$ lauten dann $(1/s_i)v_i^T$ mit

$$s_i = v_i^T u_i = \cos\theta_i. \qquad (47.3)$$

$\theta_i$ ist der Winkel zwischen $u_i$ und $v_i$.

Die Matrix auf der rechten Seite von (47.1) hat die gleichen Eigenwerte wie $A+F$. Mit den Bezeichnungen

gilt
$$F = \varepsilon B, \quad P^{-1}FP = \varepsilon C \qquad (47.4)$$

$$c_{ij} = (v_i^T B u_j)/s_i. \qquad (47.5)$$

Unser Interesse gilt folglich den Eigenwerten von

$$\mathrm{diag}(\lambda_i) + \varepsilon C, \qquad (47.6)$$

und diese sind identisch mit den Eigenwerten von

$$\mathrm{diag}(\lambda_i) + \varepsilon D C D^{-1}, \qquad (47.7)$$

wobei $D$ eine beliebige nichtsinguläre Diagonalmatrix ist. Die beiden folgenden Sätze von GERSCHGORIN [6] gestatten es nun, diese Eigenwerte genauer zu lokalisieren:

*Satz* 1. Jeder Eigenwert einer Matrix $G$ liegt in mindestens einer der Kreisscheiben mit Radius $\sum_{j \neq i} |g_{ij}|$ und Mittelpunkt $g_{ii}$.

*Satz* 2. Bilden $k$ dieser Kreisscheiben ein zusammenhängendes Gebiet, welches mit jeder der verbleibenden Kreisscheiben einen leeren Durchschnitt hat, so liegen in diesem Gebiet genau $k$ Eigenwerte.

Satz 2 benutzt man meistens für den Spezialfall $k=1$, um einen einzelnen Eigenwert in einer Kreisscheibe zu lokalisieren.

Für den Fall der Matrix (47.7) mit $d_{ii}=k$, $d_{jj}=1$, wobei $i$ ein fester Index ist, und $j \neq i$, ergeben sich folgende Kreisscheiben:

Ein Kreis hat den Mittelpunkt $\lambda_i + \varepsilon c_{ii}$ und den Radius $r_i$, die restlichen Kreise haben die Mittelpunkte $\lambda_m + \varepsilon c_{mm}$ und die Radien $r_m$, wobei $m \neq i$ und

$$r_i = k \varepsilon^2 \sum_{j \neq i} |c_{ij}|, \tag{47.8}$$

$$r_m = \varepsilon \sum_{j \neq i,m} |c_{mj}| + \frac{1}{k} |c_{mi}|. \tag{47.9}$$

Ist $\lambda_i$ ein isolierter Eigenwert, so läßt sich $k$ so wählen, daß für $m \neq i$

$$\frac{1}{k} |c_{mi}| < |\lambda_i - \lambda_m|. \tag{47.10}$$

Für hinreichend kleines $\varepsilon$ liegt dann die Kreisscheibe mit Radius $r_i$ getrennt von allen übrigen, und enthält daher genau einen Eigenwert. Für diesen gilt

$$\lambda_i(\varepsilon) \sim \lambda_i + \varepsilon (v_i^T B u_i / s_i). \tag{47.11}$$

Nun kann man bei festem $F$ sicherlich $\varepsilon$ so wählen, daß aus (47.4) die Beziehung $\|B\|_2 = 1$ folgt. Dann gilt.

$$\left| \frac{v_i^T B u_i}{s_i} \right| \leq \frac{1}{|s_i|} = \frac{1}{|\cos \theta_i|}. \tag{47.12}$$

Das zeigt, daß die Empfindlichkeit von $\lambda_i$ in der Hauptsache von $\frac{1}{|s_i|}$ bestimmt wird. Ist etwa $A$ symmetrisch, so gilt $u_i = v_i$, also $\cos \theta_i = 1$, und das beweist erneut, daß alle Eigenwerte gut konditioniert sind.

Transformiert man übrigens $A$ mit einer orthogonalen Matrix $R$ in $RAR^T$, so transformieren sich $u_i$ und $v_i$ in $Ru_i$ und $Rv_i$, und es

gilt
$$(R v_i)^T (R u_i) = v_i^T R^T R u_i$$
$$= v_i^T u_i. \tag{47.13}$$

*Die Empfindlichkeit jedes einzelnen Eigenwertes ist also invariant gegen orthogonale Ähnlichkeitstransformationen.*

### Ein Beispiel mit schlecht konditionierten Eigenwerten

**48.** Es lassen sich leicht Matrizen angeben, deren Eigenwerte sehr weit auseinanderliegen, und trotzdem schlecht konditioniert sind. Dies gilt etwa für die Matrix $A$ der Ordnung 20 mit

$$\left.\begin{array}{l} a_{ii} = i, \\ a_{i,i+1} = 20, \\ a_{ij} = 0 \quad \text{sonst.} \end{array}\right\} \tag{48.1}$$

$A$ ist eine Dreiecksmatrix, und daher lautet ihre charakteristische Gleichung $\prod_{i=1}^{20} (i - \lambda) = 0$. Ändert man nun das Element $a_{20,1}$, und gibt ihm den Wert $\varepsilon$, so ändert sich die charakteristische Gleichung in

$$\prod_{i=1}^{20} (i - \lambda) = 20^{19} \varepsilon. \tag{48.2}$$

Daraus folgt

$$\frac{\partial \lambda_i}{\partial \varepsilon} = \pm \frac{20^{19}}{(20-i)!(i-1)!}. \tag{48.3}$$

Dieser Bruch hat für alle vorkommenden $i$ einen sehr großen Wert. Sein Maximum erreicht er für $i = 10$ oder $i = 11$. Hier gilt

$$\left| \frac{\partial \lambda_{10}}{\partial \varepsilon} \right| = \left| \frac{\partial \lambda_{11}}{\partial \varepsilon} \right| = \frac{20^{19}}{10! \, 9!} \approx 0.4 \times 10^{12}. \tag{48.4}$$

Das Minimum wird für $i = 1$ oder $i = 20$ angenommen. Hier gilt

$$\left| \frac{\partial \lambda_1}{\partial \varepsilon} \right| = \left| \frac{\partial \lambda_{20}}{\partial \varepsilon} \right| = \frac{20^{19}}{19!} \approx 0.4 \times 10^8. \tag{48.5}$$

Wie man leicht nachprüft, sind die $u_i$ fast orthogonal zu den zugehörigen $v_i$. Zum Beispiel hat man

178  III. Das Rechnen mit Matrizen

$$u_{10}^T = \left[1, \frac{9!}{8!20}, \frac{9!}{7!20^2}, \ldots, \frac{9!}{1!20^8}, \frac{9!}{20^9}, 0, \ldots 0, 0\right], \quad (48.6)$$

$$v_{10}^T = \left[0, 0, \ldots 0, \frac{10!}{20^{10}}, \frac{-10!}{1!20^9}, \frac{10!}{2!20^8}, \ldots, \frac{-10!}{9!20}, 1\right], \quad (48.7)$$

also $v_{10}^T u_{10} = 9! \times 10!/20^{19}$, so daß offensichtlich
$\cos \theta_{10} < 9! \times 10!/20^{19}$.

Übrigens sind die Eigenwerte ziemlich unempfindlich gegen Änderungen der Elemente in der Hauptdiagonalen und der beiden Nebendiagonalen. Das folgt aus (47.11) und der Form der Vektoren $u_i$ und $v_i$, wie sie aus (48.6) und (48.7) erkennbar ist. Berechnet man die Eigenwerte mit einem Verfahren, das direkt auf Tridiagonalmatrizen zugeschnitten ist, so darf man erwarten, daß jeder berechnete Eigenwert der exakte Eigenwert einer Matrix $A + F$ ist, wobei $F$ wieder eine Tridiagonalmatrix ist. In diesem Fall erhält man recht genaue Eigenwerte, obwohl die Matrix $A$ insgesamt gesehen schlecht konditioniert ist. Verarbeitet man aber die Matrix $A$ mit einem allgemeineren Verfahren, so besteht die Gefahr, daß die berechneten Eigenwerte die exakten Eigenwerte einer Matrix $A + F$ sind, wobei jetzt Elemente von $F$ verschieden von 0 sind, auf deren Vorhandensein die Eigenwerte sehr empfindlich reagieren.

**Nachträgliche Abschätzung für den berechneten Eigenwert und Eigenvektor einer reellen symmetrischen Matrix.**

**49.** Angenommen, es seien Größen $\lambda$ und $x$ gegeben, welche angeblich ein Eigenwert und der zugehörige Eigenvektor einer reellen symmetrischen Matrix sind. Dann heißt der Vektor

$$\eta = A x - \lambda x \quad (49.1)$$

*der Residuenvektor zu $x$ und $\lambda$.* $\eta$ wäre der Nullvektor, wenn $\lambda$ und $x$ exakt wären. Es steht daher zu erwarten, daß eine Norm von $\eta$ Aufschluß über die Genauigkeit von $\lambda$ und $x$ liefert, sofern $x$ geeignet normiert ist.

Es sei etwa

$$\left.\begin{array}{l} \|x\|_2 = 1 \\ \|\eta\|_2 = \varepsilon \end{array}\right\} \quad (49.2)$$

Da $A$ symmetrisch ist, gibt es eine orthogonale Matrix $R$ mit

$$R A R^T = \mathrm{diag}(\lambda_i).$$

(49.1) ergibt dann
$$[\operatorname{diag}(\lambda_i - \lambda)] R x = R \eta. \tag{49.3}$$
Nun gilt wieder
(I) $\lambda = \lambda_i$ für irgendein $i$,
oder
(II) $\lambda \neq \lambda_i$ für alle $i$. In diesem Fall ist $\operatorname{diag}(\lambda_i - \lambda)$ nichtsingulär, und man hat
$$R x = [\operatorname{diag}(\lambda_i - \lambda)^{-1}] R \eta$$
$$\|R x\|_2 \leq \|\operatorname{diag}(\lambda_i - \lambda)^{-1}\|_2 \|R \eta\|_2 \tag{49.4}$$
$$1 \leq \max(|\lambda_i - \lambda|^{-1}) \varepsilon,$$
$$\min(|\lambda_i - \lambda|) \leq \varepsilon. \tag{49.5}$$

Die Abschätzung (49.5) gilt also stets und beweist, daß im Intervall $[\lambda - \varepsilon, \lambda + \varepsilon]$ mindestens ein Eigenwert liegt. Natürlich könnten es auch mehrere sein.

Über $x$ erhält man keine brauchbaren Auskünfte, wenn man nicht etwas mehr über die Lage der anderen Eigenwerte weiß. Ist aber etwa bekannt, daß im Intervall $[\lambda - \varepsilon, \lambda + \varepsilon]$ genau $s$ Eigenwerte, nämlich $\lambda_1, \lambda_2, \ldots, \lambda_s$ liegen, während die übrigen $n - s$ Eigenwerte außerhalb eines Intervalls $[\lambda - a, \lambda + a]$ zu finden sind, und ist $u_1, u_2, \ldots, u_n$ ein orthogonales System von Eigenvektoren, so gilt

$$x = \sum_1^n \alpha_i u_i, \tag{49.6}$$

$$\sum_1^n \alpha_i^2 = 1. \tag{49.7}$$

Hieraus ergibt sich
$$\eta = A x - \lambda x = \sum_1^n \alpha_i (\lambda_i - \lambda) u_i, \tag{49.8}$$

$$\varepsilon = \sum_1^n \alpha_i^2 (\lambda_i - \lambda)^2$$
$$\geq \sum_{s+1}^n \alpha_i^2 (\lambda_i - \lambda)^2 \geq \sum_{s+1}^n \alpha_i^2 a^2, \tag{49.9}$$

also
$$\left( \sum_{s+1}^n \alpha_i^2 \right)^{1/2} \leq \frac{\varepsilon}{a}, \tag{49.10}$$

$$\left( \sum_1^s \alpha_i^2 \right)^{1/2} > \left( 1 - \frac{\varepsilon^2}{a^2} \right)^{1/2}. \tag{49.11}$$

Gilt $a \gg \varepsilon$, so kann man die Beiträge zu $x$ in den Richtungen von $u_{s+1}, \ldots, u_n$ vernachlässigen. Der wichtigste Spezialfall ist der mit $s = 1$. Man hat dann

$$x = u_1 + f, \tag{49.12}$$

wobei

$$\|f\|^2 \leq \frac{\varepsilon^2}{a^2} + \left[1 - \left(1 - \frac{\varepsilon^2}{a^2}\right)^{1/2}\right]^2 \approx \frac{\varepsilon^2}{a^2}. \tag{49.13}$$

Übrigens ist (49.1) äquivalent mit der Beziehung

$$(A - \eta x^T) x = \lambda x. \tag{49.14}$$

Für die Matrix $A - \eta x^T$ sind also $\lambda$ und $x$ exakt, wobei

$$\|\eta x^T\|_2 = \varepsilon. \tag{49.15}$$

Als Grundlage für weitere Vergleiche sei noch eine Abschätzung für den Residuenvektor zu $\bar{\lambda}$ und $\bar{x}$ angegeben, wobei $\bar{\lambda}$ und $\bar{x}$ den auf $t$ Binärstellen gerundeten exakten Eigenwert bzw. den zugehörigen auf $t$ Stellen gerundeten exakten Eigenvektor bezeichnen. Mit Festpunktarithmetik ergibt sich

$$\bar{x} \equiv x + f, \qquad \|f\| \leq \tfrac{1}{2} n^{1/2} \times 2^{-t}, \tag{49.16}$$

$$\bar{\lambda} \equiv \lambda + \varepsilon, \qquad |\varepsilon| < \tfrac{1}{2} \times 2^{-t}. \tag{49.17}$$

Also gilt

$$\begin{aligned}\eta &= A\bar{x} - \bar{\lambda}\bar{x} = A(x+f) - (\lambda+\varepsilon)(x+f) \\ &= (A - \lambda E)f - \varepsilon(x+f).\end{aligned} \tag{49.18}$$

Sind alle $|a_{ij}| \leq 1$, so folgt

$$\begin{aligned}\|\eta\|_2 &\leq 2n\|f\|_2 + |\varepsilon|(\|x\|_2 + \|f\|_2) \\ &\leq n^{3/2} \times 2^{-t} + \tfrac{1}{2} \times 2^{-t}(1 + \tfrac{1}{2}n^{1/2} \times 2^{-t}) \\ &\approx n^{3/2} \times 2^{-t}.\end{aligned} \tag{49.19}$$

Für eine beliebige Matrix kann man nicht erwarten, daß irgendein Verfahren einen kleineren Fehler liefert.

## Berechnung der Eigenvektoren einer symmetrischen Tridiagonalmatrix

**50.** Die bisher entwickelte Störungstheorie benutzen wir nun, um ein Verfahren zur Berechnung der Eigenvektoren einer symmetrischen Tridiagonalmatrix zu untersuchen. Die mathematische Grund-

Berechnung der Eigenvektoren

lage des zu erörternden Verfahrens ist unter dem Namen *inverse Iteration* oder *Wielandt*-Iteration bekannt [24]. Für symmetrische Tridiagonalmatrizen gibt es mehrere Methoden, um Eigenwerte mit großer Genauigkeit zu bestimmen; wir setzen daher voraus, daß die Eigenwerte gegeben sind. Ausgehend von einer Näherung $\lambda$ für einen Eigenwert und einem beliebigen normierten Vektor $x_1$ berechnet man eine Folge von Vektoren $x_r$ aus der Gleichung

$$(A - \lambda E) x_{r+1} = x_r \tag{50.1}$$

Läßt man Rundungsfehler unbeachtet, so läßt sich der Prozeß sehr übersichtlich darstellen. Man entwickelt nämlich $x_1$ nach einem vollständigen orthogonalen System von Eigenvektoren $u_1, u_2, \ldots, u_n$ und hat dann

$$x_1 = \sum \alpha_i u_i, \tag{50.2}$$

$$x_{r+1} = \sum \alpha_i \left(\frac{1}{\lambda_i - \lambda}\right)^r u_i. \tag{50.3}$$

Liegt $\lambda$ sehr nahe bei einem isolierten Eigenwert $\lambda_1$, so kann man mit

$$\lambda = \lambda_1 + \varepsilon \tag{50.4}$$

(50.3) umformen zu

$$\begin{aligned} x_{r+1} &= \frac{\alpha_1}{\varepsilon^r} u_1 + \sum_2^n \alpha_i \left(\frac{1}{\lambda_i - \lambda}\right)^r u_i \\ &= \frac{1}{\varepsilon^r} \left[\alpha_1 u_1 + \varepsilon^r \sum_2^n \alpha_i \left(\frac{1}{\lambda_i - \lambda}\right)^r u_i\right]. \end{aligned} \tag{50.5}$$

Wenn also

$$|\lambda_i - \lambda| \gg \varepsilon \quad \text{für} \quad i = 2, \ldots, n \quad \text{und} \quad \alpha_1 \neq 0, \tag{50.6}$$

so wird $x_{r+1}$ schließlich proportional zu $u_1$ werden. Zur Erörterung der praktischen Durchführung des Verfahrens sei angenommen, daß alle $|a_{ij}| < 1$ sind, und daß der gegebene Wert $\lambda$ einen Fehler der Größenordnung $2^{-t}$ aufweist. Letzteres kann man beispielsweise mit dem Bisektionsverfahren erreichen, wenn man die Tatsache ausnutzt, daß man das charakteristische Polynom über eine Sturmsche Kette aufbauen kann [7]. Wenn dann nicht $\alpha_1$ extrem klein ist oder $\lambda$ sehr nahe bei einem zweiten $\lambda_i$ liegt, kann man erwarten, daß das Verfahren sehr rasch gegen $u_1$ konvergiert, auch wenn die Ausgangswerte ungünstig sind. Angenommen etwa es sei

$$t = 48, \varepsilon = 2^{-48}, \min_{i \neq 1} |\lambda_i - \lambda| = 2^{-20} \quad \text{und} \quad \alpha_1 = 2^{-20}. \tag{50.7}$$

Die Startbedingungen sind also äußerst ungünstig, weil $\lambda_1$ kaum als isoliert angesehen werden kann, und die Richtung von $u_1$ nur sehr schwach in $x_1$ vertreten ist. Nach nur 2 Iterationen ergibt sich aber

$$x_3 = 2^{96} \left[ 2^{-20} u_1 + 2^{-96} \sum_{2}^{n} \alpha_i \left( \frac{1}{\lambda_i - \lambda} \right)^2 u_i \right] \qquad (50.8)$$
$$= 2^{76} u_1 + f_3,$$

wobei

$$f_3 = \sum_{2}^{n} \alpha_i \left( \frac{1}{\lambda_i - \lambda} \right) u_i, \qquad (50.9)$$

$$\|f_3\| \leq 2^{40} \left( \sum_{2}^{n} \alpha_i^2 \right)^{1/2} \qquad (50.10)$$

$$\leq 2^{40}.$$

Genauso folgt nach 3 Iterationen

$$x_4 = 2^{124} (u_1 + f_4), \qquad (50.11)$$

$$\|f_4\| < 2^{60}. \qquad (50.12)$$

Das bedeutet aber

$$x_4 = 2^{124} (u_1 + g_4), \qquad (50.13)$$

$$\|g_4\| < 2^{-64}. \qquad (50.14)$$

Trotz der ungünstigen Ausgangsbedingungen wäre also das normierte $x_4$ in den ersten 64 Binärstellen mit $u_1$ identisch.

**Berücksichtigung der Rundungsfehler**

**51.** Betrachten wir nun den Einfluß der während eines Iterationsschrittes entstehenden Rundungsfehler. Der normierte Eingangsvektor heiße $b$; der zu untersuchende Iterationsschritt besteht dann in der Auflösung des Gleichungssystems

$$(A - \lambda E) x = b. \qquad (51.1)$$

Zuerst zerlegt man die Matrix $A - \lambda E$ in Dreiecksmatrizen mittels Gaußscher Elimination mit Spaltenpivotsuche. (Da $A - \lambda E$ nicht positiv definit ist, kann man leider nicht die Zerlegung $LL^T$ verwenden). Nun könnten zwar für eine beliebige Ausgangsmatrix die Elemente der Dreiecksmatrizen beträchtlich größer sein als die der ursprünglichen Matrix, wenn man nur Spaltenpivotsuche betreibt. Bei einer Tridiagonalmatrix kann das jedoch nicht vorkommen, wie sich jetzt gleich zeigen wird.

Zur Abkürzung sei
$$\left.\begin{array}{l}a_{ii}=\alpha_i\\a_{i,i+1}=a_{i+1,i}=\beta_i,\end{array}\right\} \quad (51.2)$$
und es werde angenommen, daß
$$|a_{ij}|\leq 1. \quad (51.3)$$
Aus dieser Annahme folgt
$$|\lambda|\leq 3 \quad (51.4)$$
Elimination mit Spaltenpivotsuche ist nun eine sehr einfache Angelegenheit, da es bei jedem Schritt nur 2 Zeilen gibt, in denen die zu eliminierende Unbekannte noch vorkommt. Eine dieser beiden Zeilen ist noch eine unveränderte Zeile von $(A-\lambda E)x$. Die zu eliminierende Unbekannte sei etwa $x_i$. Dann lauten die beiden in Betracht kommenden linken Seiten
$$p_i x_i + q_i x_{i+1}, \quad (51.5)$$
$$\beta_i x_i + (\alpha_{i+1}-\lambda)x_{i+1} + \beta_{i+1} x_{i+2}, \quad (51.6)$$
wie sich jetzt gleich aus der Erörterung des $i$-ten Schrittes ergeben wird. Durch vollständige Induktion beweist man, daß
$$|p_i|\leq 5 \quad \text{und} \quad |q_i|\leq 1. \quad (51.7)$$
Ist nämlich (51.7) richtig bis zum $(i-1)$-ten Schritt einschließlich, so sind die folgenden beiden Fälle zu unterscheiden:
(I) Entweder es gilt
$$|p_i|\geq \beta_i|.$$
Dann gibt es keine Zeilenvertauschung, sondern $p_i x_i + q_i x_{i+1}$ ist die Pivotzeile, und es gilt

$$m_i = \beta_i/p_i, \qquad |m_i|\leq 1, \quad (51.8)$$
$$p_{i+1} = (\alpha_{i+1}-\lambda)-m_i q_i, \quad |p_{i+1}|\leq (1+3)+1\times 1 = 5, \quad (51.9)$$
$$q_{i+1} = \beta_{i+1}, \qquad |q_{i+1}|\leq 1. \quad (51.10)$$

(II) Oder es gilt
$$|p_i|<|\beta_i|.$$
Dann sind die beiden Zeilen zu vertauschen, $\beta_i x_i + (\alpha_{i+1}-\lambda)x_{i+1} + \beta_{i+1}x_{i+2}$ ist die $i$-te Pivotzeile, und es gilt

$$m_i = p_i/\beta_i, \qquad |m_i|<1, \quad (51.11)$$
$$p_{i+1} = q_i - m_i(\alpha_{i+1}-\lambda), \quad |p_{i+1}|<1+1\times(3+1)=5, \quad (51.12)$$
$$q_{i+1} = -m_i \beta_{i+1}, \qquad |q_{i+1}|\leq 1\times 1 = 1. \quad (51.13)$$

Der Beweis zeigt, daß die Matrizen $L$ und $U$ die Form

$$\begin{bmatrix} 1 & & & & \\ \cdot & 1 & & & \\ \cdot & \cdot & & & \\ m_1 & \cdot & \cdot & & \\ \cdot & m_2 & & 1 & \\ \cdot & \cdot & \cdot & m_{n-1} & 1 \end{bmatrix} \text{ und } \begin{bmatrix} u_1 & v_1 & w_1 & & & \\ & u_2 & v_2 & w_2 & & \\ & \cdot & \cdot & \cdot & \cdot & \cdot \\ & & & u_{n-2} & v_{n-2} & w_{n-2} \\ & & & & u_{n-1} & v_{n-1} \\ & & & & & u_n \end{bmatrix} \quad (51.14)$$

haben, wobei in jeder Spalte von $L$ genau ein nichtverschwindendes Element unterhalb der Hauptdiagonale zu finden ist, und $w_i$ genau dann verschieden von 0 ist, wenn im $i$-ten Schritt eine Zeilenvertauschung vorkam. Offenbar gilt

$$\left.\begin{array}{l} \|L\| \le (2n)^{1/2} \\ \|U\|_2 \le 6. \end{array}\right\} \quad (51.15)$$

**52.** Diese Überlegungen zeigen, daß bei einer Tridiagonalmatrix, deren Elemente sämtlich zwischen $-1$ und $+1$ liegen, von vornherein sicher ist, daß im Verlauf der Elimination keine Zahlen mit einem Betrag über 5 vorkommen. Übrigens wurde dies bewiesen, ohne von der Symmetrie von $A$ Gebrauch zu machen. Die Abschätzungen sind auch bei komplexem $\lambda$ noch richtig.

Die berechneten Matrizen $L$ und $U$ genügen der Gleichung

$$LU = (A - \lambda E)^* + F_1, \quad (52.1)$$

wobei $(A - \lambda E)^*$ eine Matrix bezeichnet, die durch Zeilenvertauschungen aus $(A - \lambda E)$ hervorgeht. Wegen dieser Vertauschungen ist $F_1$ nicht unbedingt eine Tridiagonalmatrix. (Wird zum Beispiel in jedem Schritt vertauscht, so sind in $F_1$ höchstens Elemente der letzten Zeile verschieden von 0.) Jedoch gibt es in jeder Spalte höchstens 3 nichtverschwindende Elemente. Also gilt sicherlich

$$\|F_1\|_2 \le k_1 n^{1/2} \times 2^{-t}, \quad (52.2)$$

mit einer Konstanten $k_1$, die in der Größenordnung 1 liegt, und deren genauer Wert von der verwendeten Arithmetik abhängt.

Ebenso ergibt sich, daß die Fehler während des Rückwärtseinsetzens alle von der Art sind, daß die berechnete Lösung zu einer Matrix $(L + \delta L)(U + \delta U)$ gehört, wobei höchstens solche Elemente von $\delta L$ bzw. $\delta U$ nicht verschwinden, für die die entsprechenden Elemente von $L$ bzw. $U$ ebenfalls verschieden von 0 sind. Schreibt man also $(L+\delta L)(U+\delta U) = LU + F_2$, so muß aufgrund der Form von $L$ und $U$

$$\|F_2\|_2 < k_2 n^{1/2} \times 2^{-t} \tag{52.3}$$

gelten, wobei die Konstante $k_2$ ebenfalls von der Größenordnung 1 ist. Insgesamt genügt die berechnete Lösung daher der Gleichung

$$(A - \lambda E + F)x = b, \tag{52.4}$$

wobei mit einem geeigneten $K_1$

$$\|F\|_2 < (k_1 + k_2) n^{1/2} \times 2^{-t} < K_1 n^{1/2} \times 2^{-t} \tag{52.5}$$

gilt, da die Spektralnorm von Zeilenvertauschungen nicht beeinflußt wird.

Kann man nun beweisen, daß $\|x\|_2$ sehr groß ist, so folgt, daß $x$ notwendigerweise ein Eigenvektor „befriedigender" Genauigkeit ist*. Schreibt man nämlich

$$y = x / \|x\|_2, \tag{52.6}$$

so hat man

$$(A - \lambda E + F)y = \frac{b}{\|x\|_2}, \tag{52.7}$$

$$(A - \lambda E)y = -Fy + \frac{b}{\|x\|_2}, \tag{52.8}$$

$$\|(A - \lambda E)y\| \leq \|F\| + \frac{1}{\|x\|_2}$$
$$\leq K_1 n^{1/2} \times 2^{-t} + \frac{1}{\|x\|_2}. \tag{52.9}$$

Wenn also

$$\|x\|_2 > 2^t / K_2 n^{1/2}, \tag{52.10}$$

so gilt

$$\|(A - \lambda E)y\| \leq (K_1 + K_2) n^{1/2} \times 2^{-t}, \tag{52.11}$$

und dies ist ein außergewöhnlich gutes Ergebnis, wenn man sich an die Ausführungen im Zusammenhang mit (49.19) erinnert.

---
* Offensichtlich gibt es keine bessere Möglichkeit als einen Eigenvektor einer Matrix $A + G$ auszurechnen bei kleiner Norm $\|G\|_2$. Wie genau dieser Vektor einen Eigenvektor von $A$ approximiert, hängt unvermeidlich von der Kondition des Vektors ab.

**53.** Wir nehmen jetzt an, daß $\lambda$ eine sehr gute Näherung für einen Eigenwert ist, in dem Sinn, daß es mindestens einen Eigenwert von $A$ gibt, für den

$$|\lambda_i - \lambda| = O(2^{-t}) = K_2 \times 2^{-t} \tag{53.1}$$

gilt. $\lambda_1, \lambda_2, \ldots, \lambda_s$ seien die sämtlichen $\lambda_i$, welche dieser Ungleichung genügen. Es besteht nun die Gefahr, daß die Richtungen der zu $\lambda_1$ bis $\lambda_s$ gehörigen Eigenvektoren in $b$ so schwach vertreten sind, daß die Beziehung (52.4) nicht garantiert, daß sie in $x$ stärker als in $b$ vertreten sind.

Abgesehen von diesem Fall kann man aber nun beweisen, daß $\|x\|_2 \gg \|b\|_2 = 1$. Hierzu sei

$$b = \sum_1^s c_i u_i + \sum_{s+1}^n c_i u_i, \tag{53.2}$$

$$\left(\sum_1^n c_i^2\right)^{1/2} = 1, \tag{53.3}$$

$$x = \sum_1^s d_i u_i + \sum_{s+1}^n d_i u_i. \tag{53.4}$$

Nach (52.4) gilt dann

$$b = \sum_1^n (\lambda_i - \lambda) d_i u_i + Fx. \tag{53.5}$$

Vergleicht man die Komponenten dieser Vektoren, welche in dem von $u_1, u_2, \ldots, u_s$ aufgespannten Unterraum liegen, so folgt

$$\left(\sum_1^s c_i^2\right)^{1/2} \leq \left[\sum_1^s (\lambda_i - \lambda)^2 d_i^2\right]^{1/2} + \|Fx\|_2$$

$$\leq K_2 \times 2^{-t} \left(\sum_1^s d_i^2\right)^{1/2} + K_1 \times n^{1/2} \times 2^{-t} \|x\|_2 \tag{53.6}$$

$$\leq (K_2 \times 2^{-t} + K_1 \times n^{1/2} \times 2^{-t}) \|x\|_2.$$

Also gilt

$$\|x\|_2 \geq 2^t \left(\sum_1^s c_i^2\right)^{1/2} \bigg/ (K_2 + K_1 \times n^{1/2}). \tag{53.7}$$

Wenn also $\left(\sum_{i=1}^s c_i^2\right)^{1/2}$ nicht ganz außergewöhnlich klein ist, so wird $\|x\|_2$ wesentlich größer als 1. Wenn man sich in irgendeiner Weise gegen eine derartige Schwäche von $b$ schützen kann, so steht zu erwarten, daß man nach 2 Iterationen einen Vektor erhält, *der so genau ist, wie man das mit t-stelliger Arithmetik überhaupt erreichen kann.* Man muß sich zwar darauf beschränken einen zu $LU$ gehörigen Eigenvektor auszurechnen anstelle eines Eigenvektors von $A$; ergibt sich aber die Tridiagonalmatrix als Ergebnis eines vorangehenden Rechenschrittes, so werden die dort gemachten Rechenfehler im allgemeinen wesentlich einflußreicher sein als die in (52.1) vorkommende Fehlermatrix $F_1$. Übrigens ist die berechnete Lösung von $(A-\lambda E)x_{r+1}=x_r$ im Vergleich zur exakten Lösung gewöhnlich schon in der ersten Stelle ungenau. Trotzdem folgt aus unseren Überlegungen, daß $x_{r+1}$ ein sehr genauer Eigenvektor ist, sofern $s=1$ und daher $\lambda$ nahe an einem isolierten Eigenwert liegt. In der Tat zeigt sich, daß wie in dem Beispiel in Abschnitt 29/30 die Differenz (exakte Lösung) $-k \times$ (berechnete Lösung) bei geeignet gewähltem $k$ sehr klein wird. Die berechnete und die exakte Lösung sind also fast proportional. Bei Matrizen höherer Ordnung wird man dieses fast konstante Verhältnis zwischen den Komponenten der exakten und der berechneten Lösung nicht ganz so ausgeprägt finden wie in den eben genannten Abschnitten 29 und 30. Dem Leser sei empfohlen die Rechnung mit der Matrix (30.1) tatsächlich durchzuführen. (Man vergleiche auch die Bemerkungen am Ende des Abschnitts 36 von Kapitel I.)

**54.** Nach unserer Erfahrung muß man die inverse Iteration als das erfolgreichste Verfahren bezeichnen, welches zur Berechnung der Eigenvektoren einer Tridiagonalmatrix zur Verfügung steht, sofern man die Eigenwerte hinreichend genau kennt. Man muß jedoch einige Aufmerksamkeit auf die richtige Wahl von $b$ verwenden. Aus Bequemlichkeit wählt man gerne die erste oder letzte Spalte, $e_1$ bzw. $e_n$, der Einheitsmatrix. *In einem solchen Vektor sind aber häufig einige Eigenvektoren von $A$ nur äußerst schwach vertreten.* Wenn eines der Elemente außerhalb der Hauptdiagonalen verschwindet, ist das klar, da dann $A$ die direkte Summe zweier Tridiagonalmatrizen $A_1$ und $A_2$ ist, und die Eigenvektoren von $A_1$ und $A_2$ gerade die sämtlichen Eigenvektoren von $A$ liefern, wenn man sie durch Hinzunahme entsprechender Nullkomponenten verlängert. In diesem Fall ist jeder Eigenvektor entweder zu $e_1$ oder zu $e_n$ orthogonal. Aber auch dann, wenn keines der Nebendiagonalelemente von $A$ verschwindet, kommt es häufig vor, daß ein Eigenvektor fast orthogonal zu $e_1$ oder $e_n$ ist [25].

In der Praxis erwies sich folgendes Verfahren als vorteilhaft: Man wählt $b$ so, daß

$$Le=b. \tag{54.1}$$

Hier ist $e$ der Vektor, dessen sämtliche Komponenten 1 sind. $b$ wird in Wirklichkeit nie ausgerechnet; stattdessen erhält man den ersten iterierten Vektor $x$ aus dem Gleichungssystem

$$Ux = e. \tag{54.2}$$

Die erste Iteration ist daher wesentlich einfacher als die weiteren Iterationen. Erfahrungsgemäß ist bereits das erste $x$ eine recht gute Näherung für den Eigenvektor. Das $b$ aus (54.1) hat also eine nicht zu kleine Komponente in Richtung des gesuchten Eigenvektors. Übrigens ist $b$ eine Funktion von $\lambda$; man benutzt also für jeden Eigenwert eine andere Ausgangsnäherung. 2 Iterationen erwiesen sich immer als ausreichend, um einen Eigenvektor zu erhalten, dessen Genauigkeit man mit $t$-stelliger Arithmetik nicht mehr verbessern kann. Normiert man vor jedem Schritt $x_r$ zu einem Vektor $y_r$, so kann man die Güte des Ergebnisses nach dem nächsten Iterationsschritt recht genau überblicken. (Es genügt, so zu normieren, daß $\|y_r\|_\infty = 1$ oder $\frac{1}{2} \leq \|y_r\|_\infty < 1$. Letztere Normierung erfordert lediglich die Multiplikationen mit Potenzen von 2.) Ist dann $\|x_{r+1}\|_\infty / \|y_r\|_\infty = O(n^{-1/2} \times 2^t)$, so folgt aus (52.11), daß der Vektor $x_{r+1}$ mit diesem Verfahren nicht weiter verbessert werden kann. Man muß daher lediglich ein geeignetes $K$ wählen, und kann dann die Iteration beenden, sobald $\|x_{r+1}\|_\infty / \|y_r\|_\infty > K n^{-1/2} \times 2^t$ gilt.

**Berechnung der Eigenwerte einer unteren Hessenberg-Matrix**

**55.** Unser zweites Beispiel ist so ausgewählt, daß es die Vorteile der akkumulierenden Gleitpunktmultiplikation aufzeigt. Wir betrachten die Berechnung der Eigenwerte einer unteren Hessenberg-Matrix $H$ nach dem Verfahren von HYMAN [14]. Die grundlegende Idee dieses Verfahrens besteht darin, daß man eine Hilfsfunktion ableitet, deren Nullstellen gerade die Nullstellen von $\det(H - \lambda E)$ sind.

Addiert man irgendwelche Vielfache der Spalten 2 bis $n$ zur ersten Spalte der Matrix $H - \lambda E$, so ändert sich deren Determinante nicht. Man versucht nun Faktoren $x_2, x_3, \dots, x_n$ so zu bestimmen, daß die ersten $(n-1)$ Elemente der ersten Spalte verschwinden, wenn man diese durch (Spalte 1) $+ \sum_{i=2}^{n} [x_i \times (\text{Spalte } i)]$ ersetzt. Der Algorithmus zur Bestimmung der $x_i$ lautet:

$$x_1 = 1, \tag{55.1}$$

Berechnung der Eigenwerte einer unteren Hessenberg-Matrix

$$-x_{i+1} = [h_{i1}x_1 + h_{i2}x_2 + \cdots + (h_{ii}-\lambda)x_i]/h_{i,i+1}, \quad i=1,\ldots,n-1. \tag{55.2}$$

Damit folgt

$$\det(H-\lambda E) = (-1)^{n+1} h_{12} h_{23} \ldots h_{n-1,n}[h_{n1}x_1 + \\ + h_{n2}x_2 + \cdots + (h_{nn}-\lambda)x_n], \tag{55.3}$$

so daß $\det(H-\lambda E)$ und

$$f(\lambda) = h_{n1}x_1 + h_{n2}x_2 + \cdots + (h_{nn}-\lambda)x_n \tag{55.4}$$

die gleichen Nullstellen besitzen.

Benutzt man Gleitpunktarithmetik und setzt voraus, daß alle Elemente der Matrix $H$ der Bedingung

$$|h_{ij}| \leq 1 \tag{55.5}$$

genügen, so liefert die praktische Durchführung des Verfahrens folgendes:
Mit gewöhnlicher Gleitpunktarithmetik ergibt sich

$$-x_{i+1} \equiv gl[(h_{i1}x_1 + h_{i2}x_2 + \cdots + (h_{ii}-\lambda)x_i)/h_{i,i+1}], \tag{55.6}$$

wobei $x_1, x_2, \ldots, x_i$ die in den vorangegangenen Schritten berechneten Gleitpunktzahlen bezeichnen. Es genügt, für $\lambda$ Werte zu betrachten, welche die Bedingung

$$|\lambda| \leq \|H\|_F \leq [\tfrac{1}{2}(n^2+3n-2)]^{1/2} \\ < \frac{1}{\sqrt{2}}(n+2). \tag{55.7}$$

erfüllen. Gleichung (55.6) liefert

$$-x_{i+1} \equiv \frac{h_{i1}x_1(1+F_{i1}) + h_{i2}x_2(1+F_{i2}) + \cdots + h_{i,i-1}x_{i-1}(1+F_{i,i-1}) + (h_{ii}-\lambda)x_i(1+\varepsilon_{i1})(1+F_{i1})}{h_{i,i+1}(1+\varepsilon_{i2})}, \tag{55.8}$$

wobei nach Abschnitt 26 von Kapitel I

$$|F_{is}| \leq (i+2-s) \times 2^{-t_1}, \tag{55.9}$$

$$|\varepsilon_{ij}| \leq 2^{-t_1}. \tag{55.10}$$

Für $f(\lambda)$ errechnet man daher den Wert
$$h_{n1}x_1(1+F_{n1})+h_{n2}x_2(1+F_{n2})+\cdots+(h_{nn}-\lambda)x_n(1+\varepsilon_{n1})(1+F_{nn}).$$
(55.11)

Das ist der exakte Wert von $f(\lambda)$ für eine Matrix $H+\delta H$. Dabei ist $\delta H$ zwar eine Funktion von $\lambda$, für die aber eine einheitliche Abschätzung existiert. Zum Beispiel gilt für $n=5$:

$$|\delta H|<2^{-t_1}\begin{bmatrix}3 & 1 & & & \\ 3 & 3 & 1 & & \\ 4 & 3 & 3 & 1 & \\ 5 & 4 & 3 & 3 & 1 \\ 6 & 5 & 4 & 3 & 3\end{bmatrix}+|\lambda|\times 2^{-t_1}\begin{bmatrix}3 & & & & \\ & 3 & & & \\ & & 3 & & \\ & & & 3 & \\ & & & & 3\end{bmatrix},\quad (55.12)$$

falls $n\times 2^{-t}<0.1$.

Wegen (55.7) kann man die Norm der rechten Seite von (55.12), nennen wir diese etwa $G$, abschätzen durch

$$\|G\|_F\sim\left(\frac{n^2}{\sqrt{12}}+3\lambda\right)\times 1.06\times 2^{-t_1}$$
$$\sim\frac{1}{\sqrt{12}}n^2\times 2^{-t_1}. \quad (55.13)$$

Sind $\lambda_1,\lambda_2,\ldots,\lambda_n$ die Eigenwerte von $H$ und $\lambda'_1,\lambda'_2,\ldots,\lambda'_n$ die Eigenwerte von $H+\delta H$, und bezeichnet man den berechneten Wert von $f(\lambda)$ mit $\bar{f}(\lambda)$, so gilt

$$\bar{f}(\lambda)=\frac{\Pi(\lambda'_i-\lambda)(-1)^{n+1}}{h_{12}h_{23}\ldots h_{n-1,n}(1+\varepsilon_{12})(1+\varepsilon_{22})\ldots(1+\varepsilon_{n-1,2})}$$
$$=P(1+F)\prod(\lambda'_i-\lambda) \quad (55.14)$$

mit
$$P=(-1)^{n+1}/h_{12}h_{23}\ldots h_{n-1,n}, \quad (55.15)$$
$$(1-2^{-t})^{n-1}\leq 1+F\leq(1+2^{-t})^{n-1}. \quad (55.16)$$

### Die Berechnung von $f(\lambda)$ mit akkumulierender Multiplikation

**56.** Obwohl das Ergebnis des letzten Abschnitts keineswegs unbefriedigend ist, kann man doch ein weitaus besseres Resultat erhalten, wenn man die Produkte mit akkumulierender Gleitpunktmultiplikation aufsummiert. Es gilt dann

### Die Berechnung von $f(\lambda)$ mit akkumulierender Multiplikation

$$-x_{i+1} = g\,l_2 \left[ \frac{h_{i1}x_1 + h_{i2}x_2 + \cdots + h_{ii}x_i - \lambda x_i}{h_{i,i+1}} \right], \quad (56.1)$$

Dabei bezeichnen $x_1, x_2, \ldots, x_i$ wieder die in den vorangegangenen Schritten errechneten Gleitpunktzahlen. Man beachte, daß wir $h_{ii}x_i - \lambda x_i$ und nicht $(h_{ii} - \lambda)x_i$ geschrieben haben, um einen etwaigen Rundungsfehler bei der Berechnung von $h_{ii} - \lambda$ zu vermeiden. Akkumuliert man nun die Produkte im Zähler, und dividiert dann die doppelt lange Mantisse durch die Mantisse von $h_{i,i+1}$, so folgt

$$-x_{i+1} = \frac{h_{i1}x_1(1+F_{i1}) + h_{i2}x_2(1+F_{i2}) + \cdots + h_{ii}x_i(1+F_{ii}) - \lambda x_i(1+F_{i,i+1})}{h_{i,i+1}(1+\varepsilon_i)}, \quad (56.2)$$

wobei nach Abschnitt 32 von Kapitel I

$$|F_{is}| \leq \tfrac{3}{2}(i+3-s) \times 2^{-2t_2}, \quad (56.3)$$

$$|\varepsilon_i| \leq 2^{-t}. \quad (56.4)$$

Das sich ergebende $f(\lambda)$ ist der exakte Wert für eine Matrix $H + \delta H$, wobei etwa für $n = 5$

$$|\delta H| < 1.5 \times 2^{-2t_2} \begin{bmatrix} 3 & 0 & 0 & 0 & 0 \\ 4 & 3 & 0 & 0 & 0 \\ 5 & 4 & 3 & 0 & 0 \\ 6 & 5 & 4 & 3 & 0 \\ 7 & 6 & 5 & 4 & 3 \end{bmatrix} + 1.5 \times 2^{-2t_2} \begin{bmatrix} 2\lambda & & & & \\ & 2\lambda & & & \\ & & 2\lambda & & \\ & & & 2\lambda & \\ & & & & 2\lambda \end{bmatrix}$$

$$+ 2^{-t} \begin{bmatrix} 0 & 1 & 0 & 0 & 0 \\ 0 & 0 & 1 & 0 & 0 \\ 0 & 0 & 0 & 1 & 0 \\ 0 & 0 & 0 & 0 & 1 \\ 0 & 0 & 0 & 0 & 0 \end{bmatrix}. \quad (56.5)$$

Die Spektralnormen der 3 Matrizen auf der rechten Seite kann man durch $1.5 \times 2^{-2t_2}((n+2)^2/\sqrt{12})$, $3.0 \times 2^{-2t_2}((n+2)/\sqrt{2})$ bzw. $2^{-t}$ abschätzen. Wenn also $n^2 \times 2^{-t}$ wesentlich kleiner als 1 ist, so überwiegt der Einfluß der dritten Matrix.

III. Das Rechnen mit Matrizen

### Die Störung der Eigenwerte

**57.** Ist $\lambda_i$ ein isolierter Eigenwert von $H$, und ist $t$ hinreichend groß, so folgt aus (47.11), daß der entsprechende Eigenwert $\lambda_i'$ von $H + \delta H$ einer Abschätzung

$$|\lambda_i' - \lambda_i| \leq \frac{\|\delta H\|_2}{|s_i|}(1 + A_i \times 2^{-t}), \qquad (57.1)$$

mit von $t$ unabhängigem $A_i$ genügt.

Ist $|s_i|$ klein, so ist $\lambda_i$ stets ein sehr empfindlicher Eigenwert, und man wird mit jedem Verfahren Unannehmlichkeiten haben. Die eben beschriebene Methode setzt allerdings $\|\delta H\|_2$ auf einen außergewöhnlich niedrigen Wert herab, sofern man akkumulierende Gleitpunktmultiplikation verwendet.

Legt man dieses Verfahren zur Berechnung von $\det(H - \lambda E)$ zugrunde, so kann man nun eine Reihe von Methoden benutzen, um die Nullstellen einer solchen berechenbaren Funktion zu ermitteln. Das Newtonsche und Laguerresche Verfahren, lineare Interpolation [regula falsi] und das quadratische Interpolationsverfahren von MULLER sind alle mit Erfolg angewandt worden. Ebenso wie bei der in Kapitel II besprochenen Nullstellenbestimmung von Polynomen wird die erreichbare Genauigkeit im wesentlichen durch die Genauigkeit bestimmt, mit der man $\det(H - \lambda E)$ in der Umgebung einer Nullstelle berechnen kann. Bei vorgegebener Rechengenauigkeit und bei Berechnung von $\det(H - \lambda E)$ mittels akkumulierender Gleitpunktmultiplikation liefern alle diese Verfahren Ergebnisse, deren Genauigkeit unseres Wissens von keiner anderen Methode erreicht werden.

Bei Verwendung des Bisektionsverfahrens läuft die Fehleruntersuchung im wesentlichen genauso wie im Kapitel II ab. Ist $\lambda_i$ eine isolierte Nullstelle, so hat in einer Umgebung von $\lambda_i$ $f(\lambda)$ das gleiche Vorzeichen wie $f(\lambda)$, es sei denn, $\lambda$ liegt im Intervall

$$|\lambda - \lambda_i| \leq \frac{\|\delta H\|_2}{|s_i|}(1 + A_i \times 2^{-t}), \qquad (57.2)$$

mit Mittelpunkt $\lambda_i$. Der Fehler des bestmöglichen $\lambda_i$ ist daher im wesentlichen durch $2^{-t}/|s_i|$ beschränkt. Wenn man alle Umstände in Betracht zieht, erscheint es unwahrscheinlich, daß man mit $t$-stelliger Arithmetik ein genaueres Ergebnis erzielen kann. Auch ohne akkumulierende Multiplikation erreicht man eine ziemlich hohe Genauigkeit. Berücksichtigt man die statistische Mittelung der

Fehler, so läßt (55.13) erwarten, daß $\lambda_i'$ einer Beziehung der Form

$$|\lambda_i' - \lambda_i| \leq kn \times 2^{-t}/|s_i| \tag{57.3}$$

genügen wird.

Die Berechnung von $x_{i+1}$ aus der Gleichung (55.2) enthält eine Division durch das Element $h_{i,i+1}$. Man könnte nun den Verdacht hegen, daß die Rechnung instabil ist, wenn dieses Element sehr klein ist. Derartige Befürchtungen sind unbegründet. In der Bezeichnungsweise von (55.8) bzw. (56.2) entsprechen dieser Division die Fehler $h_{i,i+1}\varepsilon_{i2}$ bzw. $h_{i,i+1}\varepsilon_i$. *Je kleiner also $h_{i,i+1}$ ist, desto kleiner ist auch der verursachte Fehler.* Diese Argumentation ist noch nicht zwingend, da außerdem die Möglichkeit besteht, daß die Eigenwerte von Matrizen, bei denen Elemente $h_{i,i+1}$ klein sind, besonders empfindlich auf Änderungen dieser Elemente reagieren. Das ist aber nicht der Fall; es scheint keinen Zusammenhang zwischen schlecht konditionierten Eigenwerten und kleinen $h_{i,i+1}$ zu geben. Insgesamt geben kleine $h_{i,i+1}$ eher zu einer Erhöhung als zu einer Herabsetzung der Genauigkeit Anlaß. Verschwindet daher ein $h_{i,i+1}$, so kann man es, ohne größere Fehler zu verursachen, durch einen kleinen Wert ersetzen und die Rechnung fortsetzen, wenn sich dies aus Gründen der Programmvereinfachung empfiehlt.

## Numerisches Beispiel

**58.** Die Bedeutung der akkumulierenden Gleitpunktmultiplikation läßt sich sehr genau verfolgen, wenn man die Eigenwerte der Matrix

$$H_{12} = \begin{bmatrix} 12 & 11 & & & & & \\ 11 & 11 & 10 & & & & \\ 10 & 10 & 10 & 9 & & & \\ \hdotsfor{7} \\ 2 & 2 & 2 & 2 & \ldots & 2 & 1 \\ 1 & 1 & 1 & 1 & \ldots & 1 & 1 \end{bmatrix} \tag{58.1}$$

ausrechnet. Die Eigenwerte und die zugehörigen $s_i$ sind in der Tabelle 9 wiedergegeben. Man sieht, daß die kleineren Eigenwerte sehr schlecht konditioniert sind mit Werten in der Größenordnung $10^{-7}$ oder $10^{-8}$ für die $s_i$, während die größeren Eigenwerte recht gut konditioniert sind.

Daß einige Eigenwerte schlecht konditioniert sein müssen, ergibt sich, wenn man $\det(H_{12})$ und $\det(H_{12} + \delta H)$ bei geeignetem

$\delta H$ miteinander vergleicht. In der Tat, ist $\delta H$ etwa $\varepsilon E_{12,1}$, d.h. verschwinden alle Elemente von $\delta H$ mit Ausnahme des Elements $(12,1)$, so folgt, wenn man jede Spalte von der links davon liegenden subtrahiert

$$\det(H_{12}) = \prod_{i=1}^{n} \lambda_i = 1, \tag{58.2}$$

$$\det(H_{12} + \varepsilon E_{12,1}) = \prod_{i=1}^{n} \lambda'_i = 1 - 11!\,\varepsilon$$
$$\approx 1 - 0.399 \times 10^8\, \varepsilon. \tag{58.3}$$

Auf der anderen Seite gilt

$$\det(H_{12} + \varepsilon E_{p,p+1}) = 1 - \varepsilon. \tag{58.4}$$

Einige Eigenwerte *müssen* also empfindlich sein gegen Änderungen des Elements $(12,1)$, während sie voraussichtlich alle unempfindlich sind gegen Änderungen irgendeines Elements $(p, p+1)$.

In Tabelle 9 sind außerdem die Links- und Rechtseigenvektoren zu den drei empfindlichsten Eigenwerten $\lambda_{10}, \lambda_{11}$ und $\lambda_{12}$ angegeben. Man sieht, daß die $u_i$ fast orthogonal zu den entsprechenden $v_i$ sind. Für hinreichend kleines $\varepsilon$ verursacht eine Änderung $\varepsilon E_{pq}$ in $H$ beim Eigenwert $\lambda_i$ den Fehler

$$\delta \lambda_i \approx \frac{\varepsilon v_i^T E_{pq} u_i}{v_i^T u_i} = \frac{\varepsilon v_{ip} u_{iq}}{v_i^T u_i}, \tag{58.5}$$

wobei $v_{ip}$ bzw. $u_{iq}$ die $p$-te Komponente von $v_i$ bzw. die $q$-te Komponente von $u_i$ bezeichnen. Wie man leicht nachrechnet, ist $|v_{ip} u_{i,p+1}|$ für alle $p$ zwischen 1 und 11, sowie für $i = 10, 11, 12$ beträchtlich kleiner als $|s_i|$. Durch Fehler der oberen Nebendiagonalen werden also nicht einmal die empfindlichen Eigenwerte nennenswert beeinflußt.

Tabelle 9.

Eigenwerte von $H_{12}$

| | | |
|---|---|---|
| $\lambda_1 = 32.22889\ 15$ | $\lambda_5 = 3.51185\ 595$ | $\lambda_9 = 0.14364\ 6520$ |
| $\lambda_2 = 20.19898\ 86$ | $\lambda_6 = 1.55398\ 871$ | $\lambda_{10} = 0.08122\ 76592\ 40405$ |
| $\lambda_3 = 12.31107\ 74$ | $\lambda_7 = 0.64350\ 5319$ | $\lambda_{11} = 0.04950\ 74291\ 85278$ |
| $\lambda_4 = \phantom{0}6.96153\ 309$ | $\lambda_8 = 0.28474\ 9721$ | $\lambda_{12} = 0.03102\ 80606\ 44010$ |

## Numerisches Beispiel

Die letzten drei Eigenwerte, berechnet mit gewöhnlicher Gleitpunktarithmetik

$\lambda_{10} = 0.08122\,76460$ $\quad \lambda_{11} = 0.04950\,74419$ $\quad \lambda_{12} = 0.03102\,79318$

Die letzten drei Eigenwerte, berechnet mit akkumulierender Multiplikation

$\lambda_{10} = 0.08122\,76592\,40403$ $\quad$ Der Fehler beträgt $2 \times 10^{-15}$
$\lambda_{11} = 0.04950\,74291\,85279$ $\quad$ Der Fehler beträgt $1 \times 10^{-15}$
$\lambda_{12} = 0.03102\,80606\,44008$ $\quad$ Der Fehler beträgt $2 \times 10^{-15}$

Werte von $s_i = \cos\theta_i = v_i^T u_i$

| | | |
|---|---|---|
| $s_1 = +0.30424\,083$ | $s_5 = +0.14446\,703$ | $s_9 = +0.00000\,01498$ |
| $s_2 = -0.20079\,033$ | $s_6 = -0.00462\,656$ | $s_{10} = -0.00000\,00375$ |
| $s_3 = +0.31822\,599$ | $s_7 = +0.00006\,913$ | $s_{11} = +0.00000\,00258$ |
| $s_4 = -0.58447\,355$ | $s_8 = -0.00000\,178$ | $s_{12} = -0.00000\,00547$ |

Die ersten fünf Eigenwerte sind recht gut konditioniert; speziell $\lambda_4$ ist ebensogut konditioniert wie ein Eigenwert einer symmetrischen Matrix. Die letzten 4 $s_i$ sind mit mehr Stellen angegeben, weil sie so klein sind.

Die zu $\lambda_{10}, \lambda_{11}$ und $\lambda_{12}$ gehörigen Rechtseigenvektoren

| $u_{10}$ | $u_{11}$ | $u_{12}$ |
|---|---|---|
| $-0.67714\,11$ | $-0.67599\,46$ | $-0.67531\,89$ |
| $+0.73369\,91$ | $+0.73440\,62$ | $+0.73480\,66$ |
| $-0.05625\,42$ | $-0.06061\,69$ | $-0.06315\,65$ |
| $-0.00084\,53$ | $+0.00211\,69$ | $+0.00385\,87$ |
| $+0.00060\,06$ | $+0.00011\,26$ | $-0.00019\,87$ |
| $-0.00006\,06$ | $-0.00002\,68$ | $+0.00000\,91$ |
| $+0.00000\,09$ | $+0.00000\,29$ | $-0.00000\,04$ |
| $+0.00000\,07$ | $-0.00000\,02$ | $+0.00000\,00$ |
| $-0.00000\,01$ | $+0.00000\,00$ | $+0.00000\,00$ |
| $+0.00000\,00$ | $+0.00000\,00$ | $+0.00000\,00$ |
| $+0.00000\,00$ | $+0.00000\,00$ | $+0.00000\,00$ |
| $+0.00000\,00$ | $+0.00000\,00$ | $+0.00000\,00$ |

Die zu $\lambda_{10}$, $\lambda_{11}$ und $\lambda_{12}$ gehörigen Linkseigenvektoren

| $v_{10}$ | $v_{11}$ | $v_{12}$ |
|---|---|---|
| +0.00000 00 | +0.00000 00 | +0.00000 00 |
| +0.00000 00 | +0.00000 00 | +0.00000 00 |
| +0.00000 00 | +0.00000 00 | −0.00000 03 |
| −0.00000 10 | +0.00000 03 | +0.00000 38 |
| +0.00001 10 | −0.00001 41 | −0.00004 51 |
| −0.00002 37 | +0.00021 95 | +0.00043 20 |
| −0.00068 17 | −0.00221 72 | −0.00331 87 |
| +0.00946 06 | +0.01596 10 | +0.02009 76 |
| −0.06504 47 | −0.08251 35 | −0.09284 49 |
| +0.26984 68 | +0.29459 26 | +0.30854 36 |
| −0.64994 86 | −0.65581 13 | −0.65861 25 |
| +0.70740 99 | +0.68997 00 | +0.67970 23 |

Das Eigenwertproblem wurde auf dem ACE durchgerechnet. $\det(H_{12} - \lambda E)$ wurde mittels des Verfahrens von Hyman bestimmt, die Nullstellen wurden mit verschiedenen Methoden lokalisiert. Zunächst wurde gewöhnliche Gleitpunktarithmetik mit $t = 46$ verwendet und die letzten drei Eigenwerte mittels der regula falsi ermittelt. Die erste fehlerbehaftete Stelle ist jeweils unterstrichen. Die Fehler liegen in der Größenordnung $10^{-7}$ und $10^{-8}$. Das ist zu erwarten, da die effektive Rechengenauigkeit etwa 14 Dezimalstellen betrug, und die zugehörigen $s_i$ in der Größenordnung $10^{-7}$ bis $10^{-8}$ liegen. Die im Verlauf der Rechnung begangenen Rundungsfehler sind äquivalent zu Eingangsfehlern der Ordnung $2^{-t}$ in den Elementen von $H$. (Mit Bisektion, sowie den Verfahren von NEWTON und MULLER wurden Ergebnisse gleicher Genauigkeit erzielt.)

*Benutzt man akkumulierende Gleitpunktmultiplikation, und ist wieder $t = 46$, so ergeben sich die empfindlichen Eigenwerte mit Fehlern der Ordnung $10^{-15}$. Das entspricht etwa 1 bis 2 Einheiten der letzten mitgeführten Binärstelle.* Auch hier lieferten die verschiedenen Verfahren zur Nullstellenbestimmung alle die gleiche Genauigkeit, wie das nach unseren Überlegungen zu erwarten war. Die auftretenden Rundungsfehler entsprechen Eingangsfehlern der Ordnung $2^{-2t}$ bei Elementen in oder unterhalb der Hauptdiagonalen. Da sich diese Eingangsfehler höchstens mit dem Faktor $12 \times 12 \times 1.5$

multiplizieren, kann man sie vernachlässigen, sogar wenn man die statistische Mittelbildung nicht in Betracht zieht. Die entsprechenden Eingangsfehler in der oberen Nebendiagonalen haben die Ordnung $2^{-t}$, aber bezüglich dieser Elemente sind die Eigenwerte recht unempfindlich. Dieses Beispiel läßt die akkumulierende Multiplikation in einem sehr günstigen Licht erscheinen. Man muß aber betonen, daß es nicht ungewöhnlich ist, daß die Eigenwerte weit weniger empfindlich sind gegen Änderungen der Elemente in der Nähe der Hauptdiagonalen als gegen Änderungen der entfernteren Elemente.

Für Matrizen der gleichen Form wie $H_{12}$ aber höherer Ordnung treten die oben festgestellten Tatsachen noch weit stärker in Erscheinung. Für $n=17$ zum Beispiel haben einige $s_i$ die Größenordnung $10^{-13}$, und die Anwendung gewöhnlicher Gleitpunktarithmetik liefert nur sehr ungenaue Werte für die kleineren Eigenwerte. Bei Verwendung akkumulierender Multiplikation erhält man hingegen noch immer fast nur richtige Stellen.

## Anmerkungen

Wir haben das Gebiet der Vektor- und Matrizennormen nur ganz oberflächlich behandelt. Die mitgeteilten Tatsachen sollten jedoch ausreichen, um Fehleruntersuchungen bei Aufgaben der Matrizenrechnung durchzuführen. Da wir der Ansicht waren, daß viele Leser bereits aus der klassischen Analysis mit den Begriffen in dieser Schreibweise vertraut sind, haben wir die Bezeichnungen $\|x\|_p$ und $\|A\|_p$ für die Hölder-Normen den bei HOUSEHOLDER [11] und FADDEEVA [4] anzutreffenden Schreibweisen vorgezogen. Es sei nochmals auf die Bedeutung der Frobenius-Norm $\|A\|_F$ im Zusammenhang mit Fehleruntersuchungen bei Gleitpunktrechnung hingewiesen. Eine ausführlichere Behandlung von Matrizennormen und ihrer Anwendungen findet der Leser in zahlreichen Arbeiten von HOUSEHOLDER und BAUER [2], [3], [11], [12] und [13].

Mehrere Arbeiten [15], [26] beschäftigen sich mit dem Verfahren von LANCZOS [15] zur Berechnung der Eigenwerte einer symmetrischen Matrix. Die Tatsache, daß man die Orthogonalisierung eines berechneten Vektors bezüglich früher berechneter Vektoren wiederholen muß, wird oft der Akkumulation von Rundungsfehlern angelastet. In Wirklichkeit spielt die *Akkumulation von Rundungsfehlern* eine untergeordnete Rolle, während die *Auslöschung* das Hauptproblem darstellt. Durch Überlegungen, welche denen der Abschnitte 7–10 ähneln, kann man zeigen, daß die normierten Lanczosvektoren $x_i$ die Spalten einer Matrix $X$ bilden mit

$$AX = XT + F, \qquad (1)$$

sofern die Spalten von $X$ innerhalb der Rechengenauigkeit orthogonal sind. Die Matrix $T$ ist eine Tridiagonalmatrix, und die Elemente von $F$ genügen der Ungleichung

$$|f_{ij}| < 2^{-t} f(n) \qquad (2)$$

mit einer einfachen Funktion von $n$, welche von der Art der verwendeten Arithmetik abhängt. Wiederholt man die Orthogonalisierung nicht, so läßt die Orthogonalität der Spalten von $X$ sehr zu wünschen übrig, und man kann keine Beziehungen der Form (1) und (2) erreichen.

Die ersten Veröffentlichungen über Fehleruntersuchungen bei Verfahren, welche sich auf die Gaußsche Elimination stützen, waren die Arbeiten von TURING [23] und von v. NEUMANN und GOLDSTINE [18]. Von letzterer Arbeit läßt sich sagen, sie habe durch die vollständige Behandlung der Invertierung einer positiv definiten Matrix mittels Elimination den Grundstein zur modernen Fehleruntersuchung gelegt. Die Arbeit ist allerdings sehr schwierig zu lesen. Wie die Erfahrung zeigt, verstehen nur wenige, wie es eigentlich zustandekommt, daß der durch Rundungsfehler verursachte Gesamtfehler so viel kleiner ist, als man eine Zeit lang befürchtete. In der Arbeit „Rounding errors in algebraic processes" [28] versuchten wir klarzumachen, wie das zustandekommt, ohne dabei mathematische Strenge der Beweisführung anzustreben. Eine spätere Arbeit [30] enthält dann einen vollständigen und strengen Beweis, der auf ähnlichen Ideen beruht, aber nicht nur den Fall positiv definiter Matrizen, sondern auch den allgemeinen Fall nicht-symmetrischer Matrizen erfaßt.

Die Bedeutung der Pivotsuche bei Eliminationsverfahren wurde oft falsch verstanden. v. NEUMANN und GOLDSTINE suchten Pivots bei positiv definiten Matrizen, damit die Berechnung mit Festpunktarithmetik ohne weitere Skalierung ablaufen konnte. Das verleitete gelegentlich zu der Meinung, daß Pivotsuche wesentlich für die Stabilität des Verfahrens sei, während sie doch bei positiv definiten Matrizen eine recht unbedeutende Rolle spielt.

Bei allgemeineren Matrizen ist irgendeine Form von Pivotsuche von grundsätzlicher Bedeutung; auch wenn man Gleitpunktarithmetik verwendet, kann man sie nicht entbehren. Die Begriffe Spaltenpivotsuche und vollständige Pivotsuche wurden vom Verfasser in [30] eingeführt und dort eingehend untersucht. In diesem Zusammenhang ist bisher das Problem ungelöst, den maximal erreichbaren

Quotienten des $n$-ten Pivot und des größten Matrixelements bei einer Matrix der Ordnung $n$ zu bestimmen. In [30] wurde zwar eine Abschätzung angegeben, die aber ersichtlich viel zu grob ist.

Die Ausführungen in den Abschnitten 37 bis 46 zur Konvergenz der laufenden Verbesserung der Lösung von $Ax=b$ unter Benutzung einer berechneten Dreieckszerlegung von $A$ oder einer Näherung für die Inverse sind sonst noch nicht veröffentlicht. Das Verfahren selbst wird vielerorts benutzt. Unser Hauptziel war es, darzulegen, an welchen Stellen die Berechnung der inneren Produkte durch akkumulierende Multiplikation wesentlich ist, und das Verhalten der Residuen der einzelnen Näherungen zu erklären.

Die Kondition einer Matrix für das Eigenwertproblem wurde von BAUER und FIKE [2] genauer untersucht. Der Abschnitt 46 folgt weitgehend dieser Arbeit. Der Inhalt des Abschnitts 47 über die Empfindlichkeit der einzelnen Eigenwerte stammt vom Verfasser. Er steht im Zusammenhang mit der Entwicklung von *a posteriori* Abschätzungen für den Fehler der Eigenwerte [31]. Abschnitt 49 enthält in der Hauptsache klassische Ergebnisse. Für eine elegante Darstellung und Verallgemeinerung dieser Ergebnisse mittels Matrizennormen sei der Leser auf die Arbeit von BAUER und HOUSEHOLDER [3] verwiesen.

Die Berechnung der Eigenvektoren einer symmetrischen Tridiagonalmatrix besitzt grundlegende Bedeutung, da die Verfahren von LANCZOS, GIVENS und HOUSEHOLDER sämtlich eine beliebige reelle symmetrische Matrix durch orthogonale Ähnlichkeitstransformationen auf diese Form bringen. Eine befriedigende numerische Lösung dieser Aufgabe ist schwieriger, als es zunächst den Anschein hat. Die hier wiedergegebenen Überlegungen skizzierte der Verfasser bereits in [25]. Auf diesem Gebiet fehlt bisher noch eine einfache mechanisch arbeitende Prozedur, welche einen Satz von innerhalb der Rechengenauigkeit orthogonalen Vektoren beschafft, der exakt den invarianten Unterraum aufspannt, welcher zu nahe benachbarten (eventuellen zusammenfallenden) Eigenwerten gehört.

Die Hymansche Methode haben wir erörtert, weil sie nach allgemeiner Ansicht instabil ist, während sie in Wirklichkeit eines der stabilsten der bisher entwickelten Verfahren ist. PARLETT [22] hat eine Form entwickelt, die das Hymansche mit dem Laguerreschen Verfahren koppelt, und sowohl schnell als auch genau arbeitet.

Die schönsten Ergebnisse bei Fehleruntersuchungen auf dem Gebiet der Matrizenrechnung hat man bisher bei orthogonalen Transformationen erzielt. Um den Umfang des Buches nicht zu groß werden zu lassen, haben wir jedoch darauf verzichtet, diese Arbeiten wiederzugeben. Die erste Untersuchung dieser Art stammt von GIVENS [8] für sein eigenes Verfahren zur Bestimmung von Eigenwerten einer reellen symmetrischen Matrix. Die späteren Arbeiten waren zwar bedeutend übersichtlicher, folgten aber in den Grundzügen den bereits von GIVENS stammenden Überlegungen. Der Leser sei auf die Arbeiten von HOUSEHOLDER [12], GOLDSTINE u. a. [9], ORTEGA [21] und WILKINSON [32] verwiesen.

Während der Drucklegung dieses Buches (der englischen Ausgabe, Anm. d. Ü.) hat MCKEEMAN [16a] eine Prozedur zur genauen Lösung linearer Gleichungssysteme in BALGOL veröffentlicht. Diese gründet sich auf die Überlegungen des Abschnitts 37, benutzt aber Gleitpunktarithmetik mit Akkumulation der in Betracht kommenden inneren Produkte. Das Verhalten der Residuen und der Folge der Näherungen für die Lösung entsprechen ziemlich genau dem Modell, welches wir für blockskalierende Arithmetik entwickelt haben.

# Literatur

1. BAREISS, E. H., 1960, Resultant procedure and the mechanization of the Graeffe process. *J. Assoc. comp. Mach.* **7**, 346–386.
2. BAUER, F. L. und FIKE, C. T., 1960, Norms and exclusion theorems. *Numer. Math.* **2**, 137–141.
3. BAUER, F. L. und HOUSEHOLDER, A. S., 1960, Moments and characteristic roots. *Numer. Math.* **2**, 42–53.
4. FADDEEVA, V. N., 1959, *Computational methods of linear algebra.* Dover, New York and Constable, London.
5. FORSYTHE, G. E., 1958, Singularity and near singularity in numerical analysis. *Amer. math. Mon.* **65**, 229–240.
6. GERSCHGORIN, S., 1931, Über die Abgrenzung der Eigenwerte einer Matrix. *Izv. Akad. Nauk. SSSR, Ser. fiz.-mat. Nauk.* **6**, 749–754.
7. GIVENS, W., 1953, A method of computing eigenvalues and eigenvectors suggested by classical results on symmetric matrices. *Appl. Moth. Ser. nat. Bur. Stand.* **29**, 117–122.
8. GIVENS, W., 1954, Numerical computation of the characteristic values of a real symmetric matrix. Oak Ridge National Laboratory, ORNL-1574.
9. GOLDSTINE, H. H., MURRAY, F. J. und VON NEUMANN, J., 1959, The Jacobi method for real symmetric matrices. *J. Assoc. comp. Mach.* **6**, 59–96.
10. GOURSAT, E., 1933, *Cours d'analyse mathématique,* Tome II, fünfte Auflage. Gauthiers Villars, Paris.
11. HOUSEHOLDER, A. S., 1958, The approximate solution of matrix problems. *J. Assoc. comp. Mach.* **5**, 205–243.
12. HOUSEHOLDER, A. S., 1958, Generated error in rotational tridiagonalization. *J. Assoc. comp. Mach.* **5**, 335–338.
13. HOUSEHOLDER, A. S., 1964, *The theory of matrices in numerical analysis.* Blaisdell, New York.
14. HYMAN, M. A., 1957, *Eigenvalues and eigenvectors of general matrices.* Presented at the 12th National meeting of the Association for Computing Machinery, Houston, Texas.
15. LANCZOS, C., 1950, An iteration method for the solution of the eigenvalue problem of linear differential and integral operators. *J. Res. nat. Bur. Stand.* **45**, 255–282.
16. LEHMER, D. H., 1961, A machine method for solving polynomial equations. *J. Assoc. comp. Mach.* **8**, 151–162.
16a. MCKEEMAN, W. M., 1963, An accurate algorithm for the solution of simultaneous linear algebraic equations. Applied Mathematics and Statistics Laboratories, Stanford University, *Tech. Rep. No. 26.*

17. MULLER, D. E., 1956, A method for solving algebraic equations using an automatic computer. *Math. Tab.*, *Wash.* **10**, 208–215.
18. VON NEUMANN, J. und GOLDSTINE, H. H., 1947, Numerical inverting of matrices of high order. *Bull. Amer. math. Soc.* **53**, 1021–1099.
19. OLVER, F. W. J., 1952, The evaluation of zeros of high-degree polynomials. *Phil. Trans. roy. Soc.* A, **244**, 385–415.
20. ORTEGA, J. M., 1960, On Sturm sequences for tridiagonal matrices. Applied Mathematics and Statistics Laboratories, Stanford University, *Tech. Rep. No.* 4.
21. ORTEGA, J. M., 1962, An error analysis of Householder's method for the symmetric eigenvalue problem. Applied Mathematics and Statistics Laboratories, Stanford University, *Tech. Rep. No.* 18.
22. PARLETT, B., 1962, Applications of Laguerre's method to the matrix eigenvalue problem. Applied Mathematics and Statistics Laboratories, Stanford University, *Tech. Rep. No.* 21.
23. TURING, A. M., 1948, Rounding-off errors in matrix processes. *Quart. J. Mech.* **1**, 287–308.
24. WIELANDT, H., 1944, Das Iterationsverfahren bei nicht selbstadjungierten linearen Eigenwertaufgaben. *Bericht der aerodynamischen Versuchsanstalt Göttingen*, 44/J/37.
25. WILKINSON, J. H., 1958, The calculation of the eigenvectors of codiagonal matrices. *Computer J.* **1**, 90–96.
26. WILKINSON, J. H., 1958, The calculation of eigenvectors by the method of Lanczos. *Computer J.* **1**, 148–152.
27. WILKINSON, J. H., 1959, The evaluation of the zeros of ill-conditioned polynomials. *Numer. Math.* **1**, 150–180.
28. WILKINSON, J. H., 1960, Rounding errors in algebraic processes. *Information Processing*, 44–53. UNESCO, Paris; Oldenburg, München; Butterworths, London.
29. WILKINSON, J. H., 1960, Error analysis of floating-point compuation. *Numer. Math.* **2**, 319–340.
30. WILKINSON, J. H., 1961, Error analysis of direct methods of matrix inversion. *J. Assoc. comp. Mach.* **8**, 281–330.
31. WILKINSON, J. H., 1961, Rigorous error bounds for computed eigensystems. *Computer J.* **4**, 230–241.
32. WILKINSON, J. H., 1962, Error analysis of eigenvalue techniques based on orthogonal transformations. *J. Soc. ind. appl. Math.* **10**, 162–195.

33. ASHENHURST, R. L. und METROPOLIS, N., 1959, Unnormalized floating point arithmetic. *J. Assoc. comp. Mach.* **6**, 415–428.
34. BAUER, F. L., 1963, Optimally scaled matrices. *Numer. Math.* **5**, 73–87.
35. BOWDLER, H. J., MARTIN, R. S. und WILKINSON, J. H., 1966, Solution of real and complex systems of linear equations. *Numer. Math.*, **8**, 217–234.
36. FORSYTHE, G. E. und MOLER, C. B., 1967, *Computer Solution of linear algebraic systems*. Prentice Hall, New Jersey.
37. HANSEN, E., 1965, Interval arithmetic in matrix computations Part I. *SIAM J. Numer Anal.* **2**, 308–320.

38. HANSEN, E. und SMITH, R., 1967, Interval arithmetic in matrix computations Part II. *SIAM J. Numer. Anal.* **4**, 1-9.
39. KAHAN, W., 1966, Numerical linear algebra. *Canadian math. Bull.* **9**, 757-801.
40. MARTIN, R. S., PETERS, G. und WILKINSON, J. H., 1966, Iterative refinement of the solution of a positive definite system of equations. *Numer. Math.* **8**, 203-216.
41. MENZEL, M. und METROPOLIS, N., 1967, Algorithms in Unnormalized Arithmetic. II. Unrestricted Polynomial, Evaluation. *Numer. Math.* **10**, 451-462.
42. MOORE, R. E., 1966, *Interval analysis*. Prentice Hall, New Jersey.
43. NICKEL, K., 1966, Über die Notwendigkeit einer Fehlerschranken-Arithmetik für Rechenautomaten, *Numer. Math.* **9**, 69-79.
44. OETTLI, W., 1965, On the solution of a linear system with inaccurate coefficients. *SIAM J. Numer. Anal.* **2**, 115-118.
45. OETTLI, W. und PRAGER, W., 1964, Compatibility of approximate solution of linear equations with given error bounds for coefficients and right-hand sides. *Numer. Math.* **6**, 405-409.
46. OETTLI, W., PRAGER, W. und WILKINSON, J. H., 1965, Admissible solutions of linear systems with not sharply defined coefficients. *SIAM J. Numer. Anal.* **2**, 291-299.
47. RALL, L. R., 1964-65, *Error in digital computation*, 2 Bände, Wiley and Sons, New York.
48. RALSTON, A. and WILF, H. S., 1967, The solution of illconditioned linear equations, Kapitel 3 in: *Mathematical methods for digital computers*, Band 2, Wiley and Sons, New York.
49. WILKINSON, J. H., 1964, Plane rotations in floating point arithmetic. *Proc. Sympos. Appl. Math. Amer. Math. Soc., Vol. XV*, 185-198.
50. WILKINSON, J. H., 1965, *The algebraic eigenvalue problem*. Oxford University Press, London.

# Namen- und Sachverzeichnis

Abdividieren von Nullstellen 70 ff., 80 ff.
— bei schlecht konditionierten Polynomen 78 ff.
— mit verbesserten Nullstellen 82 f.
ACE 17, 34, 42
Addition, Festpunkt- 5
—, Gleitpunkt- 9 ff., 14 ff.
Akkumulation innerer Produkte, Festpunkt- 7 ff., 18 f., 34, 107 ff.
— — —, Gleitpunkt- 17 ff., 28 ff., 91
— von Summen, Gleitpunkt- 28 ff.
Akkumulator 8
—, doppelt langer 8 ff.
—, einfach langer 13 ff.
Auslöschung 10 f., 90 ff., 99, 106, 111, 197

BAIRSTOW, Verfahren von 84
BAUER, F. L. 134, 173, 197, 199
Bereichsüberschreitung 2, 5, 18
Bessel-Funktionen, Nullstellen 47 ff.
biorthogonaler Satz von Vektoren 175
Bisektionsverfahren 62 ff., 192, 196
blockskalierende Arithmetik 107 ff.
blockskalierte Matrizen und Vektoren 32 ff., 107 ff.
$bs$, Definition 107

charakteristisches Polynom 60 f., 98, 177, 181
CHOLESKY, Verfahren von 149

Deflation siehe Abdividieren
Determinanten 125 f.
DEUCE 42, 48
d. g. b. 34

dividiertes Polynom 70 ff.
Division, Festpunkt- 6 f.
—, —, mit doppelt langem Zähler 8 f.
—, Gleitpunkt- 12 f., 16
—, —, mit doppelt langem Zähler 29 f.
doppelte Genauigkeit 7 ff., 60 f.
Dreiecksmatrix 121 f., 126, 153 ff., 177
—, Invertierung einer 131 ff.
—, Zerlegung in 119 ff., 146 ff.

e. g. b. 34
e. g. U. s. b. 107
Eigenvektor 173 ff.
— einer symmetrischen Tridiagonalmatrix 180 ff.
Eigenwerte einer Matrix 98, 172 ff.
— — unteren Hessenbergmatrix 188 ff.
—, Empfindlichkeit 172 ff.
—, nachträgliche Abschätzung 178 ff.
—, schlecht konditionierte 177 f.
einfache Genauigkeit 2
Eingabedaten, Genauigkeit der 35, 37 f., 60 f.
Eliminationsverfahren, Gaußsches 119 ff., 146 ff., 184
— mit Spaltenpivotsuche 123, 148, 182, 198
— mit vollständiger Pivotsuche 123, 198
Empfindlichkeit der Lösung eines linearen Gleichungssystems 115 ff., 152
— von Eigenwerten 172 ff.
— von Nullstellen 49 ff., 65, 98
Exponent 2

## Namen- und Sachverzeichnis

FADDEEVA, V. N. 197
*fe*, Definition 5
Fehlerabschätzung für blockskalierende Arithmetik 107ff.
— — Festpunktarithmetik 5ff.
— — Gleitpunktarithmetik 11ff., 28ff.
— — Gleitpunktarithmetik, genauere 24ff.
—, statistische 31f.
Festpunktarithmetik 5ff.
Festpunktdarstellung 1f.
— von Potenzreihen 43f.
Festpunktrechnung 1ff.
—, Vergleich mit Gleitpunktrechnung 17ff.
FIKE, C. T. 173, 199
Frobenius-Norm 103
Funktionen, transzendente 43ff.

Gaußscher Algorithmus, verkürzter 146ff.
Gaußsches Eliminationsverfahren 119ff.
— — mit Spaltenpivotsuche 123, 148, 182, 198
— — mit vollständiger Pivotsuche 123, 198
Genauigkeit der Eingabedaten 35, 37f., 60f.
—, doppelte 7ff., 60f.
—, einfache 2, 60f.
—, höhere 2, 37, 60f.
geometrische Nullstellenverteilung 55ff.
GERSCHGORIN, S. 175
gestaffeltes Gleichungssystem 126ff., 153ff.
GIVENS, W. 41, 199, 200
$gl$, Definition 5
$gl_2$, Definition 19
Gleichungssystem, gestaffeltes 126ff., 153ff.
—, lineares 115ff., 135ff.
Gleitpunktarithmetik 9ff.
—, Fehlerabschätzungen 11ff., 28ff.

Gleitpunktarithmetik, genauere Fehlerabschätzungen 24ff.
Gleitpunktdarstellung 2
— der Null 3
— von Potenzreihen 45ff.
Gleitpunktoperationen, zusammengesetzte 20ff.
Gleitpunktrechnung 2ff.
—, Vergleich mit Festpunktrechnung 17ff.
GOLDSTINE, H. H. 41, 198, 200
Graeffe-Verfahren 85ff.
Grenzgenauigkeit 65, 68ff., 79ff., 98

Hermitesche Matrizen, Eigenwerte 173
Hermitesch-konjugierte Matrix 102
Hessenberg-Matrizen, Eigenwerte 188ff.
höhere Genauigkeit 2, 37, 60f.
Hölder-Normen 197
Hornerschema 44ff., 74ff.
HOUSEHOLDER, A. S. 197, 199, 200
HYMAN, Verfahren von 188ff., 199

innere Produkte, Akkumulation mit Festpunktarithmetik 7ff., 18f., 34, 107ff.
— —, Akkumulation mit Gleitpunktarithmetik 17ff., 28ff., 91, 106
inverse Iteration 181ff.
— Matrix 118, 131ff., 138ff., 150ff., 162ff.
— —, Benutzung zur Lösung linearer Gleichungssysteme 164ff.
— —, Links- 134, 139f., 164
— —, Rechts- 134, 139f., 164
Invertierung einer Dreiecksmatrix 131ff.
— von Matrizen 115ff., 138ff., 150ff., 162ff.
Iteration, inverse 181ff.
—, Wielandt- 181ff.

Iterationsverfahren, Newtonsches
  66 ff.
— zur Nullstellenbestimmung
  65 ff., 99
iterative Verbesserung der Lösung
  linearer Gleichungssysteme
  154 ff., 167 ff.

Kondition 35 ff.
— linearer Gleichungssysteme
  116 ff., 133 ff., 143 ff.
—, Minimal- 134
—, spektrale 116
— von Matrizen bez. Eigenwerten 174, 177 f.
— von Polynomen bez. Nullstellen
  38 f., 49 ff., 59 ff., 71, 78 ff., 88 ff., 93 ff.
Konditionszahl 36 ff., 41, 116, 143
Konsistente Normen 102

Laguerresches Verfahren 83, 192, 199
LANCZOS, C. 115, 197, 199
LEHMER, D. H. 97
lineare Gleichungssysteme 115 ff., 135 ff.
—, Nullstellenverteilung 52 ff.
Linksinverse 134, 139 f., 164

Mantisse 2
Matrix, blockskalierte 32 ff., 107 ff.
—, Dreiecks- 121 f., 126, 131 ff., 146 ff., 153 ff., 177
—, Hermitesche 173
—, Hessenberg- 188 ff.
—, inverse 118, 131 ff., 138 ff., 150 ff., 162 ff.
—, linksinverse 134, 139 f., 164
—, positiv definite 149
—, rechtsinverse 134, 139 f., 164
—, standardisierte blockskalierte
  33, 107 ff.
—, symmetrische 149, 178 ff.
—, tridiagonale 180, 198
Matrixnormen 101 ff.
—, konsistente 102
—, verträgliche 102

Matrixnormen, zugeordnete 102
Matrixoperationen 104 ff.
— mit blockskalierender Arithmetik 107 ff.
MCKEEMAN, W. M. 200
Minimalkondition 134
MULLER, Verfahren von 192, 196
Multiplikation, akkumulierende
  Festpunkt- 7 ff., 34, 107 ff.
—, akkumulierende Gleitpunkt-
  17 ff., 28 ff., 91, 106
—, Festpunkt- 5
—, Gleitpunkt- 12, 16
—, Matrix- 105 ff.

NEUMANN, J. von 41, 198
Newtonsches Iterationsverfahren 66 ff., 192, 196
nicht-standardisierter blockskalierter Vektor 33, 108
Norm 101 ff.
—, 1- 101 ff.
—, 2- 101 ff.
—, ∞- 101 ff.
—, Frobenius- 103
—, Hölder- 197
—, konsistente 102
—, Schursche 103
—, Spektral- 102
—, verträgliche 102
—, zugeordnete 102
normalisierter blockskalierter
  Vektor 33, 112 f.
Nullstellen, einfache 49 ff., 62 f.
—, komplexe 58 ff., 63, 81, 97
—, mehrfache 50 ff., 63
—, schlecht konditionierte 51, 59 ff., 66, 71, 78 ff., 88 ff., 93 ff.
— von Polynomen 38 ff., 49 ff.
— von Potenzreihen 47 f.
Nullstellenbestimmung 61 ff.
—, Bairstows Verfahren 84
—, Bisektionsverfahren 62 ff., 192, 196
—, Graeffe-Verfahren 85 ff.
—, iterative Verfahren 65 ff., 99
—, Laguerresches Verfahren 83,

# Namen- und Sachverzeichnis

Nullstellenbestimmung 192, 199
 192, 199
—, Verfahren von MULLER 192, 196
—, Newtonsches Verfahren 66 ff.,
 192, 196
—, regula falsi 47, 85, 192
Nullstellenverteilung 52 ff.
—, lineare 52 ff.
—, geometrische 55 ff.

OLVER, F. W. J. 96, 99
ORTEGA, J. M. 200
orthogonale Transformation 176 f.,
 199
Orthogonalisierung von Vektoren
 109 ff.
— — —, wiederholte 111 ff., 197 f.

PARLETT, B. 199
Pilot ACE 42
Pivot 120, 199
Pivotelement 120
Pivotsuche, Spalten- 123, 147, 182,
 198
—, vollständige 123, 198
Pivotzeile 120, 183
Polynome 38 f., 48 ff.
Polynom, charakteristisches 60 f.,
 98, 177, 181
positiv definite Matrix 149
Potenzreihen 43 ff., 47 ff.
Produkt, inneres 7 ff., 17 ff., 22 ff.,
 28 ff., 91, 106
—, mehrfaches 20
Purifikation siehe Verbesserung

quadratische Faktoren von
 Polynomen 51, 84

Rechtsinverse 134, 139 f., 164
regula falsi 47, 85, 192
Reihenfolge berechneter Nullstellen
 75 ff.
— von Operationen 20 ff.
Residuenmatrix 140
Residuenvektor 129, 178
Residuum 131, 135 ff., 139, 153 f.
Rückwärtsuntersuchung 3 f.

Rundungsfehler bei blockskalierender Arithmetik 107 ff.
— bei Festpunktrechnung 5 ff.
— — Gleitpunktrechnung 9 ff.
— — Gleitpunktrechnung mit
 doppelt langem Akkumulator
 9 ff., 28 ff.
— — Gleitpunktrechnung mit
 einfach langem Akkumulator
 13 ff., 19 ff., 24 ff.
— — Matrizenoperationen 104 ff.
Rundungsvorschriften, andere 16

schlecht konditionierte Eigenwerte
 177 f.
— — lineare Gleichungssysteme
 118, 133 ff., 143 ff., 150 ff.
— — Nullstellen 60 ff., 66, 71,
 78 ff., 88 ff., 93 ff.
— — Probleme 35 f.
Schursche Norm 103
Skalarprodukt siehe inneres
 Produkt
Spaltenpivotsuche 123, 147, 182,
 198
spektrale Konditionszahl 116
Spektralnorm 102
standardisierte blockskalierte
 Matrizen 33, 107 ff.
— — Vektoren 33, 107 ff.
statistische Fehlerabschätzungen
 31 f.
Sturmsche Kette 181
Subtraktion, Festpunkt- 5
—, Gleitpunkt- 11, 14
Summen, akkumulierende Gleitpunktberechnung 28 ff.
—, Gleitpunktberechnung 20 ff.
symmetrische Matrix 149, 178 ff.

$t_1$, Definition 23
$t_2$, Definition 31
$t$ Stellen 1 ff., 34
Transformation, orthogonale 176 f.,
 178 f., 199
—, unitäre 174
transzendente Funktionen 43 ff.
Tridiagonalmatrix 180, 198

Tschebyscheff-Polynome 58 ff.
TURING, A. M. 41, 198

Unendlichnorm zur Standardisierung blockskalierter Matrizen 107
unitäre Transformation 174
Unterprogramme für Gleitpunktarithmetik 17 f.

Vektoren, biorthogonaler Satz von 175
—, blockskalierte 32, 107 ff.
—, nicht-standardisierte blockskalierte 33, 108
—, normalisierte blockskalierte 33, 112 f.
—, Orthogonalisierung von 109 ff.
—, wiederholte Orthogonalisierung von 111 ff.
—, standardisierte blockskalierte 33, 107 ff.
Vektornorm 101 ff.
—, konsistente 102
—, verträgliche 102
Verbesserung der Lösung linearer Gleichungssysteme 154 ff., 167 ff.
Verbesserung von Nullstellen 82 ff.

Verfahren, Bairstows 84
—, Bisektions- 62 ff., 192, 196
— von CHOLESKY 149
—, Gaußsches Eliminations- 119 ff.
—, Graeffe- 85 ff.
— von HYMAN 188 ff., 199
—, iterative, zur Nullstellenbestimmung 65 ff., 99
—, Laguerresches 83, 192, 199
— von MULLER 192, 196
—, Newtonsches 66 ff., 192, 196
Vergleich von Festpunkt- und Gleitpunktrechnung 17 ff.
verkürzter Gaußscher Algorithmus 146 ff.
Verteilung von Nullstellen 52 ff.
verträgliche Normen 102
vollständige Pivotsuche 123, 198
Vorwärtsuntersuchung 3

Wielandt-Iteration 181 ff.
WILKINSON, J. H. 200

Zerlegung in Dreiecksmatrizen 119 ff., 146 ff.
zugeordnete Matrixnorm 102

MIX
Papier aus verantwortungsvollen Quellen
Paper from responsible sources
FSC® C105338

If you have any concerns about our products,
you can contact us on
**ProductSafety@springernature.com**

In case Publisher is established outside the EU,
the EU authorized representative is:
**Springer Nature Customer Service Center GmbH
Europaplatz 3, 69115 Heidelberg, Germany**

Printed by Libri Plureos GmbH
in Hamburg, Germany